GERHARD BARKLEIT

Heinz Barwich

Zeitgeschichtliche Forschungen

Band 70

Heinz Barwich

Ein unruhiger Weltverbesserer
und die Kraft des Atoms

Von

Gerhard Barkleit

Duncker & Humblot · Berlin

Gedruckt mit freundlicher Unterstützung
der Bundesstiftung zur Aufarbeitung der SED-Diktatur

**BUNDESSTIFTUNG
AUFARBEITUNG**

Bibliografische Information der Deutschen Nationalbibliothek

Die Deutsche Nationalbibliothek verzeichnet diese Publikation in
der Deutschen Nationalbibliografie; detaillierte bibliografische Daten
sind im Internet über http://dnb.d-nb.de abrufbar.

Umschlag: Heinz Barwich
(Universitätsarchiv der TU Dresden, Fotosammlung Woost)

Alle Rechte vorbehalten
© 2024 Duncker & Humblot GmbH, Berlin
Lektorat: Diplom-Kulturwissenschaftlerin Annett Zingler
Satz: L101 Mediengestaltung, Fürstenwalde
Druck: CPI Books Gmbh, Leck
Printed in Germany

ISSN 1438-2326
ISBN 978-3-428-19240-3 (Print)
ISBN 978-3-428-59240-1 (E-Book)

Gedruckt auf alterungsbeständigem (säurefreiem) Papier
entsprechend ISO 9706 ∞

Internet: http://www.duncker-humblot.de

Vorwort

> Ich fühlte mich in Deutschland wie im Ausland als Fremdling
> und arbeitete teils freiwillig, teils gezwungen
> unter autoritären Regierungen, denen ich feindselig
> oder skeptisch gesonnen war
> und deren Gesetze und Verordnungen
> ich verletzen musste,
> um einigermaßen in geistiger Freiheit leben zu können.[1]
>
> Heinz Barwich

Mitte der 1950er Jahre fand ein vierblättriges Kleeblatt seinen Lebensmittelpunkt in Dresden. Es waren dies Manfred Baron von Ardenne, Brunolf Baade, Heinz Barwich und Werner Hartmann. Nach einem Jahrzehnt der Internierung in der Sowjetunion gingen sie voller Tatendrang und Optimismus daran, im Großraum Dresden modernste Forschungsfelder und Industriezweige zu etablieren, was ihnen zumindest vorübergehend auch gelang. Trotz gleicher Rahmenbedingungen sollten die drei Physiker dieses Kleeblatts in der DDR jedoch völlig unterschiedliche Schicksale erfahren.

Manfred von Ardenne stand seit den 1930er Jahren mit bahnbrechenden Erfindungen in der Rundfunk- und Fernsehtechnik sowie in der Elektronenmikroskopie und Kernforschung an der Spitze der experimentell arbeitenden Forscher in Deutschland und wandte sich später der Medizin zu. Der Flugzeugtechniker Brunolf Baade avancierte als Leiter des Forschungszentrums und Generalkonstrukteur zum wichtigsten Akteur beim Aufbau einer zivilen Luftfahrtindustrie der DDR. Der Physiker Heinz Barwich wurde Gründungsdirektor des Zentralinstituts für Kernforschung (ZfK) Rossendorf der Akademie der Wissenschaften und Werner Hartmann, gleichfalls Physiker, gilt als Wegbereiter der Mikroelektronik in der DDR.

Drei der vier Genannten haben Selbstdarstellungen hinterlassen. Unter dem Titel „Ein glückliches Leben für Technik und Forschung" erschien 1972 eine Autobiografie Manfred von Ardennes. An dessen Auseinandersetzungen mit dem Verlag in einer Diktatur, in der Meinungsfreiheit nicht zugelassen und

---

[1] Barwich, Heinz/Barwich, Elfi: Das rote Atom. Als deutscher Forscher in der UdSSR, Frankfurt am Main/Hamburg 1970, S. 7. Hinweis: Sofern nicht anders vermerkt, wurden alle Zitate an die heute gültigen Regeln zur Rechtschreibung und Zeichensetzung angepasst.

jede schriftliche Äußerung genehmigungspflichtig war, erinnerten sich später seine Söhne. Der Zensur im Osten abgetrotzt, erschienen aktualisierte Fortschreibungen dieser Autobiografie auch im Westen Deutschlands. Werner Hartmann hinterließ seine Memoiren, in ihrer ersten Fassung eine Verteidigungsschrift gegen die Anschuldigungen des Staatssicherheitsdienstes der DDR, nur in handschriftlicher Form. Sie sind Teil seines Nachlasses, der in den Technischen Sammlungen Dresden jedermann zugänglich ist.

Heinz Barwichs Selbstdarstellung, gemeinsam mit seiner zweiten Ehefrau Elfriede verfasst, erschien 1967, ein Jahr nach seinem frühen Tod, im Scherz Verlag München unter dem Titel „Das rote Atom. Als deutscher Forscher in der UdSSR". Obwohl die Autoren zeitlich über den Untertitel hinaus bis zu Barwichs Tod gehen, werden die Jahre in der DDR eher beschwiegen als beschrieben, die Schattenseiten ihrer Biografien konsequent ausgeblendet. Dennoch wurde das Buch in der Bundesrepublik als „außerordentlich informativ" wahrgenommen, als „fesselndes Dokument" eines Wissenschaftlers „dem weder die UdSSR noch die DDR eine geistige Heimat zu geben vermochten".[2] Barwich, wie auch Hartmann, studierte sein Fach in Berlin, damals Welthauptstadt der Physik. Beide wurden zu erfolgreichen Schülern des Nobelpreisträgers Gustav Hertz. Beide, aus kleinbürgerlichen Verhältnissen stammend, übernahmen auch das Standesbewusstsein ihres akademischen Lehrers. Wie Ardenne machten auch sie ihre Erfahrungen mit dem Geheimdienst der SED-Diktatur, seinem Selbstverständnis nach „Schild und Schwert der Partei". Ardenne verstand diese übermächtige Institution vor allem als eine zusätzliche Ressource, bei deren Instrumentalisierung er allerdings bestenfalls bescheiden zu nennende Erfolge erzielte. Hartmann wurde zum beklagenswerten Opfer eines skrupellosen Zusammenwirkens von intriganten Neidern unter seinen leitenden Mitarbeitern mit SED-Parteibuch und Offizieren des Ministeriums für Staatssicherheit. Heinz Barwich hingegen kooperierte als „Täter mit gutem Gewissen", in moralischem, nicht jedoch (straf-)rechtlichem Sinne,[3] ein knappes Jahrzehnt lang sehr eng mit diesem Instrument staatlicher Repression. Bevor er sich in die Bundesrepublik absetzen konnte, geriet allerdings auch er ins Visier des ostdeutschen und des sowjetischen Geheimdienstes.

---

[2] Schulze, Martin: Heinz Barwichs Memoiren. Der Bericht eines deutschen Wissenschaftlers über den Beitrag Deutscher zur sowjetischen Bombe, Frankfurter Rundschau vom 2.11.1967.

[3] Vgl. Fritze, Lothar: Täter und Gewissen. Philosophische Aufsätze zur Täterforschung I, Berlin 2023.

Vorwort

Es gibt mehr als nur einen Grund, den Biografien Manfred von Ardennes aus dem Jahre 2006[4] und Werner Hartmanns aus dem Jahre 2022[5] nun eine Darstellung des kurzen Lebens des Kernphysikers Heinz Barwich folgen zu lassen, einem weiteren und hoch dekorierten Teilnehmer an Stalins Jagd nach der Atombombe.

In den letzten Jahren drifteten im wieder vereinten Deutschland Politik und Bürgerinteressen bedenklich auseinander, siegte zu oft Ideologie über den gesunden Menschenverstand. Nach 40 Jahren Leben in einer Weltanschauungsdiktatur wird das im Osten sehr viel schmerzhafter als im Westen empfunden. Erst unlängst sei ihm bewusst geworden, „wie wenig ich über die Leistungen und das Arbeitsumfeld der Kollegen in der DDR weiß", begründete Prof. Hans-Jürgen Hoffmann im April 2022 eine Anfrage, ob ich bereit zu einem Vortrag vor der Arbeitsgruppe Expert Senior Network der Deutschen Physikalischen Gesellschaft im Magnus-Haus Berlin sei. Ich stellte dort im Januar 2023 meine Hartmann-Biografie vor.

Nach dem völkerrechtswidrigen russischen Überfall der Ukraine im Februar 2022 drohte Putin, nicht vor dem Einsatz seiner nuklearen Waffen zurückzuschrecken, sollte der Kriegsverlauf das erfordern.[6] In Deutschland begann plötzlich der eine oder andere öffentlich darüber nachzudenken, ob man selbst die Atombombe brauche oder sich auch künftig unter dem amerikanischen Atomschirm sicher fühlen könne. Bereits zu Beginn des „Atomzeitalters", wie nicht nur Enthusiasten gern formulierten, zeigte sich die Janusköpfigkeit der neuen Technologie. Die einen priesen den Atomkern als nahezu unerschöpfliche Energiequelle, die anderen fürchteten ihn als Waffe von bislang nicht vorstellbarer Zerstörungskraft. In der zweiten Hälfte der 1950er Jahre organisierten sich Letztere unter dem Motto „Lieber rot als tot" und demonstrierten gegen die Stationierung von Atomwaffen auf dem Territorium der Bundesrepublik. Das nukleare Patt der Supermächte sicherte zu Zeiten des Kalten Krieges den Frieden, so die gängige Lesart. Jahrzehnte später feierten die Atomkraftgegner den kopflosen Atomausstieg Deutschlands, nachdem ein Tsunami von biblischem Ausmaß im japanischen Fukushima zum sogenannten GAU, dem größten anzunehmenden Unfall, geführt hatte. Angesichts der erneuten Demonstration bestialischen islamistischen Terrors durch die Hamas

---

[4] Barkleit, Gerhard: Manfred von Ardenne. Selbstverwirklichung im Jahrhundert der Diktaturen, Berlin 2006.
[5] Barkleit, Gerhard: Werner Hartmann. Wegbereiter der Mikroelektronik in der DDR, Berlin 2022.
[6] „Bricht Putin in der Ukraine das nukleare Tabu?", fragte am 12. Juni 2023 Matthias Koch in den Dresdner Neuesten Nachrichten und kam zu dem Schluss, dass Putin zu atomaren Gefechtsfeldwaffen greifen werde, „sobald ihm das geboten erscheint". Koch, Matthias: Bricht Putin in der Ukraine das nukleare Tabu?, in: Dresdner Neueste Nachrichten vom 12.06.2023.

im Dauerkonflikt mit Israel im Oktober 2023 sollte die Gemeinschaft zivilisierter Staaten dieser Welt die Entwicklung von Atomwaffen durch den Iran mit allen Mitteln verhindern. Wer wagt zu behaupten, dass ein Staat wie dieser niemals Atomwaffen einsetzen würde?

Nach seiner Flucht in den Westen im Herbst 1964 spielte Barwich, anders als Ardenne und Hartmann, weder in öffentlichen Debatten noch im öffentlichen Gedenken der DDR eine Rolle. Die Anlage der drei biografischen Studien ist jedoch die gleiche und gründet auf dem Bemühen, vor allem die Fakten (kontextualisiert) und die Protagonisten (im „O-Ton") sprechen zu lassen sowie „Expressis-verbis-Urteile" des Autors zu vermeiden. Dem Leser mute ich zu, sich selbst ein Urteil zu bilden. Interpretationen und sparsame Spekulationen werden kenntlich gemacht. Ob ich diesem Anspruch immer gerecht geworden bin, mag der mündige Leser selbst entscheiden. Im Gegensatz zur Erarbeitung der Ardenne- und der Hartmann-Biografie gelang es nicht, zu einer Kooperation mit Angehörigen der Familie Barwich zu finden. Beharrliches und gleichermaßen behutsames Werben um die konstruktive Begleitung eines ohne Zweifel heiklen Vorhabens durch Barwichs jüngste Tochter Beate erwies sich als vergebens. Stattdessen versuchte sie, mich von meinem „bösen Machwerk" abzubringen, leider auch mit Bemerkungen, die auch wenig sensible Menschen als beleidigend und ehrverletzend betrachten würden. Allerdings räumte sie ein, dass ihr Vater in seiner Autobiografie „aus seinem zwar kurzen und dennoch reichen Leben eine Legende gemacht" habe, meinte aber, dass mein Buch, „sollte es erscheinen, eine demoralisierende Wirkung vor allem bei der Jugend hätte". Auch hier überlasse ich das Urteil gern dem Leser.

Im „Roten Atom" beschreibt Barwich, wie bereits erwähnt, nicht nur sein Wirken in der Sowjetunion, sondern sein ganzes kurzes Leben. Die Jahre in der DDR, vor allem die Probleme beim Aufbau des Zentralinstituts für Kernforschung, sein Aufbegehren gegen Eingriffe der Staatspartei in die Wissenschaft und schließlich der Ausbruch aus der SED-Diktatur sind leider stark unterbelichtet. Eine empfindliche Lücke, die es zu schließen galt. In der vorliegenden Biografie werden Leben und Wirken des Protagonisten als „Wechselwirkung" von Staat und Individuum analysiert, einem Begriff, der im physikalischen Denken zutiefst verankert ist. Die Wechselwirkung von Feldern und Teilchen beispielsweise wird von den Eigenschaften beider Partner bestimmt. Das gilt, selbst wenn es als Plattitüde erscheinen mag, auch für die Akteure in menschlichen Gesellschaften. Nicht nur der Autor, sondern auch der Leser sollte niemals vergessen, dass im Fall des Dresdner Kleeblatts starke Individuen von der totalitären Diktatur Stalins in die Diktatur der SED wechselten, die zumindest in wesentlichen Teilen gleichermaßen totalitär agierte.

Vorwort

Heinz Barwich sah sich selbst als „unruhigen Weltverbesserer". Die vorliegende Biografie zeichnet, einem stärker systematischen als vorrangig chronologischen Zugriff auf üppig sprudelnde Quellen folgend, das Bild eines brillanten Kopfes, der viel Staub aufgewirbelt hat, ohne jedoch irgendwo tiefe Spuren zu hinterlassen.

Mein Dank gilt Gudrun Wenzel vom Bundesarchiv, Stasi-Unterlagen-Archiv, die jederzeit für Rückfragen zu den digital übermittelten Dokumenten zur Verfügung stand. Meine Ehefrau Dr. Gabriele Barkleit bearbeitete das Bildmaterial und erstellte den Text ergänzende Landkarten. Für anregende fachliche Diskussionen und wertvolle Hinweise danke ich: Dr. Reinhard Buthmann (von 1976 bis 1990 wissenschaftlicher Mitarbeiter am Institut für Kosmosforschung der Akademie der Wissenschaften der DDR und danach Mitarbeiter der Abteilung „Bildung und Forschung" der BStU), Prof. Lothar Fritze (Philosoph und Politikwissenschaftler, von 1993 bis 2019 wissenschaftlicher Mitarbeiter am Hannah-Arendt-Institut für Totalitarismusforschung an der TU Dresden und außerplanmäßiger Professor an der TU Chemnitz) sowie Dr. Ulrich Grundmann (ehemaliger Kommilitone und Reaktorphysiker am Zentralinstitut für Kernforschung Rossendorf der Akademie der Wissenschaften der DDR). Dipl.-Ing. Walter Heidenreich (ehemaliger Leiter der Layoutabteilung am Hannah-Arendt-Institut) leistete wertvolle Hilfe bei der Vorbereitung der druckreifen Vorlage. Das Lektorat besorgte in bewährter Weise Diplom-Kulturwissenschaftlerin Annett Zingler. Nicht zuletzt gilt es, Dr. Eckhard Hampe zu erwähnen, dessen Materialsammlung zur Geschichte des ZfK Rossendorf sowie Vorarbeiten zu einer Barwich-Biografie mir von der Witwe übergeben wurden. Dem Leiter der Bibliothek des Helmholtz-Zentrums Dresden-Rossendorf schulde ich Dank für seine Bemühungen, Bilddokumente aus der Gründungsphase des ZfK Rossendorf bereitzustellen.

Dr. Florian Simon, dem Chef des Verlages Duncker & Humblot, und seinem Team danke ich für eine seit 2005 andauernde vertrauensvolle Zusammenarbeit.

Dresden, im Sommer 2024 *Gerhard Barkleit*

Inhaltsverzeichnis

A. **Notwendige Vorbemerkungen und Quellen** 21
    1. Quellen 21
    2. Vorbemerkungen 21

B. **Kindheit, Studium und Berufseinstieg** 22
    I. Musterschüler und Außenseiter 22
    II. Die Hochschule – kein Ziel, aber eine Chance 23
    III. Kriegswichtige Forschungen ohne brauchbare Ergebnisse 24

C. **Interniert in der Sowjetunion: 1945–1955** 26
    I. Stalins Jagd nach der Bombe 26
    II. Kernphysik 27
        1. Kernspaltung und Kettenreaktion 27
        2. Konstruktionsprinzipien von Atombomben 29
    III. Das Projekt „Atomnaja Bomba" 30
        1. Stalins Spezialkomitee und Technischer Rat 30
        2. Barwichs erste Schritte auf unbekanntem Terrain 33
        3. Festlegung der Institutshierarchie und Verteilung der Arbeitsgebiete 39
        4. Ein Kommunist trifft auf praktizierten Kommunismus 42
        5. Die ersten sowjetischen Mitarbeiter 45
        6. Ein Sanatorium wird zum Forschungsinstitut 47
        7. Von der Trennstufe zur Kaskade 51
        8. Das sibirische Oak Ridge 53
        9. Der Besuch von Marschall Berija 55
    IV. Die Zeit der Quarantäne 59
        1. Politische und wissenschaftspolitische Entscheidungen 60
        2. Haupttendenzen der weiteren wissenschaftlichen Arbeit 63
        3. Die Belohnung – Stalinpreise 1951 65
        4. Die letzte Etappe der Quarantäne 66
        5. Konsequenzen für die deutschen Spezialisten 67

D. **Privilegierter Wissenschaftler in der DDR: 1955–1964** 71
    I. Der Hochschullehrer 72
    II. Der Geheime Informator 73
        1. Einschätzungen durch die Abteilung VI des MfS 75
        2. Die Berichterstattung 77
        3. Stellungnahmen zu Kernforschung und Kernenergie 83
    III. Ehemann und Vater 84

	1. Ehescheidung und Familienzusammenführung	84
	2. Die zweite Ehe	87
IV.	Der Überwachte	89
	1. MfS und KGB arbeiten zusammen	89
	2. Überhörte Signale	90
V.	Wissenschaft zwischen Anspruch und Wirklichkeit	93
	1. Gründungsdirektor des Zentralinstituts für Kernforschung Rossendorf	94
	2. Der Rossendorfer Forschungsreaktor wird erstmals kritisch	106
	3. Bevormundung durch den Parteisekretär	108
	4. Das Zyklotron wird in Betrieb genommen	113
	5. Ein neuer Parteisekretär und die alten Probleme	115
	6. Klaus Fuchs – Topspion und wissenschaftliches Schwergewicht	117
	7. Die Institutsparteileitung sägt am Stuhl des Direktors	123
	8. Barwich zum fünfjährigen Jubiläum des ZfK am 6. Januar 1961	126
	9. „Eindrücke über Fortschritte und Rückschritte im ZfK 1962"	130
	10. Der Nachfolger und das Erbe	134
VI.	Kernenergiepolitik zwischen Ideologie und Sachverstand	137
	1. Ein Blick auf die Rahmenbedingungen	137
	2. Barwich und die Kernenergiepolitik der DDR	140
	3. Denkschrift zur unbefriedigenden Zusammenarbeit mit der Sowjetunion	143
	4. Der sozialistische Leiter und die Zentralplanwirtschaft	145
	5. Barwich contra Rambusch – die Personifizierung eines Dilemmas	146
	6. Verhandlungen mit der UdSSR im Frühjahr 1959	148
	7. Kontroversen um die Errichtung einer zweiten Ausbaustufe des KKW Rheinsberg	150
	8. Die Sicht der „Erben" auf Barwichs Rolle in der Kernenergetik	160
	9. Ins Unrecht gesetzt	162
VII.	Zwischen den Stühlen	163
VIII.	Richtungskämpfe im ZfK nach 1964	167

E. Vizedirektor des Vereinigten Instituts für Kernforschung in Dubna: 1961–1964 168

I.	Das Vereinigte Institut für Kernforschung in Dubna	168
II.	Privates Glück	172
III.	Der 50. Geburtstag in neuer Umgebung	174
IV.	Der homo politicus	175
V.	Weltfriedensrat und Pugwash-Konferenzen	181
VI.	Auflösung der Fakultät für Kerntechnik und Spekulationen um das ZfK Rossendorf	183
VII.	Misstrauen statt Sympathie	184

F. Flucht in den Westen im September 1964 189

| I. | Die Vorbereitung | 189 |

II.	Warum ließ man Heinz und Elfriede Barwich ziehen?	192
III.	Reaktionen von Kollegen und der politischen Führung	193
IV.	Öffentliche Reaktionen zu Barwichs „Republikflucht"	198

G. Im freiheitlichen Westen: 1964–1965 201
    I.   Zwischenaufenthalt in den USA 201
        1. Befragung durch den Untersuchungsausschuss 201
        2. Die Akten der CIA 203
    II. Rückkehr in die Bundesrepublik 205

H. Nachhall und Bekenntnis 207
    I.   Der Mensch mit den Augen eines Bewunderers gesehen............ 207
    II. Das Bekenntnis des Wissenschaftlers.......................... 208
        1. Friedliche Koexistenz..................................... 209
        2. Kritik des „real existierenden Sozialismus" 212

Glossar 217
Kurzbiografien 220
Quellen- und Literaturverzeichnis 235
Personenregister 241

Tabellenverzeichnis

Tabelle 1:	Die Gruppe Hertz (Bericht Sawenjagin)	35
Tabelle 2:	Treffberichte von 1956 bis 1964	78
Tabelle 3:	Aufträge an den Geheimen Informator „Hahn"	81
Tabelle 4:	Persönliche Anliegen des GI „Hahn"	83
Tabelle 5:	Stellungnahmen Barwichs zu aktuellen Entwicklungen	83
Tabelle 6:	Wichtige IM bei der Operativen Personenüberwachung „Professor"	91
Tabelle 7:	Die Betriebsmannschaft des Rossendorfer Forschungsreaktors	97
Tabelle 8:	Personelle Entwicklung des ZfK in den ersten fünf Jahren	127
Tabelle 9:	Wesentliche Einlassungen Barwichs zur Kernenergiepolitik der DDR	141
Tabelle 10:	Das MfS nahm diese Meldungen bundesdeutscher Medien zu den Akten.	198

Abbildungsverzeichnis

Abb. 1:	Ab 1967 Uranabbau auch im Naturschutzgebiet Sächsische Schweiz.	27
Abb. 2:	Kernspaltung	28
Abb. 3:	Kettenreaktion	28
Abb. 4:	Agudseri an der Ostküste des Schwarzen Meeres.	36
Abb. 5:	Das Sanatorium in Agudseri.	36
Abb. 6:	Lageplan des Objekts „G": 1 Kinosaal, 2 Sowjetische Kommandantur, 3 Schule, 4 Haus Hartmann, 5 Villa Hertz, 6 Schlagbaum.	37
Abb. 7:	Das „Finnlandhaus" der Familie Hartmann in Agudseri.	48
Abb. 8:	Standorte des Projekts „Atomnaja Bomba" in der Sowjetunion: 1 Lesnoi, 2 Nowouralsk, 3 Osjorsk, 4 Saratow, 5 Schlesnogorsk, 6 Selenogorsk, 7 Sewersk, 8 Sneschinsk.	54
Abb. 9:	Agudseri 1946: Heinz und Edith Barwich mit ihren Kindern Peter, den Zwillingen Katja und Sonja sowie Beate.	56
Abb. 10:	Die erste sowjetische Atombombe.	59
Abb. 11:	„Fat Man", in Nagasaki eingesetzte amerikanische Plutoniumbombe.	60
Abb. 12:	Erlass des Ministerrats der UdSSR vom 6. Dezember 1951 Nr. 4964-2148cc/op – „Entwicklung neuer industrieller Verfahren zur Herstellung von Plutonium und Uran-235".	65
Abb. 13:	Position 22 des Erlasses: Stalinpreis 2. Klasse und Orden Banner der Arbeit: Dr. Heinz Barwich und Prof. Gustav Hertz für ihre Arbeiten zur Theorie der Gasdiffusion in Kaskaden von Diffusionsanlagen.	66
Abb. 14:	Der Anteil von unterschiedlichen Kategorien an den ausgewerteten Berichten.	77
Abb. 15:	Barwichs schönes Einfamilienhaus, Marie-Simon-Straße 6.	85
Abb. 16:	Aktennotiz des MfS vom 17. Juli 1961.	88
Abb. 17:	Die Ernennungsurkunde des Ministerrats.	99
Abb. 18:	An der Einweihung des Forschungsreaktors nahm auch Ministerpräsident Otto Grotewohl teil.	107
Abb. 19:	Heinz Barwich erläutert dem Journalisten Karl Gass am Modell den Aufbau des Rossendorfer Forschungsreaktors.	108
Abb. 20:	Das Rossendorfer Festfrequenzzyklotron U 120.	114

Abb. 21: Rezeption der Publikationen von Klaus Fuchs zur Elektronentheorie der Metalle. 119

Abb. 22: Klaus Fuchs, Stellvertretender Direktor des ZfK. 121

Abb. 23: Fuchs, auf der ersten Stufe 1. v. l., und Barwich (6. v. l.) kamen einander nie zu nahe. 126

Abb. 24: Der Nullreaktor mit dem Steuerpult im Hintergrund. 129

Abb. 25: Die 1985 im Eingangsbereich des ZfK errichtete Metallplastik „Gebändigte Kraft" des Berliner Kunstschmiedes Achim Kühn ist auch heute noch ein Symbol für Kernforschung als Einheit von Theorie und Experiment. 136

Abb. 26: Das Atomkraftwerk AK-1 bei Rheinsberg (Mecklenburg-Vorpommern). 139

Abb. 27: Barwichs Charakterisierung der Vorstufen seiner „Bemerkungen".... 156

Abb. 28: Das VIK Dubna mit seinen Laboratorien und den Gremien in den 1950er Jahren. 170

Abb. 29: Vortrag vor Botschaftern anlässlich des Amtsantritts als Vizedirektor 1961. 171

Abb. 30: Schneeschieben im Garten des Landhauses. 172

Abb. 31: Der Vizedirektor fühlt sich auch in der Küche wohl. 173

Abb. 32: Dshelepow, Barwich und Niels Bohr 1961 in Dubna. 173

Abb. 33: Robert Jungk (rechts) 1962 im Gespräch mit dem Direktor Blochinzew und den Vizedirektoren Barwich (DDR) und Zizeika (Rumänien). 178

Abb. 34: Mit einer Höhe von 26 Metern ist dieses Lenin-Denkmal nahe Dubna das größte in Russland. 180

Abb. 35: Die Gutachter in dem Ermittlungsverfahren gegen Barwich. 195

Rechte

Dr. Gabriele Barkleit: 4 und 6 (Vorlagen von openstreetmap.de modifiziert), 8, 25, 34.

Bundesarchiv: 16, 17, 27, 35.

Energiewerke Nord GmbH: 26.

GEO EPOCHE: 11.

Hannah-Arendt-Institut: 14.

IMAGO/RIA: 30, 31.

Informationskreis Kernenergie: 2, 3.

Ministerium für Atomenergie der Russischen Föderation: 10, 12, 13.

Nachlass Hampe: 23.

Abbildungsverzeichnis

Sächsisches Hauptstaatsarchiv: 18, 20, 24.

Sylvelie Schopplich: 7, 9.

Süddeutsche Zeitung: 22.

Trafo Verlagsgruppe Dr. Wolfgang Weist: 21.

VEB Deutscher Verlag für Grundstoffindustrie: 28.

VEB Progress Filmvertrieb: 19.

VIK Dubna: 29, 32, 33.

Wikimedia commons: 5, 15.

Wismut GmbH: 1.

Abkürzungsverzeichnis

ADN	Allgemeiner Deutscher Nachrichtendienst
AdW	Akademie der Wissenschaften der DDR
AEG	Allgemeine-Elektrizitäts-Gesellschaft
AG	Aktiengesellschaft
AKK	Amt für Kernforschung und Kerntechnik
AKW	Atomkraftwerk
APO	Abteilungsparteiorganisation
BStU	Bundesbeauftragte für die Unterlagen des Staatssicherheitsdienstes der ehemaligen Deutschen Demokratischen Republik
BV	Bezirksverwaltung
CERN	Europäische Organisation für Kernforschung
CIA	Central Intelligence Agency
CSR	Tschechoslowakische Republik
CSSR	Tschechoslowakische Sozialistische Republik
DAW	Deutsche Akademie der Wissenschaften
DDR	Deutsche Demokratische Republik
DEGUSSA	Deutsche Gold- und Silber-Scheide-Anstalt
DESY	Deutsche Elektronen-Synchrotron
DFG	Deutsche Forschungsgemeinschaft
DRAGON	Britisch-amerikanische Geheimdienstaktion
DWR	Druckwasserreaktor
EURATOM	Europäische Atomgemeinschaft
FDJ	Freie Deutsche Jugend
GeV	Giga-Elektronen-Volt
GI	Geheimer Informator (des MfS)
Glawatom	Glawnoje Uprawlenije po Ispolsowaniju atomnoj energii (Hauptverwaltung für die Nutzung der Atomenergie)
GM	Gesellschaftlicher Mitarbeiter (des MfS)
GPU	Glawnoje Uprawlenije po Ispolsowaniju atomnoj energii (Staatliche Politische Verwaltung)
HA	Hauptabteilung
HVA	Hauptverwaltung Aufklärung
IAEO	Internationale Atomenergie-Organisation

Abkürzungsverzeichnis

IM	Inoffizieller Mitarbeiter (des MfS)
JHS	Juristische Hochschule
KA	Kapitalistisches Ausland
KGB	Komitet Gosudarstwennoi Besopasnosti (Komitee für Staatssicherheit)
KKW	Kernkraftwerk
KPD	Kommunistische Partei Deutschlands
KPdSU	Kommunistische Partei der Sowjetunion
M	Mark
MeV	Mega-Elektronen-Volt
MfS	Ministerium für Staatssicherheit
MW	Megawatt
MWD	Ministerstwo Wnutrennych Del (Ministerium des Innern)
Narkomfin	Narodnij Komitet Finanzow (Volkskommissariat für Finanzen)
NKWD	Narodnyi Kommissariat Wnutrennich Del (Volkskommissariat für innere Angelegenheiten)
NSDAP	Nationalsozialistische Deutsche Arbeiterpartei
PC	Personal Computer
RAD	Reichsarbeitsdienst
RGW	Rat für gegenseitige Wirtschaftshilfe
SAA	Schriftliche Archivauskunft
SBR	Schneller Brutreaktor
SED	Sozialistische Partei Deutschlands
Sownarkom	Sowjet Narodnych Komissarow (Rat der Volkskommissare)
SPK	Staatliche Plankommission
SS	Schutzstaffel
SU (S. U.)	Sowjetunion
TASS	Telegrafnoje Agenstwo Sowjetkowo Sojusa (Staatliche Sowjetische Nachrichtenagentur)
TH	Technische Hochschule
TU	Technische Universität
UdSSR	Union der Sozialistischen Sowjetrepubliken
UK	Vereinigtes Königreich von Großbritannien
UNESCO	United Nations Educational, Scientific and Cultural Organization
UNO	Vereinte Nationen
USA	Vereinigte Staaten von Amerika
VIK	Vereinigtes Institut für Kernforschung
WD	Westdeutschland
WTBR	Wissenschaftlich-technisches Büro für Reaktorbau

ZfK	Zentralinstitut für Kernforschung
ZK	Zentralkomitee
ZPL	Zentrale Parteileitung

A. Notwendige Vorbemerkungen und Quellen

1. Quellen

Die aktiven und passiven Verbindungen des Protagonisten zu verschiedenen Geheimdiensten einerseits sowie die Verweigerungshaltung der Tochter andererseits lassen den Akten des Staatssicherheitsdienstes der DDR eine überragende Bedeutung zuwachsen. Deshalb sei darauf hingewiesen, dass dieser Aktentypus weder dem Ziel diente, Ereignisse zu dokumentieren und diese damit der Nachwelt zu überliefern, noch darauf angelegt war, der historischen Forschung Material bereitzustellen. Die Verfasser dieser Akten hielten ungeprüft schriftlich alles fest, was ihnen die „Quellen" zutrugen. Der Wahrheitsgehalt der Berichte Inoffizieller Mitarbeiter wurde nicht geprüft, gelegentlich aber durchaus angezweifelt. Darüber hinaus kollidierte bei der Arbeit an diesem Buch das Bemühen um eine wahrhafte Darstellung in für mich bisher nicht gekannter Deutlichkeit mit den Bestimmungen des Stasiunterlagen-Gesetzes zum Schutz „unbeteiligter" Dritter durch Schwärzung von Klarnamen. Die Personal- und die Berichtsakte Barwichs (GI „Hahn") weisen zwei unterschiedliche Signaturen auf, was darauf zurückzuführen ist, dass sowohl analoge Kopien aus den 1990er Jahren für das Hannah-Arendt-Institut (Bearbeiter Dr. Eckhard Hampe) als auch „Digitalisate" des Bundesarchivs für das aktuelle Projekt verwendet wurden.

Der „Nachlass Hampe" ist eine systematisch angelegte Materialsammlung zum ZfK Rossendorf und zur Kernenergiepolitik der DDR. Nicht bei allen der darin enthaltenen Kopien ist die Quelle angegeben.

2. Vorbemerkungen

Der Gliederungspunkt B, der den ersten Lebensabschnitt von der Geburt bis zur Promotion Heinz Barwichs beschreibt, folgt allein seiner Selbstdarstellung im Buch „Das rote Atom. Als deutscher Forscher in der UdSSR" auf den Seiten 7 bis 16. Die bereits im Vorwort angedeutete Verweigerung einer konstruktiven Begleitung des biografischen Projekts durch die noch lebende Tochter Barwichs erlaubte leider keine ausführlichere Darstellung. Die Zitate aus dem „Roten Atom" in dem oben genannten Kapitel werden zwar gekennzeichnet, nicht immer jedoch durch Fußnoten belegt.

B. Kindheit, Studium und Berufseinstieg

I. Musterschüler und Außenseiter

Heinz Barwich wurde am 22. Juli 1911 als Sohn des Buchhalters Franz Barwich und dessen Ehefrau Hertha, geb. Nietzschmann, in Berlin-Lankwitz geboren. 1929 erhielt er das Reifezeugnis. Nach einem sechsmonatigen Praktikum bei der Allgemeinen Elektrizitäts-Gesellschaft Berlin (AEG) schrieb er sich an der Technischen Hochschule Berlin-Charlottenburg ein.[1] Sein Vater sei im Ersten Weltkrieg „wegen Fahnenflucht im Felde zu fünf Jahren Haft und Ausstoßung aus der Armee verurteilt worden", schreibt er selbst.[2] In der Schule musste er „Scheu und Schüchternheit überwinden", um sich „als Einzelner gegen Kritik und Spott der anderen zu behaupten".[3] Wenig populär bei seinen Mitschülern sei vor allem die Befreiung vom Religionsunterricht gewesen, die sein Vater unmittelbar nach seiner Entlassung aus dem Gefängnis ausgesprochen hatte. Dieser engagierte sich sofort wieder politisch in einer „linksradikalen, sozialistischen Gewerkschaftsorganisation, der Freien Arbeiterunion Deutschlands", für die der „Aktivist der Arbeiterbewegung und einer der Theoretiker des Anarchosyndikalismus"[4] häufig als Festredner der Feierlichkeiten am 1. Mai auftrat. „Meinem Klassenlehrer, der, wie die meisten Beamten seiner Generation, einer Rechtspartei angehörte, war diese Linksabweichung eines seiner Musterschüler ein Dorn im Auge."[5]

Bereits als Zehnjähriger habe er eine Zeitung herausgegeben, die es immerhin „auf eine Lebensdauer von mehr als einem Jahr brachte". Darin spiegelte sich sein „moralisches und soziales Weltbild wider", mit den Hauptthemen von gegenseitiger Hilfe und Abschaffung des privaten Eigentums, „das mir die Wurzel allen Unfriedens zu sein schien". Er habe sich schon als Kind zu einem „utopischen Edelkommunisten entwickelt, der in seiner kindlichen Phantasie bereits in einer Welt der Gleichheit und Brüderlichkeit lebte". Er danke seinen Eltern dafür, dass sie ihn davor bewahrten, sich „dem Dogma

---

[1] BStU, Archiv-Nr. 2753/67, Bd. P, Bl. 245.
[2] Barwich/Barwich, Rotes Atom, S. 7.
[3] Ebd., S. 9.
[4] https://de.wikipedia.org/wiki/Franz_Barwich.
[5] Barwich/Barwich, Rotes Atom, S. 9.

II. Die Hochschule – kein Ziel, aber eine Chance

„Zum Studium kam ich eher durch Zufall", denn angesichts der wirtschaftlichen Lage der Familie sahen die Eltern für den Sohn lediglich eine Ausbildung zum Elektroingenieur vor. Als Praktikant bei der AEG sei er „in eine Gruppe angehender Hochschulstudenten hineingekommen" und stellte fest, „dass wir die materiellen Schwierigkeiten des Studiums überschätzt hatten". Denn Kinder minderbemittelter Eltern bekamen bei guten Studienleistungen die Gebühren erlassen bzw. konnten sich um ein Stipendium bewerben. Da er sich durch Nachhilfeunterricht etwas dazuverdienen konnte und in den Ferien als Schlosser in einer Fabrik arbeitete, traute er sich ein Hochschulstudium zu. Er fand zunehmend Interesse an der Physik, vor allem im Hinblick „auf die wachsende Bedeutung des technischen Physikers in der Industrie". Die Jahre 1930 bis 1933 widmete er „fast ungestört dem Studium der Mathematik und der exakten Naturwissenschaften". In Vorträgen und Diskussionen erlebte er in der Welthauptstadt der Physik, die Berlin damals ohne Zweifel war, Max Planck, Albert Einstein, Erwin Schrödinger, Werner Heisenberg, James Franck, Max von Laue, Max Born, Lise Meitner und Fritz Houtermans. Er hörte eine Spezialvorlesung zur Wellenmechanik, die Eugene Wigner anbot und lernte auch Hans Bethe und Viktor Weisskopf kennen. Die „Propheten einer von jüdischem Gedankengut gesäuberten neuen deutschen Physik", die beiden Nobelpreisträger Philipp Lenard (1905) und Johannes Stark (1919), seien von der Creme der Physik „mitleidig belächelt" worden, obwohl sie durch ihre exzellenten experimentellen Arbeiten einen „beachtlichen Forschungsbeitrag" geleistet hatten. Die Vorlesungen von Gustav Hertz übten einen besonderen Reiz auf Barwich aus. Ihn fesselten „die kunstvollen Experimente und seine geistvollen Ausführungen, die allerdings für den Durchschnittsstudenten nicht immer leicht fassbar waren".[7]

Mit Ausnahme von Albert Einstein, der sich in öffentlichen Veranstaltungen „für die Demokratie einsetzte", kümmerten sich „unsere Wissenschaftler nicht um Politik". Ohne sein Studium zu vernachlässigen, besuchte Barwich „die Treffen des sozialistischen Studentenbundes, der Deutschen Liga für Menschenrechte und des Republikanischen Motorradklubs", dem sein Vater angehörte. In seiner von Prof. Hertz betreuten Diplomarbeit befasste er sich mit

---

[6] Ebd., S. 10.
[7] Ebd., S. 11.

der Messung des Planck'schen Wirkungsquantums mit Hilfe des Photoeffekts.[8]

Nach der Machtergreifung Hitlers mussten bald nicht nur alle jüdischen Professoren die Hochschule verlassen, sondern „auch alle linken, das heißt sozialistisch oder einfach antifaschistisch eingestellten Studenten sollten entfernt werden". Um dem zu entgehen, setzte er „erstmals Lüge und Heuchelei als Mittel zum Zweck" ein. Er habe keine „moralischen Hemmungen" empfunden, denn für ihn seien „alle Mittel des illegalen Widerstandes gegen die Faschisten gerechtfertigt" gewesen. An der Hochschule sollten nur diejenigen Studenten verbleiben dürfen, die sich früher an der Wahl zur Großdeutschen Studentenschaft beteiligt hätten, die sich bereits seit Jahren „im Fahrwasser der Hitlerbewegung befand". Am Wahltag musste er sich einer kleinen Operation unterziehen, was er mit einem Attest belegen konnte. Der antisemitische Studentenführer habe herausgefunden, dass „der Arzt ein Jude war" und er selbst noch „nie an einer Wahl teilgenommen hatte". In seiner Not habe er nach einem Mittel gegriffen, das ihm später noch oft Erfolge „bei Parteifunktionären und stupiden Beamten" bringen sollte. Er stellte sich noch dümmer, als ihm sein Gegenüber zu sein schien und räumte alle Zweifel aus, dass er als „guter deutscher Bürger die Größe der jüdischen und kommunistischen Gefahr" nicht erkannt hätte. Es gelang ihm schließlich, seinen Studienplatz zu retten.[9]

Getragen von einem durch Hertz vermittelten DFG-Stipendium bewegte sich Barwich in der anschließenden Dissertation in jenen Bereich der technischen Physik hinein, der für die Entwicklung von Kernwaffen überragende Bedeutung erlangen sollte. 1936 wurde er mit der Arbeit „Die Trennung von Gasgemischen durch Diffusion in strömendem Quecksilberdampf" an der Technischen Hochschule Berlin promoviert. Es handelte sich um reine Grundlagenforschung, die von der Leitung der Technischen Hochschule „wegen ihrer offenbar zu geringen technischen Bedeutung nicht einmal besonders gefördert" wurde.[10]

III. Kriegswichtige Forschungen ohne brauchbare Ergebnisse

Hertz wurde 1935 wegen jüdischer Vorfahren die Prüfungsberechtigung entzogen. Er verzichtete daraufhin auf sein Lehramt und übernahm als Direktor das Siemens & Halske-Forschungslabor II in Berlin. Er bot Barwich eine Stelle als wissenschaftlicher Mitarbeiter an, was mit einem Wechsel des Arbeitsgebietes verbunden war – Ultraschall statt Isotopentrennung. Die kriegswich-

---

[8] Ebd., S. 12.
[9] Ebd., S. 13 f.
[10] Ebd., S. 13.

tige Anwendung von Ultraschall zur Verbesserung der Zündung von Torpedos bewahrte ihn vor der Einberufung zur Wehrmacht. Der alte Aufschlagzünder, der die Sprengung durch Aufprall des Torpedos an der Wand des Schiffes zur Explosion brachte, sollte durch einen Zünder ersetzt werden, der Schallwellen verarbeiten konnte. Denn bereits in den ersten Monaten des Zweiten Weltkriegs zeigte sich, dass die von deutschen U-Booten abgefeuerten Torpedos ihr Ziel viel zu selten trafen – von einer „Torpedokrise" sprechen Florian und Stefan Lipsky in ihrer Geschichte von Entwicklung und Einsatz deutscher U-Boote. Während der Besetzung Dänemarks und Norwegens im März 1940 seien deutsche U-Boote häufig in gute Schusspositionen gelangt, hätten aber kaum ein Schiff versenkt, weil ihre Torpedos zu früh detonierten, da die Tiefensteuerung falsch eingestellt wurde oder die Magnetzündungen versagten. Die Versagerquote betrug mehr als 40 Prozent. Großadmiral Dönitz, Oberbefehlshaber der deutschen Kriegsmarine, notierte in seinem Kriegstagebuch: „Ich glaube nicht, dass jemals in der Kriegsgeschichte Soldaten mit einer so unbrauchbaren Waffe gegen den Feind geschickt werden mussten."[11]

Es galt, so Barwich, „ein Kopfteil für den Torpedo zu konstruieren, dessen Ultraschallsender und -empfänger die Laufzeit des Echos maß und mit vorgegebenen Zeiten verglich". Der Torpedo sollte über ein Relais gezündet werden, sobald das Echo nicht von der Wasseroberfläche kam, sondern von einem Schiffskörper. Was in der Theorie zunächst einfach erschien, erwies sich in der Praxis wegen einer ganzen Reihe „unerwarteter Erscheinungen in der Unterwasserwelt" als ausgesprochen kompliziert, da diese den „denkenden Torpedo verwirrten". Deshalb hätten Forschung und Entwicklung „bedenklich oft den Charakter reiner Grundlagenforschung" angenommen und führten zu keiner technisch brauchbaren Lösung. Auch ein zweites Problem auf dem Ultraschallgebiet konnte nicht gelöst werden, nämlich die Entwicklung eines Gerätes zum Auffinden von Unterwasserminen.

Das Ende des Krieges erlebte Barwich keineswegs nur als Befreiung, sondern ließ ihn auch arbeitslos werden und um die Existenz seiner Familie bangen. In einer 1939 geschlossenen ersten Ehe wurden zwischen 1940 und 1945 Sohn Peter, die Zwillinge Katja und Sonja sowie Tochter Beate geboren. Sein Entschluss vom 10. Juni 1945, mit Hertz zusammen in die Sowjetunion zu gehen, so schreibt er, „beendete zwar diese Art beruflicher Sorgen, führte mich aber in neue politische Auseinandersetzungen", wie er sie sich „vorher nicht vorgestellt hatte". Am 4. August 1945 flog er zusammen mit seiner hochschwangeren Frau und den Kindern nach Moskau. Mit dem aufschlussreichen Satz „Ich war nun nicht mehr arbeitslos." endet das erste Kapitel in seinem Buch „Das rote Atom".

---

[11] Vgl. Lipsky, Florian/Lipsky, Stefan: Deutsche U-Boote. Hundert Jahre Technik und Entwicklung, Augsburg 2006, S. 32.

C. Interniert in der Sowjetunion: 1945–1955

I. Stalins Jagd nach der Bombe

An die Reise ins Ungewisse, die ersten Tage und Wochen in Moskau und danach am Schwarzen Meer erinnern sich alle Beteiligten intensiv, aber auch unterschiedlich und sie berichten darüber nicht immer frei von Widersprüchen. Ihre Schilderungen der wissenschaftlichen Arbeit hingegen lassen sich gut mit Dokumenten und Materialien zum Atomprojekt der UdSSR abgleichen, die zwischen 1999 und 2005 unter der redaktionellen Leitung des ehemaligen Atomministers Lew Dmitriewitsch Rjabew in fünf Bänden herausgegeben worden sind. Daraus wird in diesem Kapitel ausführlich zitiert.

Als Reaktion auf die Abwürfe einer Uranbombe auf Hiroshima und einer Plutoniumbombe auf Nagasaki im August 1945 durch die Amerikaner leitete Stalin eine regelrechte Jagd nach der Atombombe ein.[1] Sein Weg zum Ziel gleicht einem vierspurigen Highway, von dessen vier Spuren er nur eine einzige selbst bauen musste. Die erste Spur, die Spionage, wurde bereits im September 1941 durch den Geheimdienst angelegt, als dieser Kenntnis vom britischen Projekt „Tube Alloys" zur Entwicklung von Kernwaffen erlangte.[2] Die zweite Spur bildete ein beispielloser Know-how-Transfer durch deutsche Wissenschaftler und Techniker, die nach Kriegsende in die Sowjetunion verbracht wurden. Als dritte Spur sicherte schließlich das in Deutschland erbeutete Uran die Aufholjagd. Der Aufbau eines neuen Zweiges der Rüstungsindustrie mit einer breit angelegten Forschung in diesem vom Krieg gezeichneten Land stellte die vierte Spur und zugleich den einzigen originären Beitrag der UdSSR zum Bau der Atombombe dar. Mit dem Test der ersten Atombombe am 29. August 1949 stellte der Diktator das nukleare Patt der beiden Supermächte als Gleichgewicht des Schreckens her, das eine beispiellose Epoche des Wettrüstens einleitete. Den Test der ersten Wasserstoffbombe am 12. August 1953 sollte Stalin allerdings nicht mehr erleben. Er war am 5. März 1953 auf seiner Datscha in Kunzewo verstorben.

---

[1] Barkleit, Gerhard: Wie Stalin die Bombe erhielt. Zum Anteil deutscher Wissenschaftler an der sowjetischen Atomrüstung, Welttrends Nr. 130, August 2017, S. 58–62.

[2] Vgl. Andrew, Christopher/Mitrochin, Wassili: Das Schwarzbuch des KGB. Moskaus Kampf gegen den Westen, München 1999, S. 167 ff. Nekrasow, Wladimir Filippowitsch: NKWD-MWD i Atom, Moskau 2007, S. 14 ff.

Abb. 1: Ab 1967 Uranabbau auch im Naturschutzgebiet Sächsische Schweiz.

II. Kernphysik

1. Kernspaltung und Kettenreaktion

Im Folgenden sollen kurz die Grundlagen und der Aufbau von Kernwaffen skizziert werden. Die Freisetzung der in den Atomkernen gebundenen Energie ist auf zwei grundsätzlich verschiedenen Wegen möglich: durch Spaltung schwerer Kerne oder durch Verschmelzung leichter Kerne (Kernfusion). Beide Prinzipien wurden zuerst militärisch genutzt – die Kernspaltung bei den „klassischen" Atombomben, die Kernfusion bei der einige Jahre später entwickelten Wasserstoffbombe.

Mit Hilfe des sogenannten Tröpfchenmodells des Atomkerns lässt sich der Vorgang der Kernspaltung anschaulich darstellen. Das in den Atomkern eindringende Neutron überträgt seine kinetische Energie an den Kern und regt diesen zu pulsierenden Schwingungen an. Dadurch verformt sich dieser „Zwischenkern" und spaltet sich schließlich in zwei Bruchstücke auf – Krypton und Barium in diesem Beispiel. Darüber hinaus werden noch zwei bis drei Neutronen freigesetzt, die wiederum auf Urankerne treffen und eine lawinenartig anwachsende Kettenreaktion auslösen können.

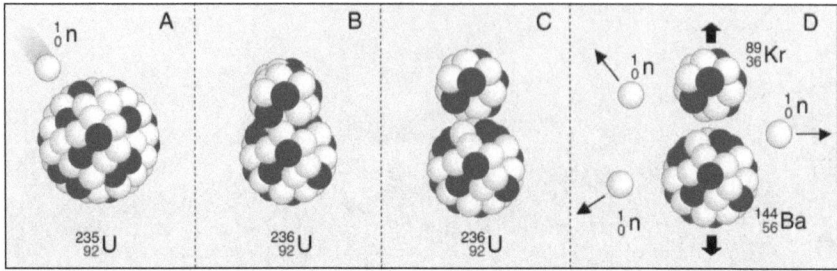

Abb. 2: Kernspaltung.

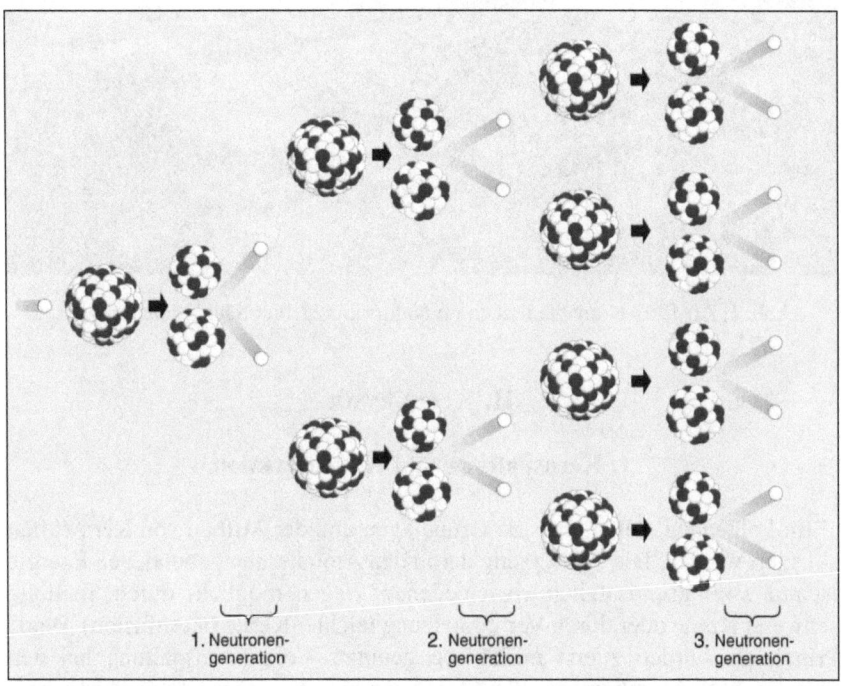

Abb. 3: Kettenreaktion.

Die grundlegende Voraussetzung für die detonationsartige Freisetzung der Kernenergie des Spaltmaterials Uran bzw. Plutonium in den „klassischen" Atombomben ist die von Generation zu Generation anwachsende Anzahl von Neutronen. Da nicht jedes Neutron auf einen Kern treffen wird, sondern immer auch mit Verlusten zu rechnen ist, erfordert eine Kettenreaktion eine Mindestmenge an Spaltmaterial, die als kritische Masse bezeichnet wird.

Uranvorkommen sind in verschiedenen Regionen der Erde anzutreffen. Das leicht spaltbare und damit waffentaugliche Isotop U-235 des Urans kommt im natürlichen Uran nur zu 0,72 % vor. Es muss mit unterschiedlichen Verfahren der Isotopentrennung für die Verwendung in Waffen angereichert werden. Das ebenfalls leicht spaltbare Isotop Pu-239 des Elements Plutonium, das in der Natur praktisch nicht vorkommt, wird in einem Kernreaktor durch Bestrahlung des Uranisotops U-238 mit Neutronen gewonnen. Da die damals angewandten Verfahren für die notwendige hohe Urananreicherung mit U-235 sehr aufwendig waren, erwies sich die Verwendung von Plutonium als effektiver, um eine größere Menge von Atombomben herzustellen.

2. Konstruktionsprinzipien von Atombomben

Die kritische Masse spaltfähigen Materials ist diejenige Masse, mit der eine stabile Kettenreaktion erreicht wird, d.h. mindestens ein Neutron der bei der Kernspaltung freigesetzten Neutronen spaltet wieder einen Kern. Die übrigen bei der Spaltung entstehenden Neutronen werden absorbiert oder entweichen aus dem Material. Eine funktionsfähige Atombombe muss eine überkritische Masse an Spaltstoff enthalten, damit ein sehr schnelles Ansteigen der Zahl von Spaltreaktionen und der damit verbundenen Energieausbeute bis zur Explosionsenergie erreicht wird. Bis zum Zeitpunkt der Zündung muss das spaltbare Material räumlich so angeordnet sein, dass das System unterkritisch ist. Eine Detonationseinrichtung aus konventionellem Sprengstoff verdichtet die verteilte Masse spaltbaren Materials und setzt die Kettenreaktion in Gang. Uranbomben konstruierte man nach dem sogenannten Geschützprinzip, wobei zwei unterkritische Massen durch eine konventionelle Detonation im Bombenkörper zu einer überkritischen Masse „zusammengeschossen" werden. Da das Plutonium aus dem Reaktor neben dem Isotop Pu-239 noch andere Isotope enthält, die sich spontan spalten und Neutronen freisetzen, würde das Geschützprinzip vor Erreichen der gewünschten Überkritizität zu einer frühen Zündung führen. Deshalb funktionieren die Plutoniumbomben nur nach dem „Implosionsprinzip". Dabei wird eine kugelschalenförmige und damit unterkritische Anordnung von Plutonium benutzt, die durch radial angeordnete Sprengstofflinsen im Moment der Zündung so stark komprimiert wird, dass sie den überkritischen Zustand erreicht und als Kernwaffe detoniert. Sowohl die Uran- als auch die Plutoniumbomben haben um den Spaltstoff eine Hülle, die mehrschichtig aufgebaut sein kann. Mit Material, das die Neutronen reflektiert, wird die kritische Masse herabgesetzt. Mit Material, das eine hohe Festigkeit besitzt, wird der Zeitpunkt der Explosion hinausgezögert und damit die verheerende Wirkung der Explosion verstärkt. Als Material für den Mantel kommen vor allem das Uranisotop U-238, Stahl und Beryllium zum Einsatz.

U-238 und Beryllium haben reflektierende Eigenschaften, wobei das letztere sogar die Neutronen vermehrt.

III. Das Projekt „Atomnaja Bomba"

1. Stalins Spezialkomitee und Technischer Rat

Am 20. August 1945 hatte Stalin ein Spezialkomitee beim Rat der Volkskommissare (Sownarkom)[3] unter Leitung seines Intimus Lawrentij Pawlowitsch Berija gebildet, damals einer der stellvertretenden Vorsitzenden dieses Gremiums. Als Mitglieder wurden berufen: Georgij Maksimiljanowitsch Malenkow, Leiter der Abteilung „Kader" beim ZK der Kommunistischen Partei, Nikolai Aleksejewitsch Wosnesenskij, Vorsitzender der Staatlichen Plankommission, Boris Lwowitsch Wannikow, Leiter der 1. Hauptabteilung beim Ministerrat, Generalleutnant Awraamij Pawlowitsch Sawenjagin, die Physiker Igor Wasiljewitsch Kurtschatow und Pjotr Leonidowitsch Kapiza sowie Generalleutnant Michail Georgijewitsch Perwuchin. General Wasilij Alexejewitsch Machnjow wurde zum Sekretär des Komitees bestimmt.

Diesem politischen Gremium wurde ein „Technischer Rat" an die Seite gestellt, mit dessen Leitung Wannikow beauftragt wurde. Stalin persönlich schlug ihn für diese Schlüsselstellung vor, weil er „nicht nur im ganzen Land, sondern insbesondere auch den Spezialisten der Industrie und des Militärs" bekannt sei.[4] Dem Technischen Rat gehörten darüber hinaus Abraham Isakowitsch Alichanov, Iwan Nikolajewitsch Wosnesenskij, Sawenjagin, Abram Fedorowitsch Joffe, Kapiza, Isaak Kuschelewitsch Kikoin, Kurtschatow, Machnjow und Julij Borisowitsch Chariton an. Während die Berufung von Joffe nicht nur dem Ansehen, sondern auch der praktischen Arbeit des Rates zugutekam, spielten Sawenjagin und Machnjow die Rolle von Aufpassern des Diktators Stalin.[5]

Ein Blick in die Sitzungsprotokolle des Spezialkomitees zeigt, mit welcher Intensität die Jagd nach der Bombe und die Einbeziehung deutscher Wissenschaftler betrieben wurden. Bereits im Protokoll Nr. 1 vom 24. August 1945 sind im Tagesordnungspunkt VII. „Über die Absicherung des Aufbaus der Objekte A und G" zwei „Objekte" genannt, deren Kürzel „A" und „G" für die

---

[3] Der Rat der Volkskommissare der Sowjetunion wurde nach der Jahreswende 1922/1923 eingerichtet. Er war vom 6. Juli 1923 bis 15. März 1946 das oberste ausführende und gesetzgebende Organ der Sowjetunion.

[4] Sokolov, Boris: Berija. Sudba wsesilnowo narkoma, Moskau 2003, S. 204.

[5] Torčinov, V. A./Leontjuk, A. M.: Vokrug Stalina. Istoriko-biografičeskij spravočnik, Sankt Petersburg 2000, S. 287.

III. Das Projekt „Atomnaja Bomba" 31

Namen ihrer künftigen Direktoren Ardenne und Hertz[6] stehen. Dazu heißt es unter VII.1, dass die Beschlussvorlage „innerhalb von 24 Stunden" dahingehend zu präzisieren sei, „in welchem Umfang und durch wen die Bereitstellung der Materialien erfolgen soll". Danach sei der Entwurf „dem Vorsitzenden des staatlichen Verteidigungskomitees, Genossen Stalin, zur Bestätigung vorzulegen".

Unter VII.2 wird darauf hingewiesen, dass „dem Volkskommissariat für Bauwesen 300 Arbeiter zur Durchführung der Montagearbeiten an den Objekten A und G zur Verfügung gestellt werden".[7]

Am 8. September (Protokoll Nr. 3), wiederum unter der persönlichen Leitung von Berija, erfolgte die Festlegung der Arbeitsaufgaben für Ardenne, Hertz, Riehl, Volmer und Döpel.

Für die Gruppe unter Leitung von Professor Ardenne wurden folgende Schwerpunkte festgelegt:

a) Entwicklung einer (magnetischen) Methode zur Trennung von Uranisotopen sowie Massenspektronomie schwerer Atome;
b) Arbeiten zur Verbesserung von Elektronenmikroskopen und Beteiligung an der Organisation der Serienproduktion;
c) Entwicklung von Messtechnik für kernphysikalische Untersuchungen.

Schwerpunkte der von Hertz geleiteten Gruppe waren:

a) Isotopentrennung von Uran (Leitung Prof. Hertz);
b) Herstellung von schwerem Wasser (Leitung Prof. Volmer);
c) Entwicklung von Methoden zur Bestimmung der Anreicherung von Uran;
d) Entwicklung von Methoden zur Bestimmung der Energie von Neutronen.

Für die Gruppe von Dr. Riehl war die Entwicklung von Methoden zur Herstellung sauberer Uranprodukte und metallischem Uran vorgesehen sowie Hilfeleistung bei der Überführung in die industrielle Produktion.

Für Professor Döpel wurde festgelegt:

1. Die Herstellung von Plutonium-239 mit Hilfe von Uran und schwerem Wasser zu verfolgen und[8]
2. die Zusammenarbeit mit Georgij Nikolajewitsch Flerow zu pflegen.
3. Die Leitung des Labors von Döpel wird Alichanow wahrnehmen.[9]

---

[6] Das kyrillische Alphabet kennt den Buchstaben H nicht.

[7] Atomnyi Projekt SSSR, Dokumenty i materialy, Tom II, Atomnaja bomba 1945–1954, Kniga 1, Moskau-Sarow 1999, Dok. 2.

[8] 1940/1941 synthetisierte eine Gruppe um Seaborg erstmals Plutonium durch den Beschuss von Uran mit Deuteronen in einem Zyklotron.

[9] Atomnyi Projekt SSSR, Kniga 1, Dok. 4.

Am 28. September (Protokoll Nr. 5) fand eine gemeinsame Sitzung der Mitglieder des Spezialkomitees und des Technischen Rates statt. Für eine Berichterstattung an Stalin über den Uran-Graphit-Reaktor, die Fabrik für Isotopentrennung nach dem Diffusionsverfahren sowie die Komplexe „schweres Wasser" und „magnetische Verfahren" sollte Alichanow das Laboratorium von Hertz und Sawenjagin das Laboratorium von Riehl aufsuchen.

Am 10. Oktober (Protokoll Nr. 6) wurde eine „Dienstreise der Genossen Alichanow und Joffe in die Speziallaboratorien von Ardenne und Hertz mit dem Ziel" beschlossen,

a) Einblick in die Organisation der Forschungsarbeit in den Laboratorien zu nehmen,

b) konkrete Pläne für Forschung und Experimente mit den Leitern der Laboratorien abzustimmen und

c) auf eine Beschleunigung der Arbeiten in den Laboratorien hinzuwirken.

Über die Ergebnisse der Reisen sollte an den Technischen Rat berichtet werden.[10]

Am 26. Oktober (Protokoll Nr. 7) beschließen die Mitglieder im Beisein des Volkskommissars für Schwermaschinenbau, Genossen N. S. Kasakow, und weiterer hochrangiger Vertreter aus Industrie und Forschung eine Reihe von Vorlagen für das Atomprojekt, darunter auch den von Sawenjagin vorgelegten Beschluss „Über die Verwendung der Gruppe deutscher Spezialisten, die den Wunsch geäußert haben, in den Speziallaboratorien zu arbeiten".[11]

Am 30. November (Protokoll Nr. 9) wurde unter Punkt XI. Druck ausgeübt, über das Maß der Hilfe beim Bau der Objekte „A" und „G" baldigst endgültig zu entscheiden.[12]

Nur zwei Wochen später, am 14. Dezember, fasste das Spezialkomitee den Beschluss, die Absicherung des Baus der Objekte „A" und „G" auf der Sitzung des Operativbüros des Rates der Volkskommissare der UdSSR zu prüfen. Darüber hinaus wurden Vorstellungen des Genossen Sawenjagin „Über die Stellen, Gehälter und Kosten der Richtlinien für die Ernährung und Lebensmittelversorgung der Institute A und G und der Objekte Sinop und Agudseri" geprüft.[13]

Am 22. Dezember (Protokoll Nr. 11) entspricht das Sonderkomitee der Bitte der Genossen Borisow und Sawenjagin, den Beschlussentwurf des Rates

---

[10] Ebd., Dok. 7.
[11] Ebd., Dok. 8.
[12] Ebd., Dok. 10.
[13] Ebd., Dok. 11.

der Volkskommissare „Über den Aufbau der Objekte A und G" zur Prüfung beim Operativbüro des Rates der Volkskommissare der UdSSR vorzulegen.[14]

2. Barwichs erste Schritte auf unbekanntem Terrain

Bei der Ankunft in Moskau wurde Barwich zunächst dem Team des Manfred Baron von Ardenne zugeordnet, der das Intourist-Erholungsheim in Sinop am Schwarzen Meer in ein modernes physikalisches Forschungslaboratorium umwandeln sollte. Ein Erholungsheim in Agudseri, etwa sieben Kilometer von Sinop entfernt, wurde für ein weiteres Institut unter Leitung von Gustav Hertz umgebaut. Binnen kurzer Zeit entstanden in der Nähe von Suchumi die beiden von namhaften deutschen Physikern geleiteten „Objekte" für Stalins Jagd nach der Bombe, nämlich „A" (Ardenne) und „G" (Hertz).

Das Vestibül des Sanatoriums in Suchumi, erinnert sich Barwich, „glich der Halle eines modernen westeuropäischen Luxushotels", ein „überwältigender Kontrast zu der sowjetischen Wirklichkeit in diesen Tagen kurz nach dem Krieg". Allerdings wechselte er nach wenigen Tagen zu Hertz nach Agudseri, dessen Sanatorium „offenbar nicht für ausländische Touristen gedacht war wie Sinop – keine vornehme Empfangshalle, kein Springbrunnen mit Goldfischen, keine prächtigen Gemälde".

Den Terminus „Objekt", nach Barwich für die westliche Welt nur schwer zu verstehen, beschrieb er als Einheit von Arbeit und Leben der Mitarbeiter und deren Familien. Eine „vollständige Produktionszone mit den Laboratorien, Werkstätten, Materiallagern, elektrischer Energiezentrale und der Verwaltung, nicht zu vergessen die Kaserne für die militärische Bewachung" einerseits sowie eine „normale Wohnsiedlung mit Verkaufsständen für die wichtigsten Lebensmittel und Bedarfsgüter, Wäscherei, Garagen, Reparaturwerkstätten, Kino, Restaurant und Gästehaus, Schneiderwerkstatt, Schuhmacherei, Kindergarten, Poliklinik, Sportplatz und in unserem Fall noch Badestrand" andererseits bildeten eine Einheit, das Objekt.[15] Ein Zaun um das Objekt sei nützlich gewesen, resümierte Barwich, weil er die Privilegien seiner Bewohner schützte und lästig, weil er deren Bewegungsfreiheit einschränkte.[16] Ihn wunderte, dass die Russen „vertrauensvoll und ohne Neid auf bessere Lebensmittelrationen und höhere Besoldung" der Deutschen blickten.[17] Das mag für Wissenschaftler durchaus zutreffen, wohl kaum aber für den Mechaniker, in dessen Familie an der Front gefallene junge Männer zu beklagen waren.

---

14 Ebd., Dok. 12.
15 Barwich/Barwich, Rotes Atom, S. 19.
16 Ebd., S. 20.
17 Ebd., S. 21.

Im August wurde in Suchumi Tochter Beate geboren. Allerdings haben die Eltern keine amtliche Geburtsurkunde erhalten, sondern auf „einem kleinen braunen Papier bestätigt, dass eine Frau Edith Ottowna im August 1945 eine gesunde Tochter geboren hatte". Eine echte sowjetische Geburtsurkunde habe Beate erst im Januar 1955 erhalten, wenige Monate vor der Rückkehr der Familie nach Deutschland.[18]

Anfangs, so Barwich, gehörten zum Mitarbeiterstab von Hertz sieben Physiker und ein Metallkundler, „alle mit langjährigen Erfahrungen in selbständiger Forschungsarbeit", ein älterer technischer Chemiker und Werkstofffachmann, ein Konstrukteur, ein Elektro-Ingenieur und noch drei weitere Fachkräfte, darunter ein älterer Glasbläser. Auch der bekannte Physikochemiker Max Volmer gehörte bis zu seiner Übersiedlung in ein Moskauer Laboratorium dazu, insgesamt ein Team, mit dem Hertz „vertrauensvoll den zu erwartenden Aufgaben entgegensehen" konnte. Insgesamt wären das 15 Mitarbeiter gewesen.[19]

Zum Vergleich: In seinen Memoiren listete Werner Hartmann die Ende 1945 in Agudseri anwesenden Deutschen mit deren Spezialgebieten auf. Er konnte sich lediglich an 12 Mitarbeiter von Gustav Hertz erinnern.[20] Die Vornamen zweier Kollegen waren ihm entfallen. In einem Bericht Sawenjagins vom 8. Januar 1946 werden neben Gustav Hertz auch dessen 17 Mitarbeiter genannt.[21]

An dieser Stelle sei ein Hinweis auf die Schwierigkeiten bei der Nutzung der russischen Quellen gestattet. Zum einen sind nicht in allen Fällen neben dem Familiennamen auch der oder die Vornamen angegeben, zum anderen lassen sich die deutschen Namen aus dem Russischen nicht immer eindeutig zurückübertragen. Das erklärt allerdings nicht die Differenzen in den Erinnerungen von Barwich und Hartmann.

---

[18] Ebd., S. 25 f.
[19] Ebd., S. 27.
[20] Nachlass Prof. Werner Hartmann, Technische Sammlungen Dresden, Ordner 1945–1955, Teil F, Bl. 43.
[21] Vgl. Sawenjagin, Awraamij Pawlowitsch: Bericht vom 8. Januar 1946 über den Stand der Arbeiten zur Nutzung der Atomenergie in Deutschland mit einer Liste der deutschen Spezialisten, die in der Sowjetunion arbeiten, in: Atomnyi Projekt SSSR, Dokumenty i materialy, Tom II, Atomnaja bomba 1945–1954, Kniga 2, Moskau-Sarow 2000, S. 374–381.

III. Das Projekt „Atomnaja Bomba"

Tabelle 1
Die Gruppe Hertz (Bericht Sawenjagin)

Name	Vorname	Titel	Arbeitsgebiet
Hertz	Gustav	Prof.	Direktor, Nobelpreisträger
Barwich	Heinz	Dr.	Mitarbeiter bei Siemens
Bayerl	Viktor	Dr.	Spezialist für Herstellung von schwerem Wasser
Bewilogua	Ludwig	Dr.	Spezialist für Tieftemperaturtechnik
Bumm	Helmut	Dr.	Mitarbeiter bei Siemens
Esche	Paul		Mechaniker
Hartmann	Werner	Dr.	Abteilungsleiter bei Siemens
Hoenow	Gerhard		Mechaniker, Leitung der Werkstatt
Kremer		Dr.	Wissenschaftlicher Mitarbeiter
Mühlenpfordt	Justus	Dr.	Mitarbeiter in einem Siemens-Labor
Reichmann*	Reinhold		Mitarbeiter in einem Siemens-Labor
Richter	Gustav	Dr.	Mitarbeiter bei Siemens
Hotman	Ernst		Konstrukteur bei Siemens
Schütze	Werner	Dr.	Stellv. Abteilungsleiter eines Siemens-Labors
Segel	Max		Glasbläser
Staudenmeyer			Konstrukteur eines Zyklotrons
Volmer	Max	Prof.	Stellv. Direktor, Spezialist für Oberflächenphänomene
Zühlke	Karl-Franz	Dr.	Abteilungsleiter bei Siemens

*starb im Sommer 1950 an Herzversagen[22]

---

[22] Nachlass Prof. Werner Hartmann, Technische Sammlungen Dresden, Ordner 1945–1955, Teil F, Bl. 82.

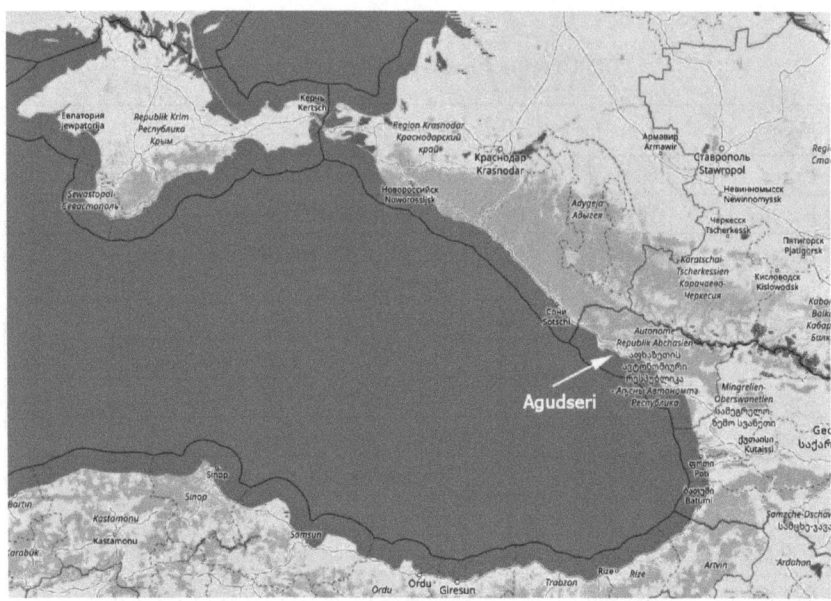

Abb. 4: Agudseri an der Ostküste des Schwarzen Meeres.

Abb. 5: Das Sanatorium in Agudseri.

III. Das Projekt „Atomnaja Bomba"

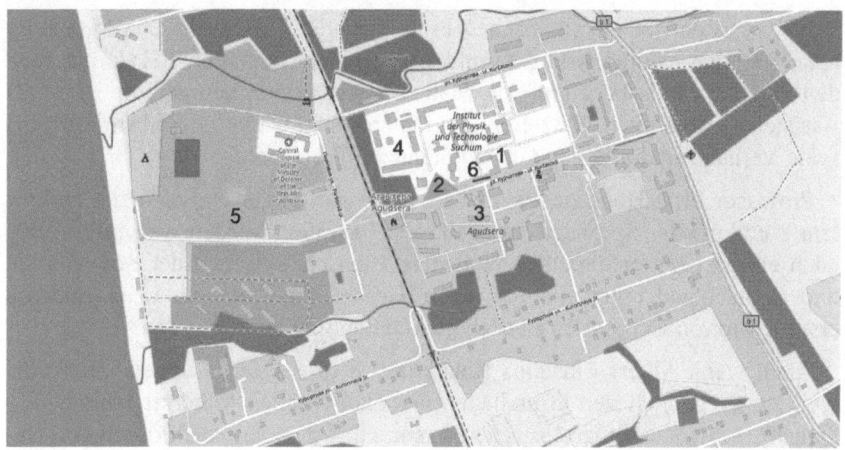

Abb. 6: Lageplan des Objekts „G": 1 Kinosaal, 2 Sowjetische Kommandantur, 3 Schule, 4 Haus Hartmann, 5 Villa Hertz, 6 Schlagbaum.

„Was wussten wir in Deutschland vom Stand der sowjetischen Physik vor dem 2. Weltkrieg?" Die Antwort Barwichs auf diese Frage beansprucht gerade einmal zwei der 207 Seiten seiner Memoiren.[23] Das Wesentliche sei kurz zusammengefasst.

Natürlich sei ihm bekannt gewesen, dass „der dialektische Materialismus der Wissenschaft auf allen Gebieten" eine Autorität übertragen habe, die „vorher der Religion zugestanden hatte". Trotz aller staatlichen Förderung konnte die sowjetische Naturwissenschaft „noch nicht als ernsthafte Konkurrenz der kapitalistischen Länder gelten".

Schon als Student habe er von Professor Wilhelm Westphal, der als „erster Wissenschaftler der nichtkommunistischen Welt" bereits 1922 eine Einladung zum Besuch der Sowjetunion angenommen habe, einige Informationen erhalten. Einige russische Institute seien „beneidenswert gut ausgerüstet gewesen". Dazu zählte auch das von Abram Fedorowitsch Joffe, von 1902 bis 1906 Mitarbeiter von Wilhelm Conrad Röntgen in München, geleitete Physikalisch-Technische Institut in Leningrad[24] (heute wieder Sankt Petersburg). Aus diesem Institut sind die „bedeutendsten experimentellen Atomforscher der Sowjetunion" hervorgegangen – Igor Wasilewitsch Kurtschatow, Lew Andrejewitsch Arzimowitsch, Abram Isaakowitsch Alichanow.

---

[23] Barwich/Barwich, Rotes Atom, S. 28 f.
[24] Vgl. Frenkel, Ja. I.: Abram Fedorowitsch Joffe, Leningrad 1968, S. 11 ff.

Als Assistent im physikalischen Praktikum der TH Berlin-Charlottenburg hatte Barwich „einige Kontakte mit sowjetischen Studenten". Er lernte auch den Physiker Weissberg und den Mathematiker Fomin kennen, die beide als Assistenten arbeiteten. Letzterer „beging später in Charkow Selbstmord", als seine Verhaftung durch den Geheimdienst (GPU) drohte.

Professor Fritz Houtermans, der als Professor an der Universität Charkow lehrte und als der Spionage Verdächtigter inhaftiert worden war, informierte nach einem 1939 erfolgten Gefangenenaustausch zwischen der Sowjetunion und Deutschland unter anderem auch darüber, dass 1937 in Leningrad das erste Zyklotron Europas in Betrieb genommen worden war.

Auch wenn Albert Einsteins Relativitätstheorie anfangs abgelehnt wurde, weil sie „angeblich den Grundlagen des dialektischen Materialismus widersprach", schien sich die russische Physik, „insbesondere auch durch den Namen Landau auf theoretischem Gebiet, bis zum Anfang des Zweiten Weltkrieges sehr weit entwickelt" zu haben.

Barwich, verunsichert, weil ein nur „dürftig informierter Europäer"[25], wartete gespannt auf das Eintreffen der ersten sowjetischen Kollegen.

Doch keine Dienstreise nach Berlin

Im November 1945 wurde Barwich nach Moskau beordert, um nach Berlin zu fliegen und ihm persönlich bekannte deutsche Physiker für das von Ardenne geleitete Objekt „A" zu werben. Während des tagelangen Wartens auf den Abflug begegnete er zwei namhaften deutschen Wissenschaftlern, dem Physiker Max Steenbeck und dem Chemiker Peter Adolf Thiessen, die beide das Ardenne-Team verstärken sollten.

Steenbeck, der „zusammen mit anderen Siemensdirektoren und Bevollmächtigten die Sträflinge aus Konzentrationslagern als billige Arbeitskräfte für Rüstungsaufträge beschäftigt hatte", war gesundheitlich stark angeschlagen. Er hatte Monate in einem Straflager verbracht und sollte in Moskau unter Aufsicht eines Arztes schnell wieder zu Kräften kommen. „Steenbeck hatte damit nichts zu tun", schreibt Barwich. „Was ihm zum Verhängnis wurde, waren seine persönliche Schwäche und sein Geltungsbedürfnis."[26] Peter Adolf Thiessen hingegen, „als Vorsitzender des NS-Forschungsrates für die chemische Industrie im Ministerium Speer, Organisator und Leiter der gesamten chemischen Forschung und Entwicklung des Dritten Reiches, war alter Kämpfer und Träger des Goldenen Parteiabzeichens gewesen". Dessen wissenschaftliche Leistungen dürften „kaum zu einer Bereicherung der physikali-

---

[25] Barwich/Barwich, Rotes Atom, S. 29.
[26] Ebd., S. 30.

schen Chemie beigetragen" haben. Dennoch sei er den Russen als Informationsquelle „willkommener als jeder andere ideologisch einwandfreie Wissenschaftler" gewesen. Als „typischer Vertreter des anderen Deutschlands" habe Barwich es „nicht über sich gebracht, ihm die Hand zu geben".[27] Beide sollten ein Jahrzehnt später Schlüsselpositionen im Wissenschaftsbetrieb der DDR einnehmen.

Statt nach Berlin zu fliegen, wurde er zum stellvertretenden Innenminister zitiert. General Sawenjagin, von Barwich als „Chef der 9. Verwaltung für Forschung, Entwicklung und Produktion zur militärischen Nutzung der Atomenergie" eingeführt, teilte ihm mit, dass die Amerikaner „ein zu lebhaftes Interesse" an seiner Person zeigten und versuchen könnten, ihn abzuwerben. Zurück am Schwarzen Meer habe er diese Lage seiner Frau mit den Worten des Gefängnisdirektors aus der Fledermaus verdeutlicht: „Herr Direktor, wir sind eingemauert."[28]

3. Festlegung der Institutshierarchie und Verteilung der Arbeitsgebiete

Noch im November besuchte Sawenjagin Agudseri, um „die deutschen Wissenschaftler persönlich kennenzulernen und Dienststellung und Gehälter zu erörtern", wobei „auf eine strenge Rangordnung Wert gelegt" worden sei. An dem Gespräch haben „Professor Hertz, dessen Stellvertreter Dr. W. Schütze und je einer der wichtigsten Mitarbeiter der theoretischen und experimentellen Physik, Professor Volmer als zweiter Direktor mit seinem ersten Mitarbeiter, der erste Theoretiker, Dr. G. Richter, und ich als erster experimenteller Physiker" teilgenommen. Von Hertz bereits darüber in Kenntnis gesetzt, dass Uran künftig ihr alleiniges Medium sein werde, hätten sie sich damit abgefunden, dass die Trennung von Uranisotopen durch Diffusion zum absoluten Schwerpunkt des Instituts werden musste. Die Trennung durch Diffusion gegen einen strömenden Dampf wollte Hertz „unbedingt allein lösen". Barwich selbst habe sich für Thermodiffusion und Gasdiffusion durch poröse Wände entschieden. Bei ersterer galt es, durch elementare Experimente zu klären, ob sie im Falle von Uran auch funktioniere. Bei der Diaphragmen-Methode standen die Probleme einer technischen Anlage großen Maßstabes im Mittelpunkt der Forschung. „Richter", so Barwich, „wollte sich zunächst mit einigen Fragen der Thermodiffusion befassen, während Schütze statt eines Kernreaktors ein Massenspektrometer für schwere Atome zu entwickeln beschloss, mit dem das Isotopenverhältnis angereicherten Urans präzise gemessen werden könnte."[29] Die von Barwich geleiteten Arbeiten zur Isotopentren-

---

[27] Ebd., S. 31 f.
[28] Ebd., S. 33.
[29] Ebd., S. 34.

nung durch Thermodiffusion sollten die Entwicklung und den Aufbau einer einfachen Trennanlage zum Ziel haben, heißt es in einem Bericht an Berija vom 15. August 1946.[30]

Die Festlegung von Dienststellungen und Gehältern durch Sawenjagin habe „das unter Deutschen so seltene Gefühl der Eintracht – hervorgerufen durch die materielle Gleichheit vom Nobelpreisträger bis zum Labormechaniker – jäh zerstört", beklagt Barwich. Darüber hinaus hätten die ersten Gehälter in ihrer Spanne zwischen 1.200 und 3.500 Rubel die Befürchtung geweckt, den Lebensunterhalt nicht mehr bestreiten zu können. „Tatsächlich waren die Gehälter für mittlere Ansprüche ausreichend", sehr viel gravierender habe sich die „Zwangshierarchie" ausgewirkt, denn im Siemens-Forschungslabor hätten alle „auf gleicher Stufe gestanden". Es ist anzunehmen, dass in Agudseri und Sinop das gleiche System eingeführt wurde und es nicht lange dauerte, bis die Gehälter eine solche Höhe erreichten, dass die Internierten in der Lage waren, ihre Verwandten in Deutschland finanziell zu unterstützen. In der erwähnten Sitzung am 13. April 1946 beschloss das Spezialkomitee außerdem die Einbeziehung der deutschen Spezialisten in das Prämiensystem für das Gebiet der „Nutzung der inneratomaren Energie".[31]

Eine „Liste der eingeladenen ausländischen Spezialisten" des Objekts „A" (Institut Manfred von Ardenne) vom 1. Januar 1950 enthält neben anderen Informationen auch die Gehälter. Ardenne verdiente als Direktor 10.500 Rubel im Monat. Prof. Peter Adolf Thiessen verdiente 8.000 Rubel, die Laborleiter Werner Wittstadt und Herbert Reibedanz erhielten 6.000 Rubel im Monat, der Leiter des Konstruktionsbüros, Gerhard Jäger, 4.000 Rubel. Die Gehälter der wissenschaftlichen Mitarbeiter bewegten sich je nach Alter zwischen 1.900 und 2.500 Rubel, promovierte Wissenschaftler erhielten je nach Aufgabenstellung zwischen 3.000 und 5.000 Rubel, eine Wertschätzung des Nachweises der Befähigung zu selbstständigem wissenschaftlichem Arbeiten durch deutsche Universitäten, die sich auch im Gehalt deutlich auswirkte. Auch unter den technischen Mitarbeitern gab es große Einkommensunterschiede. Der 1947 nach Sinop gekommene Glasbläser Hermann Füchsel verdiente 3.000 Rubel im Monat, der Werkstattmeister Heinz Franke 2.000 und der 1932 in Erfurt geborene junge Arbeiter Gerd Treff, der nur einen Volksschulabschluss nachweisen konnte, erhielt lediglich 500 Rubel. Sein Vater, ein Ingenieur ohne Hochschulabschluss, verdiente als Konstrukteur aber immerhin 2.000 Rubel.[32]

---

30 Atomnyi Projekt SSSR, Kniga 1, Dok. 233.
31 Ebd., Dok. 20.
32 Archiv Barkleit.

III. Das Projekt „Atomnaja Bomba" 41

Der Besuch Sawenjagins erwies sich für die deutschen Wissenschaftler auch in anderer Beziehung als folgenreich. Der als Generalmajor Kotschlawaschwili eingeführte „dunkeläugige, gepflegt aussehende Grusinier mit schwarzem Bürstenhaarschnitt und tadelloser Uniform" sollte als persönlicher Vertreter des berüchtigten NKWD-Chefs Berija mehrere Jahre lang für die Sicherheit des Objekts „G" zuständig sein. Kotschlawaschwili ordnete umgehend an, dass „von nun an niemand mehr das Objekt verlassen dürfe, ohne sich vorher bei der Kommandantur am Schlagbaum zu melden und einen Begleiter anzufordern". Neben einer „verschärften Beschneidung normaler Bürgerrechte" wurde ihnen abverlangt, eine Verpflichtungserklärung zur Geheimhaltung zu unterschreiben. Mit unbefangenem Optimus verweigerte sich eine Anzahl der Wissenschaftler diesem Ansinnen, darunter auch Barwich. Sie forderten, den Passus zu streichen, der eine Bestrafung auch außerhalb des sowjetischen Territoriums ermöglichte. Das gelang ihnen tatsächlich.[33]

Kurze Zeit nach dem Besuch des Generals Sawenjagin, „der nicht nur Freude und Wonne unter uns ausgelöst hatte", wie Barwich betont, kamen führende sowjetische Physiker zu ihnen ans Schwarze Meer. Eine Gruppe, angeführt vom fließend deutsch sprechenden Abram Fjodorowitsch Joffe, dem „Vater der sowjetischen Physik", führte lange Gespräch mit Hertz und Volmer, deren Hauptzweck darin bestand, „zwischen uns und den sowjetischen Wissenschaftlern ein Verhältnis des Vertrauens und der Achtung herzustellen".[34] Joffes Begleiter, der „recht erfolgreiche Metallphysiker und Universitätsprofessor Isaak Konstantinowitsch Kikoin", der Plasmaphysiker Lew Andrejewitsch Arzimowitsch und der Mathematiker Sergej Lwowitsch Sobolew, seinerzeit wohl „einer der populärsten Moskauer Wissenschaftler", waren offenbar bereits gut über das großtechnische Isotopentrennungsverfahren der USA informiert. „Es lag etwas Geheimnisvolles über unseren Gesprächen."[35]

Ebenfalls noch im November 1945 wurden alle Wissenschaftler der Objekte „A" und „G" zu einem Vortrag des sowjetischen Kernphysikers Georgij Nikolajewitsch Fljorow (Flerow) über die kinematische Theorie der Atombombe eingeladen. Fljorow habe in seinem Vortrag, so Barwich, „keine konkreten und quantitativen Angaben über experimentelle Daten der Bombe gemacht". Deshalb war nicht erkennbar, „was die Russen zu dieser Zeit schon wussten". Fljorow habe sich auf keine Diskussion eingelassen, „so gern er es anscheinend getan hätte".[36] Dieses unter Wissenschaftlern unübliche Verhal-

---

33 Barwich/Barwich, Rotes Atom, S. 37.
34 Ardenne datiert diesen Besuch auf den 12. Oktober 1945. Vgl. Ardenne, Manfred von: Ein glückliches Leben für Technik und Forschung, Berlin 1972, S. 180.
35 Barwich/Barwich, Rotes Atom, S. 47 f.
36 Ebd., S. 50.

ten wird angesichts eines Beschlusses des Technischen Rates verständlich. Dieser hatte in seiner Sitzung am 8. Oktober 1945 festgelegt, welche Informationen die Leiter der Speziallabore erhalten durften.[37] Damit war der Rahmen für Fljorow festgelegt und offensichtlich zog er es vor, keinen Schritt über das hinauszugehen, was in seinem Vortragsmanuskript stand. Als Manfred von Ardenne auf den großen Vorsprung des Westens hinwies und daraus die Forderung ableitete, für die neuen Laboratorien „eine reichhaltige und erstklassige Ausrüstung" zu garantieren, habe Fljorow geschwiegen.[38]

4. Ein Kommunist trifft auf praktizierten Kommunismus

Barwich sei bekanntermaßen ein Kommunist gewesen, sagte die jüngere Tochter Werner Hartmanns im Interview.[39] Mit dem Abstand von etwa zehn Jahren blickte er nicht nur bilanzierend auf die Zeit der Internierung zurück, sondern schrieb auch persönliche Einsichten und Bekenntnisse gesellschaftspolitischer Natur auf, die er in der Sowjetunion Stalins gewann. Diese sollen im Folgenden systematisiert und dargestellt werden.

Sicherheit und Geheimnisschutz

Seine Bestandsaufnahme anhand der Erfahrungen in Agudseri begann er mit dem Bedürfnis seiner Auftraggeber nach Sicherheit und Geheimnisschutz. Das „sich anbahnende Vertrauensverhältnis" sei immer wieder getrübt worden. Ihre „abgegebene Verpflichtungserklärung über Geheimhaltung" hätte genügen müssen, um „kleinliche Sicherheitsmaßnahmen überflüssig zu machen". Stattdessen praktizierten ihre Bewacher das berühmte Lenin-Zitat „Vertrauen ist gut, Kontrolle ist besser". Seine Erklärung, zum Verständnis der Zumutungen in Sachen Geheimhaltung habe man „den Begriffsapparat eines totalitären Staates" anwenden müssen, was ihnen „anfangs nicht gelang", will sich dem Leser seiner Memoiren nicht erschließen.[40]

Die Sicherheitsorgane wussten, dass „einige aus den westlichen Besatzungszonen Deutschlands zugereiste Ehefrauen von westlichen Geheimdiensten" mit Tinte ausgestattet worden waren, deren Botschaften vom Adressaten entsprechender Briefe mittels chemischer Reaktionen sicht- und damit lesbar gemacht werden konnten. Einige von ihnen teilten das den Mitarbeitern des sowjetischen Geheimdienstes mit – „aus Furcht vor Entdeckung oder aus

---

[37] Atomnyi Projekt SSSR, Dokumenty i materiali, Tom II, Atomnaja bomba 1945–1954, Kniga 4, Moskau-Sarow 2003, Dok. 3.
[38] Barwich/Barwich, Rotes Atom, S. 50.
[39] Gespräch mit Sylvelie Schopplich am 4. Juli 2023.
[40] Barwich/Barwich, Rotes Atom, S. 38.

Gründen der Loyalität". Die gravierendste Lücke für die Geheimhaltung stellten nach Barwich allerdings die sowjetischen Mitarbeiter dar, die „außerhalb der Objekte unbeschattet herumlaufen konnten".[41]

Es habe nur wenige Fälle von Spionage und Diversion gegeben. Dennoch waren „im Objekt ‚G' neben dem General ständig zwei Mitarbeiter im Majorsrang mit Untersuchungen solcher Art beschäftigt". Diese versuchten, ein „möglichst vollständiges Bild über jeden von uns zu erhalten, wobei alle erreichbaren Quellen, Briefe, mündliche Äußerungen, Aussagen von Nachbarn und Bekannten ausgewertet wurden". Moralische Bedenken hätten dabei keine Rolle gespielt.[42]

Eine Gefahr für die Sicherheit, so Barwich, wären auch freundschaftliche Beziehungen von Deutschen und Russen auf privater Ebene gewesen. In den ersten Jahren galt ein ungeschriebenes Gesetz, dass diese einander nicht in ihre Wohnungen einladen durften.[43] Wenn alleinstehende Mitarbeiter, die aus Kriegsgefangenenlagern gekommen waren, einen Flirt mit einer Russin begannen, „wurde die Dame nach wenigen Tagen an einen anderen Arbeitsplatz versetzt, aber nicht bestraft".[44]

Sozialistische Planwirtschaft

Für Barwich kranken die beiden Wirtschaftssysteme „unserer Welt von heute" vor allem an der Verschwendung, wobei die freie Marktwirtschaft sich „systematisch um des Profits willen" entwickle, das sowjetische System hingegen „verschwendet durch Planungsmängel, die durch private Initiative nicht ausgeglichen werden können". Unter dem Einfluss der „Kampfideologie" auf dem „Felde der Schlacht um die Erfüllung des großen sowjetischen Wirtschaftsplanes" nehme der Russe „nicht nur ohne Bedauern, sondern oft sogar mit einem gewissen Stolz die Verschwendung von Material und Arbeitskräften" hin. Denn seine Reserven seien „ja unerschöpflich".[45]

Im administrativen Leiter des Objekts „G", Major Schdanow, sah Barwich eine Verkörperung des sowjetischen Systems der „Einmann-Verantwortung", die eine Übertragung von Aufgaben auf untergeordnete Mitarbeiter nicht kannte. Für die sowjetischen Mitarbeiter sei Schdanow ein „gefürchteter, oft auch unbeliebter Mann" gewesen, da sie „nicht nur in Arbeitsbedingungen, sondern auch im Privatleben von seinen Entscheidungen abhängig waren".

---

41 Ebd.
42 Ebd., S. 41.
43 Ebd.
44 Ebd.
45 Ebd., S. 24.

Das galt beispielsweise für den Wunsch, den Arbeitsplatz zu wechseln oder eine bessere Wohnung zugewiesen zu bekommen.[46]

Die Mentalität des Russen

In der bereits erwähnten Auseinandersetzung um den Text der Geheimhaltungsverpflichtung erkannte Barwich ein großes Geschick der Russen, „sich primitiv-natürlich zu geben und so die andere Seite für sich zu gewinnen". Ihr Erfolg sei deshalb so durchschlagend, „weil sie im Augenblick selbst fest von der Aufrichtigkeit ihrer Gesinnung überzeugt sind".[47]

Im Umgang mit Mangelwaren erblickt Barwich einen deutlichen Mentalitätsunterschied zwischen Russen und Deutschen, zwischen dem sozialistischen Credo „Jeder nach seinen Fähigkeiten, jedem nach seiner Leistung" und dem von Letzteren praktizierten Prinzip der Bedürftigkeit. Als die erste Sendung von Stoffen, Schuhen und Kleidung zum Verkauf an die Deutschen eintraf, deckte der Objektleiter Schdanow „erst einmal seine Familie und seine nächsten Freunde" ein, so Barwich. Dann seien von ihm „Hertz und einige leitende Wissenschaftler aufgefordert worden, sich das Beste herauszusuchen". Der Rest blieb „für die weniger Befähigten". Die braven Sowjetbürger hätten das ganz in Ordnung gefunden, wohingegen „wir Deutschen nachträglich unter uns die Verteilung korrigierten".[48]

Die allergrößten Probleme hätten Schdanow jedoch die Unwägbarkeiten bei der Beschaffung von Material und Ausrüstungen für die Forschung bereitet. „Er musste herausfinden, bei welchem Ministerium, in welcher Fabrik oder Handelsorganisation seine persönlichen Beziehungen anzusetzen waren, um die benötigten Dinge so schnell wie möglich zu erhalten." Dabei sei es ihm nicht immer möglich gewesen, sich gesetzestreu zu verhalten. Darauf angesprochen, habe Schdanow „keineswegs beleidigt" reagiert, sondern gesagt: „Sie haben recht, unsere Gesetze sind gar nicht schlecht. Aber es ist schwer, sie einzuhalten." Diese „der Mentalität des ganzen Volkes entsprechende Einstellung" scheine „Partei und Regierung bekannt zu sein, nur dem Ausländer nicht", schlussfolgert Barwich.[49]

Von seinen organisatorischen Fähigkeiten habe der Objektchef, wer wollte ihm das verübeln, auch für sich selbst Gebrauch gemacht. Zwei Jahre nach seinem Amtsantritt habe er „die ganze Mandarinenernte des benachbarten Kolchos, die für unser Objekt zu relativ billigen Staatspreisen aufgekauft wer-

---

[46] Ebd., S. 42.
[47] Ebd., S. 37.
[48] Ebd., S. 43.
[49] Ebd.

den sollte", absichtlich verderben lassen, „um Schnaps daraus zu machen". Das hätte einen beachtlichen Gewinn für ihn abgeworfen. Seine Ablösung, so Barwich, erfolgte recht unromantisch. Der Nachfolger reiste ohne Voranmeldung an, trat in das Dienstzimmer seines Vorgängers, nahm hinter seinem Schreibtisch Platz und überreichte ihm den Marschbefehl nach Moskau. Jahre später habe man ihn zufällig auf einem mehr oder weniger geheimen Verwaltungsposten wiedergefunden – so „ehrlich wie zuvor".[50]

Weshalb „analysiert" Barwich die russische Mentalität und gelangt dabei immer wieder zu pauschalen und oberflächlichen Urteilen? Will er auf diese Weise Vorurteile der westdeutschen Leser, für die er seine Memoiren geschrieben hatte, gegenüber „den Russen" bedienen? Oder ist es vielmehr Ausdruck der Enttäuschung eines Kommunisten über die Realität in Stalins Imperium? Vergleichbares springt in den Memoiren namhafter deutscher und sowjetischer Akteure nicht in die Augen. Nikolaus Riehl überschreibt einen Abschnitt in seinem ebenfalls für westdeutsche Leser geschriebenen Buch „Zehn Jahre im goldenen Käfig" mit dem gängigen russischen Slogan „Der gute russische Mensch". Er zitiert Max Frisch mit dessen Urteil „Wenn die russischen Menschen nicht zu Unmenschen werden, sind sie menschlicher als wir" und bringt drei Beispiele, die russische Menschlichkeit ihm gegenüber auf schöne Weise bestätigen.[51] Ardenne widmete sich, wie in seinen Erinnerungen an die Zeit der Internierung nachzulesen ist, weniger psychologischen Fragen des Individuums, sondern suchte und fand Vorzüge des sowjetischen Gesellschaftsmodells.[52]

Vergleichbare Einlassungen sowjetischer Spitzenfunktionäre und -wissenschaftler über die „deutsche Mentalität" stachen bei der Arbeit an dieser Biografie nicht ins Auge. Sawenjagin beispielsweise äußert sich rückblickend sachlich und nah an den Fakten; Chariton hingegen, gern auch „Oppenheimer des Ostens" genannt, ist sichtlich bemüht, den Anteil der Deutschen an der sowjetischen Atombombe kleinzureden.[53]

5. Die ersten sowjetischen Mitarbeiter

Da die administrative Leitung des Instituts in den Händen sowjetischer Vorgesetzter lag, waren die Vollmachten des deutschen Direktors „bedeutend

---

[50] Ebd., S. 44.
[51] Riehl, Nikolaus: Zehn Jahre im goldenen Käfig. Erlebnisse beim Aufbau der sowjetischen Uran-Industrie, Stuttgart 1988, S. 49 ff.
[52] Vgl. Ardenne, Glückliches Leben, S. 188 f.
[53] Vgl. Sawenjagin, Awraamij Pawlowitsch: Stranizy schisni, PoliMEdija, Москва. 2002; Wodobschin, A. I.: 31 god, 2 Mesjaza i 3 dnja raboty c akademikom Ju. B. Charitonom, Sarow 2012.

geringer als ursprünglich angenommen". Hertz, als wissenschaftlicher Leiter, sei jedoch „mit großer Ehrerbietung" behandelt worden. Als einzigen Nachteil empfanden alle „die völlige Abhängigkeit von den Sowjets bei der Anstellung sowjetischer Mitarbeiter, sowohl was die Anzahl als auch die Qualifikation betraf".[54]

Bereits in seiner dritten Sitzung am 8. Oktober 1945 hatte der Technische Rat beschlossen, sowjetische Spezialisten in die Speziallaboratorien zu entsenden. „Es wird für zweckmäßig gehalten", hieß es in diesem Beschluss, „für die Arbeit in den Speziallaboren A und G Spezialphysiker der Institute und Laboratorien der Akademie der Wissenschaften und der höheren Lehranstalten der Grusinischen Sowjetrepublik heranzuziehen." Alichanow wurde beauftragt, „diese Frage mit dem Präsidenten der Grusinischen Akademie der Wissenschaften und mit dem Rektor der Universität Tiflis zu besprechen".[55]

Barwich, an einer Angina erkrankt, musste das Bett hüten, als die erste Gruppe sowjetischer Kollegen in Agudseri eintraf. Es waren vier Physiker aus Tiflis, zwei erfahrene Assistenten, deren akademischer Grad als Kandidat der Wissenschaften etwa dem deutschen Doktortitel entsprach, und zwei „frischgebackene" Diplomphysiker. Wenig später stieß noch ein Ehepaar dazu, beide Chemiker. An der Universität Tiflis haben die Naturwissenschaften keine besondere Rolle gespielt, entsprechend bescheiden seien die Kenntnisse der Neuen gewesen. „Die Gefahr, durch die überragenden Fähigkeiten" der Einheimischen „in den Schatten gestellt zu werden, drohte also nicht".[56] „Wirklich gute Physik-Absolventen" seien aus Moskau, Leningrad und, mit Abstrichen, aus Charkow gekommen. „Alle anderen Ausbildungsstätten hatten Provinz-Niveau."[57]

Geradezu aussichtslos sei es gewesen, so Barwich, Hilfskräfte „vom Laboranten bis zum Glasbläser" zu finden. Deshalb habe Ardenne den Vorschlag gemacht, Fachkräfte aus den russischen Kriegsgefangenenlagern zu holen – eine Aktion, die sich für die Arbeit als sehr erfolgreich und für die auf solche Weise Privilegierten als glückliche Fügung erweisen sollte.[58]

Da die Erkrankung sich als hartnäckig erwies, wurde Barwich in ein Moskauer Krankenhaus eingewiesen. Im Juli 1946, so schreibt er, „war es den vereinten Anstrengungen der Ärzte, Krankenschwestern und Reinemachfrauen des Moskauer MWD-Krankenhauses tatsächlich gelungen, durch Massage, elektrische Therapie und Vitaminspritzen die toxischen Produkte, die

---

[54] Barwich/Barwich, Rotes Atom, S. 44.
[55] Atomnyi Projekt SSSR, Kniga 4, Dok. 3.
[56] Barwich/Barwich, Rotes Atom, S. 51.
[57] Ebd., S. 52.
[58] Ebd.

meine Nerven gelähmt hatten, durch eine Art Diffusionsprozess fortzuspülen. Ich war von der Behandlung begeistert, hatte die Zeit genutzt, um die russische Sprache zu studieren."[59]

Nach der Entlassung aus dem Krankenhaus konnte er nicht sofort nach Agudseri zurückkehren, sondern wurde angewiesen, sich auf der Datscha „Osjory" einzuquartieren, dem ständigen Quartier bei Dienstreisen nach Moskau. Hertz informierte ihn dort, dass „wir zu einer wissenschaftlichen Sitzung vorgeladen seien", auf der ihnen eine „spezielle Aufgabe" übertragen werde. Es ginge um „die hydraulische Stabilität und die Regelung einer industriellen Trennanlage für Uran-Isotope". Ohne Bedauern habe er sich von seinem bisherigen Thema, der Trennung von Uran-Isotopen durch Thermodiffusion, verabschieden können, an dem auch schon die Amerikaner gescheitert waren. Bei dieser Sitzung, die – Stalins Arbeitsstil imitierend – 10 Uhr abends begann, habe er General Swerew kennengelernt, der künftig für sie zuständig sein sollte, und Kurtschatow, den wichtigsten Mann des Projekts „Atomnaja Bomba", der bei den sowjetischen Kollegen „eine außergewöhnliche Achtung genoss". Bei dieser Veranstaltung habe große Offenheit geherrscht, sodass alle Nachfragen der beiden Deutschen beantwortet wurden.[60] Wieder in Agudseri, habe er mit großer Freude zum ersten Mal das Laboratorium betreten, das er bis dahin nur vom Hörensagen kannte.

6. Ein Sanatorium wird zum Forschungsinstitut

Am 7. Januar 1946 fasste das Volkskommissariat für Innere Angelegenheiten (NKWD) einen Beschluss „Über den Aufbau der Objekte ‚A' und ‚G'". Die Finanzierung betreffende Festlegungen (Punkt 1, 11 und 12 des Protokolls) wurden wörtlich ins Deutsche übersetzt. Der sprachliche Duktus veranschaulicht einen Stil des Regierens, der als „sowjetische Kommandowirtschaft" zum Terminus Technicus in der Wirtschaftsgeschichte wurde.

Im Punkt 1 wurden die insgesamt für 1946 vorgesehenen Mittel mit 40 Millionen Rubel beziffert.

Punkt 11 erlaubte es dem Volkskommissariat für Außenhandel, Kabel, Elektroinstallationsmaterial, Beleuchtungskörper, Elektro-, Labor- und Sanitärausstattung, Gas- und Dampfarmaturen sowie Material für den Innenausbau über das NKWD der UdSSR in Deutschland und Finnland in Höhe von 1,5 Millionen Rubel in Fremdwährung für den Bau der Objekte „A" und „G" gemäß der mit dem NKWD der UdSSR vereinbarten Spezifikation zu kaufen.

---

[59] Ebd., S. 53.
[60] Ebd., S. 54 f.

Das Narkomfin (Volkskommissariat für Finanzen) der UdSSR (Genosse Swerew) wurde verpflichtet, dem Volkskommissariat für Außenhandel den angegebenen Betrag in Fremdwährung zuzuweisen.

Im Punkt 12 wurden das Volkskommissariat für Außenhandel (Genosse Krutikow) und das NKWD der UdSSR (Genosse Sawenjagin) angewiesen, innerhalb von fünf Tagen das Problem der Lieferung von Material und Ausrüstung zu lösen. Über die Bestände in den Stützpunkten (Lagern) hinaus wurde über das NKWD für die Ausstattung der Objekte „A" und „G" ein Gesamtbetrag von bis zu 500.000 Dollar durch Einnahmen aus den Vereinigten Staaten bereitgestellt.[61]

Die erste und dringendste Aufgabe des Objektleiters, Major Schdanow, seien „die Unterbringung der als Kriegsbeute aus Deutschland zu erwartenden Institutsausrüstungen und der Umbau des Sanatoriums in ein Forschungslaboratorium" gewesen, erinnert sich Barwich. Außerdem galt es, ausreichend Wohnraum zur Verfügung zu stellen. Letzteres gelang durch den Import von hölzernen Fertighäusern aus Finnland. „Jedes Haus hatte Küche, Bad, drei

Abb. 7: Das „Finnlandhaus" der Familie Hartmann in Agudseri.

---

[61] Atomnyi Projekt SSSR, Kniga 2, Dok. 40.

Zimmer, eine einfache Veranda, elektrisches Licht, Wasserleitung und Kanalisation."[62]

Für den Umbau des Hauptgebäudes wurde eine Hälfte freigeräumt, sodass Soldaten mit den Arbeiten beginnen konnten. Eile war geboten, denn es galt, die Ausrüstung des für Thiessen bestimmten Kaiser-Wilhelm-Instituts unterzubringen. Schdanow wachte mit Argusaugen darüber, dass nicht die kleinste für Agudseri bestimmte Kiste versehentlich zu Ardenne nach Sinop gelangte. Umgekehrt sei es ihm gelungen, so manche für Sinop bestimmte Kiste nach Agudseri „umzuleiten". Die Ausrüstung der Siemens-Laboratorien sei „durch vorherige Auslese in dem Charkower Institut für Elektrotechnik bereits stark reduziert" worden, sodass „uns die Beute aus dem Kaiser-Wilhelm-Institut sehr gelegen" kam. Während die gesamte Bibliothek des Kaiser-Wilhelm-Instituts am Schwarzen Meer eingetroffen sei, blieben die Bestände des Siemens-Labors, Bücher und Zeitschriften verschollen. Rasch erhielten die Wissenschaftler jedoch Kopien der wichtigsten deutschen physikalischen und mathematischen Standardwerke, die wohl während des Krieges in den USA hergestellt worden waren. „Offensichtlich hatten sich die Russen mit einem Vorrat aus Amerika eingedeckt", vermutet Barwich.[63]

Der Umbau des Sanatoriums stellte die Ingenieure des Teams vor nicht geringe Herausforderungen. Wegen der Versorgungsleitungen für Elektrizität, Gas, Wasser und Druckluft habe es stürmische Diskussionen mit den sowjetischen Projektanten gegeben, „da die Deutschen weit höhere Ansprüche an die Sicherheit der Installationen stellten". Für Barwich ein erneuter Beleg dafür, „dass die Russen sich schnell von der besseren technischen Lösung überzeugen lassen und begierig sind, vom Ausländer zu lernen".[64]

Parallel zum Aufbau des Forschungslaboratoriums organisierten die Wissenschaftler Vortragsreihen zu bestimmten Themenkreisen. Barwich übernahm „kinetische Gastheorie und Statistik". Darüber hinaus befassten sie sich mit der erforderlichen Überführung der Laborversuche von Hertz zur Trennung gasförmiger Isotopengemische in den großtechnischen Maßstab.[65]

Im Frühjahr 1946 war die Zahl der Beschäftigten in Agudseri auf 20 angewachsen, darunter 12 Wissenschaftler. Im Ardenne-Institut im benachbarten Sinop waren zur gleichen Zeit 56 Mitarbeiter tätig, darunter 21 Wissenschaftler.[66]

---

[62] Barwich/Barwich, Rotes Atom, S. 45.
[63] Ebd., S. 45 f.
[64] Ebd., S. 46.
[65] Ebd., S. 47.
[66] Bericht Sawenjagins vom 10. April 1946, in: Atomnyi Projekt SSSR, Kniga 1, Dok. 190.

Der Experimentalphysiker Barwich widmete sich nach seiner Genesung einer neuen „theoretisch-analytischen Aufgabe". Bald erreichte der im September 1945 nicht nur in den USA Aufsehen erregende Bericht von H. D. Smyth „Atomic Energy for Military Purposes" auch Agudseri und verunsicherte die deutschen Wissenschaftler. „Verglichen mit der Riesenarmee von wissenschaftlichen Kräften, der Kapazität der fünf Jahre lang eingesetzten Laboratorien" in den Vereinigten Staaten „kamen wir uns wie ein Häuflein vor, das, um ihr Leben zu retten, einen Ozeandampfer zu bauen hatte", beschreibt Barwich diesen Augenblick.[67]

Nach dem ersten Schock erkannten die Deutschen, dass sie ihre Strategie ändern mussten, um erfolgreich zu sein. Es galt, sich von der bisher praktizierten „Laboratoriumsideologie" zu verabschieden, großtechnische Trennanlagen als einfache Vergrößerung von Labormustern zu konzipieren, sondern aus „robusten technischen Elementen" zu bauen, die „einfach und nicht zu teuer in der Herstellung" waren. Diese Forderungen erfüllte die von Hertz 1932 entwickelte Methode der Gasdiffusion durch poröse Wände am besten.[68] Das Ziel ihrer Arbeit bestand nun darin, „ein Verfahren zur technisch nutzbaren Herstellung des nuklearen Sprengstoffes Uran-235 zu entwickeln", das dieses Isotop „nahezu rein" darstellen konnte. Das bedeutete, die natürliche Konzentration von 1:140 auf ca. 100:1 heraufzusetzen.[69]

Ihnen sei sofort klar geworden, dass die Erreichung dieses Ziels die Lösung dreier Hauptprobleme erforderte. Es galt, ein geeignetes Diaphragma und eine Pumpe für Uranhexafluorid zu entwickeln sowie die unvermeidliche Korrosion der Anlage und aller ihrer Komponenten durch das Uranhexafluorid zu begrenzen.[70] Die Entwicklung brauchbarer Diaphragmen wurde sowohl zwei Gruppen in Agudseri als auch einer von Thiessen geleiteten Gruppe in Sinop übertragen.[71]

Die „originelle Lösung" eines Mitarbeiters für die Beförderung des Uranhexafluorids in der Kaskade, eine „Kondensationspumpe", habe sich leider als unbrauchbar erwiesen, weil die erforderliche Leistung nicht zu erzeugen war. Ganz nutzlos sei diese Pumpe aber dennoch nicht gewesen. Man setzte sie „zur Abtrennung von Fluorwasserstoff aus der Kaskade ein, der als Produkt der Korrosion mit Wasserdampf entsteht".[72]

---

[67] Barwich/Barwich, Rotes Atom, S. 57.
[68] Ebd., S. 58.
[69] Ebd., S. 59.
[70] Ebd., S. 63.
[71] Ebd., S. 64.
[72] Ebd., S. 66.

Beim Problem der Korrosion durch Uranhexafluorid erkannte Barwich „ein völlig neuartiges Kriterium für den Korrosionsschutz von Oberflächen". In der Technik habe die Gefährdung infolge von Korrosion „in der Verschlechterung der mechanischen Festigkeit oder des elektrischen Kontaktes" bestanden. In einer Kaskade hingegen galt es, „die stofflichen Verluste an korrosivem Material unter einer phantastisch niedrigen Grenze" zu halten, damit „die in ihm enthaltene seltene Komponente in der notwendigen Qualität gewonnen werden konnte". Die Bedeutung dieses Gedankens „hatten die sowjetischen Kollegen anscheinend nicht im vollen Ausmaß erkannt". Deshalb habe seine theoretische Analyse über die zulässige Korrosionsgeschwindigkeit wenig später „ziemliches Aufsehen" erregt.[73]

7. Von der Trennstufe zur Kaskade

Ausgangsprodukt für die Herstellung von bombenfähigem Uran-235 ist Uranhexafluorid (UF6), eine leicht flüchtige, äußerst giftige, radioaktive und korrosive Verbindung aus Uran und Fluor. Uranhexafluorid ist ein farbloser, kristalliner Feststoff, nicht brennbar, nicht explosiv und beständig gegen trockene Luft. Für die Trennung der Uran-Isotope durch poröse Wände (Diaphragmen) wird es im gasförmigen Zustand eingesetzt. Das Gas wird durch ein Trennrohr geleitet, das aus zwei ineinander geschobenen Rohren besteht, deren Inneres als Diaphragma ausgeführt ist. Ein Druckunterschied zwischen Innen- und Außenrohr führt zur Aufspaltung des Uranhexafluorids in eine „leichte" und eine „schwere" Fraktion, wobei die leichte in den äußeren Mantel diffundiert und die schwere am Ende des Rohres wieder austritt. Eine größere Anzahl solcher elementaren „Stufen" bildet eine Kaskade, in der die leichte Fraktion in die nächste Stufe geleitet, die schwere jedoch an den Eingang der ursprünglichen zurückgeleitet wird. Durch ein geschicktes Management der Gasströme lassen sich bei einer hinreichend langen Kaskade beliebige Konzentrationsunterschiede erreichen. Barwich nennt für den konkreten Anwendungsfall Kaskaden von 5.000 bis 6.000 Stufen, die täglich 90.000 Kilogramm Gas verarbeiteten. Der Porendurchmesser des Diaphragmas betrug wenige Hundertstel Mikrometer. Die Herstellung solcher Diaphragmen als Massenprodukt war eine der größten Herausforderungen für die sowjetische Industrie.[74]

Ende 1945 wurden für die Lösung der Regelungsaufgabe an Kaskaden Stalinpreise ausgeschrieben – Zuckerbrot statt Peitsche, was Barwich „nicht im Geringsten ernst genommen" habe. Zusammen mit dem Mathematiker Professor Krutkow machte er sich daran, dieses Problem zu lösen. Als Konkurrent

---

[73] Ebd., S. 65.
[74] Ebd., S. 63.

beschäftigte sich auch Akademiemitglied Sobolew mit einigen seiner Mitarbeiter mit der mathematischen Analyse dieser hydraulischen Fragen. Zwar habe dieser recht schnell die entsprechenden Differenzen-Differentialgleichungen formuliert, konnte jedoch die physikalische Interpretation nicht ebenso rasch vorlegen.[75]

Barwich selbst erinnerte sich an seine Doktorarbeit aus dem Jahre 1936, deren mathematischer Apparat sich ohne Weiteres auf das aktuelle Problem anwenden ließ. Nach knapp drei Monaten habe er einen ersten Bericht vorgelegt, dessen wesentlichstes Ergebnis darin bestand, nicht jede Stufe der Kaskade mit einem Regler ausstatten zu müssen.[76]

Als Feuertaufe bezeichnete Barwich seinen ersten Vortrag auf einer Sitzung des Technischen Rats bei der Hauptverwaltung des Projekts „Atomnaja Bomba" in Moskau. Sie endete mit einem Lob des Ministers Malyschew und hatte zur Folge, dass er etwa drei bis fünf Mal im Jahr nach Moskau fahren musste, „um im Laboratorium von Kikoin an der Bearbeitung der großen Kaskade teilzunehmen oder mit Sobolew theoretische Berechnungen zu begutachten".[77]

Aus eigenem Antrieb beschäftigte er sich „mit der mathematischen Analyse der Einwirkung stofflicher Verluste im Inneren einer Anlage auf ihre nutzbare Trennleistung". Die wichtigste Erkenntnis bestand darin, dass bereits „bei der Konstruktion der Anlage wegen der zu erwartenden Leistungsminderung die entsprechenden Reserven an Trennstufen vorgesehen werden mussten". Er arbeitete eine Vorschrift aus, die „Norma Barwicha", die sich so lange gehalten habe, bis „in der Praxis doch eine weniger strenge Norm eingeführt und bei der Konstruktion der Kaskade die entsprechenden Reserven eingebaut wurden".[78]

Der Teufel steckt bekanntlich im Detail – eine Binsenwahrheit, der sich auch Barwich bei seinen theoretischen Analysen stellen musste und die ihn gelegentlich an Kapitulation denken ließ.[79] Nach und nach sickerten auch Informationen aus dem Manhattan-Projekt durch. Danach habe „der für die Sowjetunion spionierende Klaus Fuchs sich bereits vor seiner Reise nach Los Alamos mit diesem Teilproblem der Kaskadenregelung befasst".[80] An der optimalen Lösung des Regelungsproblems einer Kaskade arbeiteten im Manhattan-Projekt etwa 30 Mathematiker, die Erfahrungen in der Anwendung von

---
[75] Ebd., S. 67 f.
[76] Ebd., S. 69.
[77] Ebd., S. 72.
[78] Ebd., S. 72 f.
[79] Vgl. ebd., S. 69.
[80] Ebd.

Differenzen-Differentialgleichungen[81] hatten.[82] Im Rechenbüro von Sobolew arbeiteten etwa acht bis zehn jüngere Mathematiker und Physiker, von denen jeder über eine deutsche Mercedes-Euklid-Rechenmaschine mit elektrischem Antrieb verfügte, erinnert sich Barwich. Bei einer konkreten Aufgabe, die sowohl er als auch Sobolew gestellt bekam, stellte sich heraus, dass er mit seinem „geliebten Rechenschieber Darmstadt von 50 Zentimeter Länge schneller vorankam" als das Team seines Konkurrenten.[83]

Nachdem Barwich sowohl die sowjetischen Physiker und Mathematiker als auch seine Auftraggeber immer wieder durch Leistung überzeugen konnte, kam er zu dem überaus selbstbewussten Schluss: „Dass die Russen den mathematischen Apparat gegenüber dem rein phänomenologischen physikalischen Denken überbewerten, mag eine Kinderkrankheit gewesen sein. Das ist typisch für alle Anfänger oder mittelmäßigen Physiker."[84]

8. Das sibirische Oak Ridge

Das 3. Kapitel der Barwich'schen Memoiren trägt die Überschrift „Das sibirische Oak Ridge". Die Stadt Oak Ridge, im amerikanischen Bundesstaat Tennessee gelegen, beherbergte eine für die Uran-Anreicherung im Manhattan-Projekt zuständige Forschungseinrichtung, heute als Oak Ridge National Laboratory weltweit bekannt. Dort wurde zur Gewinnung von bombenfähigem Uran sowohl das Diffusionsverfahren als auch die Isotopentrennung im Zyklotron eingesetzt. Der Sprengstoff für die Hiroshima-Bombe wurde mit einer Kombination dieser beiden Methoden gewonnen.

Im Oktober 1948 wurde Barwich überraschend nach Moskau beordert. Ohne von einer Weiterreise informiert zu werden, landete er wenige Tage später in einer geheimen Stadt, von ihm in den Memoiren „Kefirstadt" genannt (eingeführt von Hertz, weil es zum Frühstück immer dieses „berühmte Sauermilchprodukt mit lebensverlängernder Wirkung" gab). Vieles spricht dafür, dass es sich um Nowouralsk handelte, einen der acht Standorte des Projekts „Atomnaja Bomba". Barwich beschreibt seine Ankunft in einer Stadt, die „gerade erst entstanden zu sein schien und wohl nicht mehr als zehntau-

---

[81] Die grundlegende Idee des Verfahrens ist es, die Orts- und/oder Zeitableitungen in der Differentialgleichung in einem vorgegebenen Intervall der unabhängigen Variablen an Gitterpunkten in diesem Intervall durch Differenzenquotienten zu approximieren. Diese Approximationen der Differenzialgleichung in den Gitterpunkten stellen dann ein Gleichungssystem dar, welches zu lösen ist [https://de.wikipedia.org/wiki/Finite-Differenzen-Methode].
[82] Barwich/Barwich, Rotes Atom, S. 67.
[83] Ebd., S. 75.
[84] Ebd., S. 76.

send Einwohner hatte". An einem ebenfalls neu angelegten Platz im Zentrum lag das Hotel, in dem er und seine Begleiter wohnen sollten. Es trug „den bezeichnenden Namen ‚Ural' ".[85] Einen deutlicheren Hinweis auf den Namen dieses Städtchens verkniff er sich.

Der Bau einer Fabrik zur Produktion von hochangereichertem Uran für Atombomben hatte in Nowouralsk bereits 1946 begonnen und ließ das Städtchen zu einem wichtigen Zentrum der Nuklearindustrie im Ural wachsen. Aufgrund der hohen strategischen Bedeutung wurde es zu einer geschlossenen Stadt erklärt. Der Codename „Swerdlowsk-44" wurde noch bis 1994 verwendet.

„Unsere Gruppe", schreibt Barwich, „bestand aus den Professoren Hertz und Thiessen, dem sowjetischen Chemieprofessor Karschawin, noch einem deutschen Physiker", dessen Namen Barwich nicht nennt, „und mir". Der Institutsdolmetscher Leutnant Israelewski „übernahm die Rolle eines ‚Begleiters', was durchaus nicht den Gepflogenheiten bei normalen Dienstreisen entsprach".[86]

Abb. 8: Standorte des Projekts „Atomnaja Bomba" in der Sowjetunion:
1 Lesnoi, 2 Nowouralsk, 3 Osjorsk, 4 Saratow, 5 Schlesnogorsk, 6 Selenogorsk, 7 Sewersk, 8 Sneschinsk.

---

[85] Ebd., S. 79.
[86] Ebd., S. 78.

Die große Anlage zur Isotopentrennung in Nowouralsk wurde offiziell als „Mechanische Fabrik" bezeichnet. Minister Wannikow, Professor Kikoin und der Direktor des Werkes unterrichteten Hertz, Thiessen und Barwich über ein bislang nicht gelöstes Problem der Anlage. Die vorgesehene Anreicherung sei nicht erreicht worden, sondern viele Kilogramm Uran seien verschwunden. „Das Gespenst der Korrosionsverluste ging um und es galt, ihm das Handwerk zu legen." Wannikow habe erklärt, ihn und Thiessen vor Ort behalten zu wollen, damit sie helfen, „diese Dinge in Ordnung zu bringen". Die von beiden vorgebrachten Einwände ignorierte Wannikow mit dem Satz: „Wenn wir nicht überzeugt wären, dass Sie uns helfen können, würden wir Sie nicht einladen."[87]

Im Laufe der nächsten Monate sollte Barwich erleben, mit welch hohem persönlichen Einsatz der wissenschaftliche Leiter, Professor Kikoin, vor Ort agierte. „Kikoin hielt sich oft tagelang im Werk auf und schlief angekleidet auf dem Sofa in seinem Dienstzimmer, ständig von seiner Leibwache umgeben. Dabei hatte er Tuberkulose. Doch er war ein Riese mit kolossaler physischer Widerstandskraft und unbeugsamem Willen."[88]

9. Der Besuch von Marschall Berija

Noch nicht lange vor Ort, beobachteten die Deutschen „plötzlich Militärpatrouillen mit roten Armbinden – ein sicheres Zeichen dafür, dass ein hoher Vorgesetzter erwartet wurde". Am folgenden Abend seien Hertz, Thiessen und er in die Direktion bestellt worden, wo Marschall Berija sie erwartete, umgeben von sämtlichen leitenden Persönlichkeiten mit Ausnahme des Direktors, darunter „natürlich auch Minister Wannikow". Bereits vor seinem Besuch hatte Berija den Direktor abgesetzt, denn „einer musste ja für die Korrosion büßen", wodurch „die anderen Funktionäre eine Stufe hinaufrutschten". Ihnen erklärte Berija „mit leichtem Vorwurf", dass die Westpresse uns Deutsche mit Vorschusslorbeeren bedacht habe, „weil sie den Russen die Entwicklung der Atomenergie nicht zutraue und alle Fortschritte nur den Deutschen zuschreibe".[89] An uns läge es nun, dieses Vorurteil dadurch zu rechtfertigen, dass „wir wenigstens einen angemessenen Beitrag zur Sache lieferten". In dieser Situation habe Hertz eine „erstaunliche Zivilcourage" entwickelt und geradeheraus erklärt, dass er für seine Mitarbeiter keinerlei Garantie übernehmen könne, „da sie alle enttäuscht seien". Hertz zählte dazu auf: Einschrän-

---

[87] Ebd., S. 80 f.
[88] Ebd., S. 85.
[89] Ebd., S. 89.

kung der Bewegungsfreiheit, Begleiterzwang, Nachrichtenbegrenzung, fachliche Isolierung und völlige Ungewissheit einer Heimkehr.[90]

Berija fragte unvermittelt: „Wer ist der Vertreter des MWD auf den Objekten?" Wie ein Blitz sei General Kotschlawaschwili aufgesprungen und habe Haltung angenommen. Berija befahl, nach Rücksprache mit den deutschen Wissenschaftlern Vorschläge zur Verbesserung der Situation zu machen. An Barwich gewandt, sagte er: „Wir werden Ihnen einen guten Begleiter, nein, einen Freund geben, der Ihnen ständig zur Verfügung steht, und den Sie sich selbst aussuchen können." Das sei für ihn in den folgenden Jahren sehr angenehm gewesen, ein Privileg, das außer ihm nur noch Hertz und Schütze genießen konnten. „Wir hatten eine Spritze zur Belebung unserer Arbeitsfreude erhalten", bilanzierte er dieses Erlebnis, „und anscheinend einige Verbesserungen für unser Privatleben herausgeschlagen." Hertz und Karschawin konnten die Rückreise antreten, Thiessen, ihm und dem Begleiter wurde für die Dauer ihres Einsatzes eine Datscha zur Verfügung gestellt.[91]

Abb. 9: Agudseri 1946: Heinz und Edith Barwich mit ihren Kindern Peter, den Zwillingen Katja und Sonja sowie Beate.

---

[90] Ebd., S. 90.
[91] Ebd., S. 90 f.

III. Das Projekt „Atomnaja Bomba"   57

Das Leben in der Kefirstadt bereitete Barwich zunehmend Vergnügen. Nach Suchumi, so schreibt er, „zogen mich nur meine Kinder", da er mit seiner Frau bereits „in Trennung" lebte. Er fand das „unregelmäßige und ungebundene Berufsleben" sowie das Klima angenehm, da „man freier und tiefer atmen" konnte als in dem feuchten Klima der Schwarzmeerküste.[92] Zu diesem Wohlbefinden mag auch seine „engere Mitarbeiterin Galja" beigetragen haben, „ein gelehriges junges Mädchen" und darüber hinaus seine ständige Partnerin in der Tanzstunde.[93]

In einem ersten Schritt gelang es Barwich, den Uranschwund in der Anlage „weitgehend zu vermindern", ohne jedoch den „Uranfresser" identifizieren zu können. Bald darauf habe ein „Außenseiter der Chemie", der Physiker Woskoboinik, die „entscheidende Entdeckung" gemacht, die Ablagerung von Uran auf den Lamellen der Rotoren. Unverzüglich seien sämtliche Rotoren der großen Kaskade ausgewechselt worden. Die Anker wurden nun aus massivem Eisen gefertigt, wobei man die „nicht unbedeutenden Wirbelstromverluste einfach in Kauf nahm". Damit war die Jagd nach dem Uranfresser „mit Pauken und Trompeten" erfolgreich zu Ende gegangen. Der Optimismus des Ministers und sein Vertrauen in die Deutschen hatten sich als gerechtfertigt erwiesen. Bald darauf, im Februar 1949, wurde ihnen ein Abreisetermin nach Moskau mitgeteilt. „Die Versuche des Direktors, mich noch länger zu binden, waren also fehlgeschlagen", stellte Barwich nicht ohne Bedauern fest.[94] Zum Abschied schenkte er Galja seinen kleinen deutschen Rechenschieber. „Mit Mühe hielt sie ihre Tränen zurück."[95] Bei der Rückkehr erwarteten ihn in Moskau eine Einladung zur Sitzung des Technischen Rats und die Verheißung eines Stalinpreises.[96]

Wenngleich Barwich zunächst behauptet hatte, die Aussicht auf einen Stalinpreis habe er „nicht im Geringsten ernst genommen"[97], so baute er die Auszeichnung seines Kollegen Dr. Schütze mit dem Leninorden im Oktober 1949 in seinen Aufenthalt in Nowouralsk ein, obwohl der bereits im Februar 1949 endete.[98] Schütze stand als Nr. 256 auf der alphabetisch geordneten Liste der Preisträger. Als Nr. 73 und Nr. 416 standen der zur Gruppe Riehl gehörende Chemiker Günter Wirtz und der Chemie-Ingenieur Herbert Thieme auf der Liste derjenigen, die mit einem Rotbannerorden der Arbeit ausge-

---

[92] Ebd., S. 93.
[93] Ebd., S. 94, 98.
[94] Ebd., S. 98.
[95] Ebd.
[96] Ebd., S. 99.
[97] Ebd., S. 68.
[98] Ebd., S. 96.

zeichnet wurden. Beide waren zum Kriegsende Mitarbeiter der Auer-Werke in Oranienburg.[99]

Am 21. März 1949 bilanzierte der Wissenschaftlich-Technische Rat der Ersten Hauptverwaltung in einem Bericht an Berija die Arbeit der deutschen Spezialisten. Die Gesamtzahl der fachlichen Mitarbeiter (Wissenschaftler, Ingenieure, Laboranten, Präparatoren) an den Instituten betrug 515. In den Verwaltungen waren 374 Personen beschäftigt. Unter den 515 fachlich Arbeitenden waren 184 sowjetische Bürger, 110 deutsche Spezialisten und 205 Deutsche aus Kriegsgefangenenlagern. Von den deutschen Wissenschaftlern besaßen 40 einen Professoren- oder Doktortitel, von den sowjetischen trugen neun den Titel „Kandidat der Wissenschaften". Zu klären war nach dem Protokoll auch die Frage, wie lange die deutschen Spezialisten weiterhin in der UdSSR arbeiten sollten.[100]

Der Tag des Testes der ersten sowjetischen Atombombe rückte immer näher und die deutschen Spezialisten standen am 6. Juni 1949 erneut im Mittelpunkt eines Berichts an Berija. Der Bericht lieferte einen Überblick über alle Arbeitsgebiete, die von den Deutschen in den vergangenen Jahren bearbeitet worden waren, nicht nur über das komplette Spektrum der Isotopentrennung. So wurden nicht nur Ardennes Elektronenmikroskop und seine Elektronenquelle, sondern auch der Einfluss radioaktiver Strahlung auf den lebenden Organismus und die Entwicklung eines Hochtemperaturreaktors unter Leitung von Heinz Pose erwähnt. Wenngleich fast am Ende des Berichts, so wird auch die Leistung von Nikolaus Riehl und seinen Mitarbeitern bei der Entwicklung der Technologie zur Herstellung von Uran-238 und Uran-235 hinreichend gewürdigt.

Aber auch die theoretischen Arbeiten von Barwich und dem sowjetischen Spezialisten Krutkow zu Kältekompressoren hätten große praktische Bedeutung erlangt. „Im Jahre 1948", so heißt es, „legte Dr. Barwich eine zweite wichtige theoretische Arbeit vor – über die Arbeitsbedingungen von Röhrenfiltern." Die auf Grundlage dieser Untersuchungen gefertigten neuen Röhrenfilter der Trennanlage hätten die erwarteten Resultate gebracht. Auch Werner Hartmann wurde genannt, dessen Gruppe fünf α-Zähler zur Messung der Uran-Konzentration entwickelte und baute. Eines dieser Geräte wurde in das Werk Nr. 813 zur weiteren Erprobung geliefert.[101]

---

[99] Atomnyi Projekt SSSR, Kniga 1, Dok. 144.
[100] Atomnyi Projekt SSSR, Kniga 4, Dok. 239.
[101] Ebd., Dok. 258.

IV. Die Zeit der Quarantäne

Am 29. August 1949 zündeten die sowjetischen Militärs in der kasachischen Steppe, unweit des Ortes Semipalatinsk, ihre erste Atombombe. Es handelte sich um eine Bombe, deren Sprengstoff in einem Atomreaktor gewonnenes Plutonium war. Die Herstellung ausreichender Mengen an Uran-235 war noch nicht gelungen. Die sowjetische Öffentlichkeit sei am 25. September durch eine Erklärung der Nachrichtenagentur TASS „auf fast ironische Art" informiert worden, erinnert sich Barwich. TASS meldete: „Am 23. September gab der Präsident der Vereinigten Staaten bekannt", dass „in einer der vergangenen Wochen in der UdSSR eine Atomexplosion vor sich gegangen sei". TASS habe zunächst darauf verwiesen, dass in der Sowjetunion bekanntlich Bauarbeiten größter Maßstäbe durchgeführt würden, darunter seien Wasserkraftwerke, Bergwerke und Kanäle, „welche die Notwendigkeit großer Sprengarbeiten mit den neuesten technischen Hilfsmitteln mit sich bringen". Es folgte der Hinweis auf eine Erklärung des Außenministers Molotow vom November 1947 über das Geheimnis der Atombombe, in der es heißt, dass „dieses Geheimnis seit langem nicht mehr existiert".[102]

Abb. 10: Die erste sowjetische Atombombe.

---

[102] Barwich/Barwich, Rotes Atom, S. 100.

Abb. 11: „Fat Man", in Nagasaki eingesetzte amerikanische Plutoniumbombe.

Hatten die Deutschen, die nach Kriegsende den fortgeschrittensten Stand von kernphysikalischer Erkenntnis und experimenteller Methodik nachgerade verkörperten, ihre sowjetischen Kollegen inzwischen auf dieses Niveau gebracht, so galt es nun, dafür zu sorgen, dass sie keinen Einblick in die weitere Entwicklung mehr bekamen. Nachdem das Ziel erreicht, die Jagd nach der Bombe erfolgreich abgeschlossen war, begann für viele von ihnen die Zeit der sogenannten Quarantäne.

Ein Blick auf die sowjetische und die amerikanische Plutonium-Bombe zeigt auch dem Laien, dass beiden das gleiche Konstruktionsprinzip zugrunde lag. Nicht zu Unrecht wird Klaus Fuchs durch die Medien das Attribut „größter Spion aller Zeiten" zugeschrieben.

1. Politische und wissenschaftspolitische Entscheidungen

Der Besitz der Atombombe und das Know-how ihrer Herstellung genügten der politischen Führung nicht. Es galt nun, einerseits die industrielle Produktion von Uran-235 und Plutonium-239 für die Herstellung einer großen Anzahl von Atombomben zu organisieren sowie andererseits einen neuen Bombentyp zu entwickeln, die Wasserstoffbombe. Am 1. Juli 1950 fasste der Ministerrat der UdSSR unter diesen Prämissen einen Beschluss über die Arbeit der Forschungsinstitute „A" und „G" sowie der Laboratorien „B" und „W", in denen deutsche Spezialisten tätig waren.

Die Institute „A" und „G" wurden zusammengelegt. Aus dem Institut „A" wurde die Abteilung „A" mit den beiden Laboratorien Ardenne und Thiessen. Das Institut „G" wurde zur Abteilung „G" und in vier Laboratorien untergliedert, deren Leiter Hertz, Schütze und Hartmann waren, sowie ein Korrosionslabor, in dem unter der Leitung von Dr. Ickert und Dr. Siewert zwei sowjetische Mitarbeiter tätig waren.

Das Laboratorium „B" verfügte über eine Doppelspitze. Dem sowjetischen Direktor Oberst Uralez stand als wissenschaftlicher Leiter Dr. Riehl zur Seite. Dort sollten künftig breit angelegte Studien zur Wirkung radioaktiver Strahlung auf lebende Organismen durchgeführt werden. So ging es z.B. darum, einen Einsatz in der Landwirtschaft zu prüfen. Als leitende Mitarbeiter wurden die Doktoren Katsch, Menke und Born genannt.

In dem von Blochinzew geleiteten Laboratorium „W" wurde an einem Hochtemperaturreaktor gearbeitet. Darin waren die deutschen Wissenschaftler Prof. Pose und die Doktoren Tschulius, Wirtz, Rexer, Krüger, Baroni sowie Ing. Thieme eingebunden. Mit der Entwicklung neuer kernphysikalischer Messtechnik befassten sich Dr. Schintlmeister und Ing. Schmidt.

Den Laboren „W" und „B" standen für künftige Forschungs- und Entwicklungsthemen 73 deutsche Spezialisten zur Verfügung, darunter zehn Kriegsgefangene. Freigestellt werden sollten 134 deutsche Spezialisten, unter ihnen 28 Kriegsgefangene. Mit den Verbleibenden sollten Arbeitsverträge abgeschlossen werden. Als Anlage enthält das Protokoll Musterverträge, jeweils zwei unterschiedliche Versionen für Führungskräfte und Mitarbeiter. Eines der beiden Muster für Führungskräfte ist mit dem Namen Volmer, das andere mit dem Namen Steenbeck versehen.

„Nach der Methode von Prof. Volmer", so heißt es weiter in dem Beschluss, werde im Kombinat Nr. 817 eine industrielle Anlage zur Produktion von „Tellur-120" (Plutonium) aufgebaut, die im ersten Quartal 1951 in Betrieb gehen soll. Dr. Steenbeck, der das „Projekt Ultrazentrifuge zur Produktion von Uran-235" verantwortete, wurde u.a. beauftragt, im ersten Halbjahr 1951 Konstruktionsunterlagen für das industrielle Muster einer „Zentrifugalpumpe" und das Projekt einer Trenngruppe vorzulegen.

Punkt 10 des Beschlusses enthielt Festlegungen über das weitere Schicksal der Kriegsgefangenen in den genannten Einrichtungen. Diese sollten in spezielle Isolierungslager verbracht werden. Eine Repatriierung könne zwei bis drei Jahre nach der Freistellung von der wissenschaftlichen Arbeit erfolgen.[103]

---

[103] Atomnyi Projekt SSSR, Dokumenty i materiali, Tom II, Atomnaja bomba 1945–1954, Kniga 5, Moskau-Sarow 2005, Dok. 74.

Die praktische Umsetzung dieses Beschlusses sollte sich als nicht so einfach erweisen. Barwich verweist darauf, dass nur wenige bereit waren, die angebotenen Arbeitsverträge zu unterzeichnen, die eine konkrete Arbeitsaufgabe beinhalteten, jedoch keinen Heimfahrttermin. „Weder Professor Hertz noch ich, noch irgendeiner seiner alten Mitarbeiter, unterzeichnete, und alles blieb beim Alten."[104]

„Das Regime der Geheimhaltung", so Barwich, „blieb zwar noch zwei Jahre bestehen", doch die „Aufhebung zahlreicher lästiger Beschränkungen eröffnete die Aussicht auf eine glückliche Heimkehr".[105] Darüber hinaus sahen sich einige der Kollegen ermutigt, dieses Ziel mit größerem Nachdruck zu verfolgen. Die bereits genannte Begegnung „unserer kleinen Gruppe aus ‚Kefirstadt' mit dem gewaltigen Berija" veranlasste auch Dr. Steenbeck, „dieses Vorzugs ebenfalls teilhaftig" werden zu wollen. Der habe bei Berija beantragt, seine fünfzehnjährige Tochter sofort in die Heimat zu entlassen, in den Augen der Russen ein „unerhörtes Ansinnen". Steenbeck würde „die weiteren Ideen zur Zentrifugenanlage für sich behalten", wenn man seinem Wunsch nicht entspreche. Das konnte als Androhung von Sabotage verstanden und entsprechend geahndet werden.

Berijas Antwort, so Barwich: „Steenbeck selbst dürfe erst sechs Monate nach Abschluss der Zentrifugenentwicklung zu einem industriereifen Gerät" nach Deutschland zurückkehren. Zur allgemeinen Überraschung erhielt die Familie Steenbeck nach wenigen Wochen „höchst seltsame Personalausweise und reiste mit dem Flugzeug in die sowjetische Besatzungszone".[106] In seiner Autobiografie schildert Steenbeck einen mutigen Kampf, den er vor allem um die Zukunft seiner Tochter führte.[107] Barwichs Darstellung lässt das Vorgehen Steenbecks durchaus als einen Erpressungsversuch verstehen, der zumindest in Teilen erfolgreich war.

Tiefere Einblicke in diesen Vorgang gewährt Kusnezow. Die Eckpunkte seiner quellengestützten Darstellung sollen im Folgenden skizziert werden. Offenbar unzufrieden mit der Reaktion auf seinen Antrag, schrieb Steenbeck einen zweiten Brief, datiert auf den 18. März 1950. Darin weist er erstens dezidiert darauf hin, dass er keineswegs freiwillig in der UdSSR sei. Angesichts der großen wirtschaftlichen und politischen Bedeutung seiner Methode und ihres wahrscheinlichen Erfolges müsse er in der Heimat, so sein zweites Argument, mit Schwierigkeiten für sich und seine Familie rechnen. Zum Dritten schließlich sei ihm wichtig, dass „seine Kinder in den Verhältnissen auf-

---

[104] Barwich/Barwich, Rotes Atom, S. 104.
[105] Ebd., S. 100.
[106] Ebd., S. 103.
[107] Steenbeck, Max: Impulse und Wirkungen. Schritte auf meinem Lebensweg, Berlin 1977, S. 277 f.

wachsen, aus denen sie kommen". Darüber hinaus macht Steenbeck in diesem Brief deutlich, dass er gehofft hatte, bei einer persönlichen Begegnung einerseits die Aufmerksamkeit Berijas auf die familiäre Situation und notwendige Hilfe lenken sowie andererseits ein offenes Gespräch über die großen noch zu lösenden Aufgaben führen zu können. Daraufhin wies Berija am 1. April 1950 Sawenjagin an:

1. Steenbeck zusammen mit Kotschlawaschwili und Kusmin nach Moskau kommen zu lassen.

2. Vorzulegen: a) einen detaillierten Bericht über die Arbeitsergebnisse Steenbecks, deren Bewertung und Vorschläge zur Fortführung der Arbeit nach der Steenbeck'schen Methode,

b) eine Auskunft über die familiären Verhältnisse und Informationen über die Stimmung von Steenbeck selbst und seiner Gruppe.

Kusnezow suggeriert, dass in den Verhandlungen über die Arbeitsverträge nicht nur Steenbeck, sondern auch Volmer die vorzeitige Rückkehr seiner Familie erreichte.[108] Steenbeck selbst habe im Herbst 1950 mit seinen Mitarbeitern Sinop verlassen, „um in einem Leningrader Institut die Zentrifuge zu vollenden".[109] Zu diesen Mitarbeitern gehörte auch, was Barwich nicht erwähnt, seine Geliebte Emmy Bergen, die im Juli 1946 als Sekretärin nach Sinop gekommen war. Ab Herbst 1953 arbeitete Steenbeck am Physikalischen Institut der Ukrainischen Akademie der Wissenschaften in Kiew an Problemen von Halbleitern.[110]

2. Haupttendenzen der weiteren wissenschaftlichen Arbeit

Barwich nennt in seinen Memoiren zwei Aufgaben, die noch zu bearbeiten waren. Die eine habe darin bestanden, „das bisher erfolgreiche Diaphragmenverfahren zur technischen Reife zu bringen". Die zweite „war die Entwicklung von Reservemethoden, die das Trennwandverfahren durch technische oder wirtschaftliche Vorteile später ersetzen könnten". Dazu gehörten nach seiner Auffassung „in erster Linie das Gegenstromdiffusionsverfahren", unter Leitung von Hertz entwickelt, sowie die Gas-Ultrazentrifuge, „die seit ein paar Jahren von der Gruppe Dr. Steenbeck entwickelt worden war".[111]

In einem Gutachten sollte Barwich später die wirtschaftlichen Nachteile des Hertz'schen Gegenstromverfahrens herausarbeiten, dessen Energieverbrauch das Sechsfache der Diaphragmenmethode betrug. Was Hertz ihm nicht

---

[108] Kusnezow, W. N.: Nemzy w sowjetskom atomnom projekte, Ros. akad. nauk, Ural. Otd-nije, In-t istorii i archeologii, Jekaterinburg 2014, S. 179–183.
[109] Barwich/Barwich, Rotes Atom, S. 109.
[110] https://de.wikipedia.org/wiki/Max_Steenbeck.
[111] Barwich/Barwich, Rotes Atom, S. 102.

übelgenommen habe, verstand Direktor Migulin als Intrige gegen die neue Institutsspitze.[112] Es dauerte zwei Jahre, bis sich Barwichs Berechnungen „vollauf bestätigten" und er erlebte „am eigenen Leibe, was mancher Sowjetfunktionär, Künstler oder Wissenschaftler bis zum heutigen Tage immer wieder durchmacht: eine Rehabilitierung nach Jahren der Ungnade".[113]

Die Arbeiten an den Diaphragmen in Röhrenform waren 1950 noch immer nicht zu einem befriedigenden Abschluss gekommen. General Sawenjagin kritisierte Hertz, der sich „wie stets nicht aus der Ruhe bringen ließ" und seinen gerade verfügbaren „besten Mann, Barwich", in die Reichmann-Gruppe versetzte, „die in Agudseri an den metallkeramischen Methoden arbeitete". Dieser beseitigte das Problem des häufigen Röhrenbruchs bei der Montage dadurch, dass er eine zusätzliche Spiralfeder im Inneren der Röhren anbringen ließ. Er habe nie erfahren, ob sich diese Idee durchsetzen konnte, da das Laboratorium verlagert wurde und dessen Gründer, „der unverwüstliche Erfinder und Humorist Reichmann", infolge eines Herzfehlers verstarb.[114]

Die enge Zusammenarbeit mit Prof. Hertz sollte bis 1952 andauern, dem Jahr seiner Versetzung nach Moskau. Sie sei „erfolgreich und menschlich äußerst angenehm" gewesen. Barwich nennt als Beispiel die Beseitigung von Fehlern in der Konstruktion, die durch „irrtümliche Vorstellungen von den Strömungsverhältnissen innerhalb der Apparate entstanden waren". Durch die Auswertung neuer Veröffentlichungen sowie von Diplomarbeiten der Moskauer Universitäten „konnten wir die Hydrodynamik der Dampf- und Gasströmungen innerhalb der für die Trennung maßgeblichen Räume einigermaßen zuverlässig ergründen". Das Ergebnis war die „neue Theorie Barwichs", die ihm, so sie einer fachlichen Prüfung standhielt, die vorzeitige Rückkehr nach Deutschland ermöglichen sollte – hoffte er. Ersteres trat ein, die vorzeitige Heimkehr blieb ihm jedoch versagt.[115]

Das Ende der Jagd auf die Atombombe leitete auch einen deutlichen Wandel der Mitarbeiterstäbe in den Instituten ein. „Jeder Deutsche war jetzt umringt von einer Schar Russen." Nun mussten auch diejenigen unter den deutschen Spezialisten Russisch als Arbeitssprache verwenden, die bis dahin diese Sprache eher schlecht als gut gelernt hatten. Neben die wenigen Wissenschaftler im Dozentenrang waren jüngere Mitarbeiter getreten, Diplomphysiker, Elektroniker, Chemiker, Laboranten, Glasbläser und Metallarbeiter.[116]

---

[112] Vgl. ebd., S. 120 f.
[113] Ebd., S. 122.
[114] Ebd., S. 110–112.
[115] Ebd., S. 113–115.
[116] Ebd., S. 109.

IV. Die Zeit der Quarantäne

3. Die Belohnung – Stalinpreise 1951

„Ende 1951 regnete plötzlich unverhofft die zweite Serie von Stalinpreisen auf uns herab und beglückte drei Kollektive", berichtet Barwich.[117] Die Namen aller Ausgezeichneten sowie deren Beitrag zur Entwicklung der ersten sowjetischen Atombombe sind Bestandteil eines Erlasses des Ministerrats.[118]

Unter der Position 20 des Erlasses tauchen die ersten Deutschen auf:

Stalinpreis 1. Klasse und Leninorden: Prof. Peter Thiessen,

Stalinpreis 1. Klasse und Orden Banner der Arbeit: Ludwig Ziehl.

Beide für die Entwicklung von Röhrenfiltern für Diffusionsanlagen.

Position 21 des Erlasses:

Stalinpreis 1. Klasse: post mortem an Reinhold Reichmann für die Entwicklung der keramischen Röhren von Diffusionsanlagen.

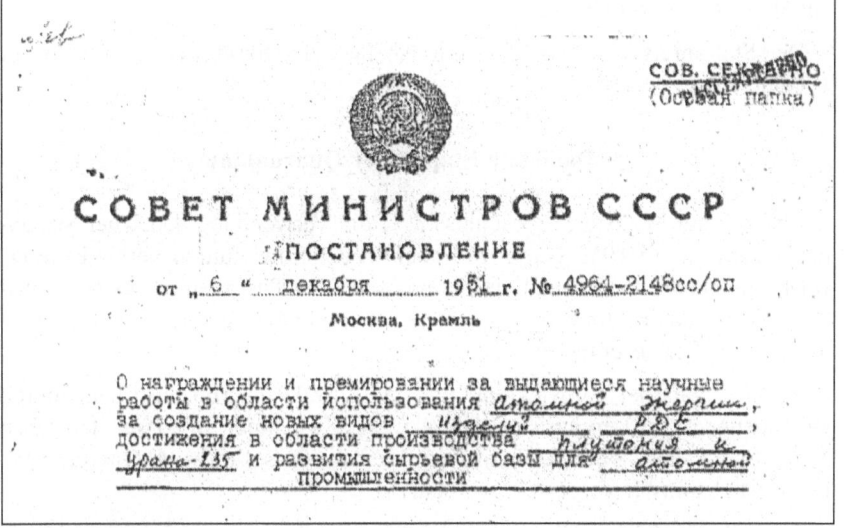

Abb. 12: Erlass des Ministerrats der UdSSR vom 6. Dezember 1951
Nr. 4964-2148cc/op – „Entwicklung neuer industrieller Verfahren
zur Herstellung von Plutonium und Uran-235".

---

[117] Ebd., S. 117.
[118] Die Kopie des Erlasses wurde dem Autor freundlicherweise von Lew Dmitriewitsch Rjabew zur Verfügung gestellt.

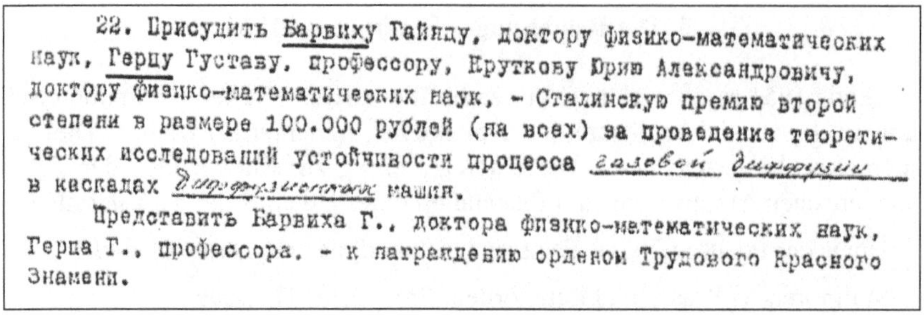

> 22. Присудить Барвиху Гайнцу, доктору физико-математических наук, Герцу Густаву, профессору, Круткову Юрию Александровичу, доктору физико-математических наук, - Сталинскую премию второй степени в размере 100.000 рублей (на всех) за проведение теоретических исследований устойчивости процесса *газовой диффузии* в каскадах *диффузионных* машин.
> Представить Барвиха Г., доктора физико-математических наук, Герца Г., профессора, - к награждению орденом Трудового Красного Знамени.

Abb. 13: Position 22 des Erlasses: Stalinpreis 2. Klasse und
Orden Banner der Arbeit: Dr. Heinz Barwich und Prof. Gustav Hertz für ihre Arbeiten
zur Theorie der Gasdiffusion in Kaskaden von Diffusionsanlagen.

Position 29 des Erlasses:

Günther Wirtz und Herbert Thieme für die Entwicklung einer Technologie zur Herstellung von Uran-235.

Der Stalinpreis 1. Klasse war mit 150.000, der Stalinpreis 2. Klasse mit 100.000 Rubel dotiert.

4. Die letzte Etappe der Quarantäne

Ein weiterer Ministerratsbeschluss über die Verwendung deutscher Spezialisten vom 8. Juli 1952 betraf 162 noch in der Sowjetunion verbliebene erwachsene Deutsche. Anhand einiger ausgewählter Passagen dieses Beschlusses sollen nunmehr die wichtigsten Akteure sowie die Lebens- und Arbeitsbedingungen aller beschrieben werden.

Punkt 1 galt der Entwicklung von industriellen Turbozentrifugen durch Dr. Steenbeck im Leningrader Kirow-Werk. Zusammen mit zwei deutschen Mitarbeitern und sieben sowjetischen Spezialisten sollte im 4. Quartal 1952 ein Versuchsmuster vorgestellt werden.

Punkt 3 betraf Prof. Hertz, der gemeinsam mit sieben sowjetischen Mitarbeitern industrielle Methoden der Trennung von Wasserstoffisotopen zu entwickeln hatte.

Unter Punkt 5 wurde Thiessen beauftragt, zusammen mit zwei sowjetischen Spezialisten die Technologie der Produktion von Röhrenfiltern ohne metallisches Gerüst zu verbessern und neue Typen zu entwickeln.

Punkt 11 legte fest, dass diejenigen deutschen Spezialisten, die in allgemeinen [zivilen, Ba.] Forschungsfeldern tätig sind, innerhalb von zwei bis drei Jahren nach Deutschland zurückkehren können.

Im Punkt 13 wurde festgehalten, dass in der DDR für 15.000 Rubel deutsche Werke politischer und künstlerischer Natur angekauft werden.

Punkt 15 hielt fest, dass den Kindern der deutschen Spezialisten der Besuch höherer Bildungsanstalten in Moskau und Tbilissi ermöglicht wird.

Punkt 17: Der Hauptverwaltung (Sawenjagin) wird das Recht eingeräumt, Laborausrüstungen im Gesamtumfang von 74.000 Rubeln vom deutschen Spezialisten Ardenne zu erwerben, die unverzichtbar für die Arbeit des Instituts sind, sowie dessen persönlichen Besitz nach Deutschland zu versenden.

Punkt 19 und 20 regeln die Umsiedlung von 32 deutschen Spezialisten und Arbeitern nach Schtscherbakow, wo sie in der mechanischen Fabrik „Glawpromstroja" arbeiten sollten, die dem MWD unterstand.

Punkt 22: Für Tätigkeiten, die dem Geheimnisschutz unterlagen, durfte ein Aufschlag zum Gehalt in Höhe von 25 bis 50 Prozent gezahlt werden.

Punkt 23: Sawenjagin ist berechtigt, den mit Arbeiten unter Geheimnisschutz beauftragten deutschen Spezialisten zu ermöglichen, bis zu 75 Prozent ihres Arbeitseinkommens und der erhaltenen Prämien, zuerkannt für erfolgreiche Lösung der ihnen übertragenen Aufgaben, nach Deutschland zu überweisen.[119]

5. Konsequenzen für die deutschen Spezialisten

Der erste Betroffene einer neuen Etappe sowjetischer nuklearer Rüstung mit dem Ziel des Baus einer Wasserstoffbombe sollte Gustav Hertz werden. Mit seinen besten Mitarbeitern wurde er nach Moskau versetzt und erhielt eine Wohnung in Barwicha, einem von Intellektuellen und hochrangigen Funktionären gern besuchten Kurort unweit der Hauptstadt.[120] Nach Thiessen, der in einen Betrieb versetzt wurde, in dem die industrielle Fertigung seiner Röhrendiaphragmen stattfinden sollte, verließ eine Gruppe von „Spezialisten zweiter Klasse" die Schwarzmeerküste in Richtung Wolga. Zu den 32 Erwachsenen, die sich für die Tätigkeit in einer Fabrik in der Stadt Schtscherbakow nahe Moskau entschieden hatten, gehörte auch Edith Barwich. Dieser Schritt ist nur durch einen Rückblick auf eine Bemerkung Barwichs gegen Ende seines Einsatzes im sibirischen Oak Ridge zu verstehen. Wie im entsprechenden Abschnitt bereits bemerkt, lebte er in Agudseri mit seiner Frau bereits „in Trennung", sodass ihn nur seine Kinder dorthin zurückzogen. Möglicherweise wollte Edith nicht nur einen entscheidenden Schritt hin zur endgültigen Trennung gehen, sondern hoffte, zusammen mit ihren Kindern auch früher

---

[119] Atomnyi Projekt SSSR, Kniga 5, Dok. 177.
[120] Barwich/Barwich, Rotes Atom, S. 122.

nach Deutschland gelangen zu können. Ob die Geliebte ihres Mannes, in Agudseri Gattin des Tischlermeisters, nach der Abreise von Frau und Kindern zu Heinz Barwich gezogen sei, kann allerdings auch die Tochter von Werner Hartmann, damals beste Freundin von Beate, nicht mit Sicherheit sagen.[121]

Als einziger promovierter Wissenschaftler stand Ernst Busse an der Spitze der Namensliste der Gruppe Schtscherbakow. Das Spektrum derjenigen, die in die Nähe von Moskau umsiedeln wollten, reichte vom Mechaniker über den Ingenieur und drei „Nichtbeschäftigte" bis hin zu drei Rentnern.[122] Allen war gesagt worden, dass es an der Wolga „nicht ganz so komfortabel wie in Agudseri oder Sinop sein würde", ein Nachteil, der jedoch durch eine kürzere Quarantänedauer aufgewogen würde. Die Siedlung in der Nähe von Schtscherbakow war aus einem Strafgefangenenlager hervorgegangen. Eiligst aufgebaute Finnenhäuser waren nicht an die Trinkwasserleitung angeschlossen und „die Kotkübel der Toiletten wurden wöchentlich einmal mit Hilfe eines Pferdefuhrwerks entleert". Seine Kinder hätten dort erst „die richtige sowjetische Armut" kennengelernt, schreibt Barwich. „Von einer vorzeitigen Rückkehr nach Deutschland war natürlich keine Rede." Die deutschen Spezialisten mussten in einer „primitiven Fabrik mit russischen Strafgefangenen arbeiten und erhielten zunächst den gleichen lächerlichen Lohn". Ein Mechaniker „trat in Streik, um gegen den Wortbruch zu protestieren". Erschrocken über den eigenen Mut, erhängte er sich, „um der Bestrafung durch das MWD zu entgehen".[123]

Er selbst habe das Objekt an der Wolga nie zu sehen bekommen, schreibt Barwich. Selbst als er im Sommer 1953 die Ferien zusammen mit seinen Kindern in Moskau verbrachte, durfte er sie nicht zu ihrem Wohnort zurückbringen, damit er nicht „mit eigenen Augen die Verhältnisse kennenlernte, die jeden nicht vollkommen erstarrten Dogmatiker der Sowjetunion gegenüber abkühlen mussten".[124]

Als eine neue Gruppe deutscher Spezialisten an der Schwarzmeerküste eintraf, um die Quarantäne zu absolvieren, sei das allgemeine Wohlbefinden noch einmal gesteigert worden. Es handelte sich um ehemals in Obninsk und im Werk „Elektrostahl" Beschäftigte. „Als neuer Leiter dieses Kollektivs zog Nikolaus Riehl in das Dienstzimmer von Professor Hertz ein", erinnert sich Barwich. Riehl und einige seiner Mitarbeiter hatten als erste Deutsche den Stalinpreis erhalten. Er selbst „trat die Erbschaft des restlichen Hertz'schen Labors mit fünfzehn Mitarbeitern an". Zwei experimentelle Gruppen setzten

---

121 Gespräch mit Sylvelie Schopplich am 4. Juli 2023.
122 Atomnyi Projekt SSSR, Kniga 5, Dok. 177.
123 Barwich/Barwich, Rotes Atom, S. 123.
124 Ebd., S. 124.

Arbeiten zur Isotopentrennung fort, eine andere habe sich unter seiner Leitung mit der Trennung leichter Isotope befasst, insbesondere Kohlenstoff und Sauerstoff. Weiterhin standen Grundsatzfragen der Diffusionshydrodynamik auf dem Arbeitsprogramm. Langsam kam das wissenschaftliche Leben der „offenen Tür" wieder in Gang. „Für uns", so schreibt er, „hatte also gewissermaßen das Tauwetter bereits ein Jahr vor Stalins Tod begonnen." Geldsorgen kannten sie nicht, denn das „Sparen für Deutschland hatte sich zu einem Massensport entwickelt". Ersparnisse von 20.000 DM und mehr seien selbst für Handwerker keine Seltenheit gewesen, Wissenschaftler kamen auf 100.000 bis 200.000 DM. Da die Deutschen keine westdeutsche Mark kaufen konnten, sei diese Finanzpolitik ein starker Anreiz für ein späteres Leben in der DDR gewesen.[125]

Alle warteten auf die Ausreise, die einen in den Westen, die meisten in den Osten Deutschlands. Niemand glaubte daran, nach Abschluss dieses Aufenthaltes „noch einmal in die Sowjetunion zurückzukehren, sei es als Tourist, sei es als Wissenschaftler, denn private Besuche schienen nicht erlaubt zu sein". Trotz der Gründung zweier deutscher Staaten rechneten wir „mit einer Wiedervereinigung in absehbarer Zeit".[126]

Mitte Februar 1955, ganz kurz vor der Abreise, deren Termin Barwich natürlich noch nicht kannte, schrieb er einen Brief an seinen Vater, in dem er sich über seine immer wieder erfolglosen Bemühungen beklagte, wenigstens seine Frau und die Kinder nach Deutschland zu entlassen. Ihm selbst gehe es dank interessanter Arbeit recht gut, obwohl er manchmal einige Stunden brauche, alles herunterzuschlucken, „was mir morgens immer hochkommt". Anderen ginge es nicht so, denn sie hätten „den Glauben an eine Gerechtigkeit gar nicht erst mitgebracht".[127] Und darüber, so weiter, „ärgere ich mich besonders". Er selbst könne nämlich „die Russen sehr gut leiden" und wünsche ihnen „vor allem eine Erhaltung des Friedens".

Am 4. April 1955 kam er endlich in der DDR an und konnte zwischen einer ordentlichen Professur für Physik an der Universität Halle und der Berufung zum Direktor des Zentralinstituts für Kernforschung in Rossendorf bei Dresden wählen.[128] Im Hinblick darauf, dass ein Forschungsreaktor sowjetischer Bauart die experimentelle Basis eines solchen Instituts sein sollte, erscheint es aus fachlicher Sicht überraschend, dass dieser Posten nicht Heinz Pose angeboten wurde. Der hatte von 1946 bis 1955 das „Labor W" im russischen Obninsk geleitet, in dem an der Entwicklung eines Hochtemperaturreaktors

---

[125] Barwich/Barwich, Rotes Atom, S. 124 f.
[126] Ebd., S, 126.
[127] Ebd., S. 132 f.
[128] Ebd., S. 134.

gearbeitet wurde.[129] Auch Barwich musste „zunächst die Grundbegriffe von Reaktorphysik und -technik lernen und sich die für die Arbeit notwendigen Rechen- und Experimentiermethoden aneignen", erinnert sich Peter Liewers, Nachfolger Barwichs als Leiter der Abteilung „Reaktorphysik", Jahrzehnte später.[130] Die Wahl Barwichs war wohl eine politisch begründete Entscheidung der Parteiführung. Fachkompetenz konnte in diesem Fall den Makel einer NSDAP-Mitgliedschaft nicht tilgen.[131] Pose arbeitete in der Sowjetunion an der friedlichen Nutzung der Atomenergie. Dafür gab es keinen Stalinpreis. Der 1905 in Königsberg Geborene war 1939 zum außerplanmäßigen Professor an der Universität Halle ernannt worden. Offensichtlich nicht nur fähiger Atomphysiker, sondern auch ausgesprochen ehrgeizig, trat er im November 1933 in die SA ein und wurde 1937 auch Mitglied der NSDAP. Er arbeitete an der Versuchsstelle des Heereswaffenamts in Gottow am G1-Experiment, einer Uranmaschine, und wirkte ab 1944 am Physikalischen Institut der Universität Leipzig an der Entwicklung eines Zyklotrons zur Isotopentrennung mit. Pose blieb bis 1959 in der Sowjetunion und arbeitete am Vereinigten Institut für Kernforschung in Dubna.[132]

Am 5. August 1955, nur vier Monate nach seiner Ankunft in der DDR, ließ sich Barwich durch Hauptmann Kairies vom Staatssekretariat für Staatssicherheit als Geheimer Informator (GI) „Hahn" anwerben.[133]

---

[129] Atomnyi Projekt SSSR, Kniga 4, Dok. 258.

[130] Liewers, Peter: Reaktorphysikalische Arbeiten am Rossendorfer Forschungsreaktor, in: Verein für Kernverfahrenstechnik und Analytik Rossendorf e. V., 40 Jahre Rossendorfer Forschungsreaktor RFR 1957–1997, Rossendorf 1997.

[131] An dieser Stelle sei angemerkt, dass seine NSDAP-Mitgliedschaft kein Hindernis war, Helmuth Faulstich 1964 als Nachfolger Barwichs zu berufen (vgl. Herbst, Andreas/Ranke, Winfried/Winkler, Jürgen: So funktionierte die DDR, Reinbek bei Hamburg 1994, Bd. 3, S. 81).

[132] https://de.wikipedia.org/wiki/Heinz_Pose.

[133] BStU, Archiv-Nr. 2753/67, Bd. P, Bl. 24.

D. Privilegierter Wissenschaftler in der DDR: 1955–1964

Mit dem Ende der Internierung zerbrach die Schicksalsgemeinschaft der deutschen Spezialisten, nicht allein wegen der Wahlmöglichkeit, in die Bundesrepublik oder in die DDR zu gehen. In beiden Teilen Deutschlands gab es die Chance für eine Kariere. Im Osten öffnete sich für die Rückkehrer über die rein fachliche Ebene hinaus ein breites Fenster in die Öffentlichkeit. Nicht wenige lehnten sich sehr weit hinaus.

Barwich kehrte nach seiner freiwilligen Internierung nicht nach „Deutschland" zurück, sondern entschied sich bewusst für ein Leben in der DDR. Dort hatte sich die Staatspartei daran gemacht, die marxistische Utopie von der Machbarkeit, ja der geradezu gesetzmäßigen Entwicklung einer paradiesischen kommunistischen Gesellschaft in Realität münden zu lassen. Eine solche Zielvorstellung konnte dem früheren „utopischen Edelkommunisten" nicht unsympathisch sein. Im Wettstreit der Systeme formulierte Parteichef Ulbricht auf dem V. Parteitag der SED im Jahre 1958 ein Zwischenziel, nämlich die Bundesrepublik zu „überholen, ohne einzuholen". Diese Forderung sollte sich tief in die Gehirne der Partei- und Wirtschaftsfunktionäre eingraben und auch in Forschung und Entwicklung hineinwirken. Das spürten auch die Erbauer des Forschungsreaktors in Rossendorf bei Dresden, die eher am Ziel sein wollten als ihre westdeutschen Kollegen.

Die Rahmenbedingungen für Barwich als Gründungsdirektor des Zentralinstituts für Kernforschung (Kernphysik), als Hochschullehrer, als Geheimen Informator und selbst als Familienvater wurden wesentlich durch die klassenkämpferischen Attitüden einer totalitären Ideologie bestimmt.

In Dresden fand der Heimkehrer beinah paradiesisch anmutende Lebensumstände vor. „Ostdeutschland hatte mich", so schreibt er, „nicht nur mit offenen Armen empfangen, mir verlockend erscheinende Lebens- und Arbeitsbedingungen angeboten", sondern erweckte den Eindruck, als wäre der „Weg der Liberalisierung und Annäherung an die Bundesrepublik" erfolgreich zu begehen. Mit sowjetischen Maßstäben ausgestattet, begeisterten die Ankömmlinge sich „an der Fülle von Lebensmitteln und Gebrauchsgütern, an der Verkaufs- und Wohnkultur, an der so lange vermissten Schönheit und Ordnung". Die „liberale Atmosphäre auf politischem und administrativem Gebiet" habe ihn überrascht. Obwohl es keine freien Wahlen nach westlichem Muster gab, existierten außer der SED, so stellte er anerkennend fest, „noch vier weitere

‚demokratische' Parteien". Es habe auch „keinen Zwang für leitende Wissenschaftler und Techniker" gegeben, „einer Partei beizutreten".[1]

Von Partei und Regierung seien die Wissenschaftler nicht nur durch gute Bezahlung und soziale Sicherheit „förmlich bestochen" und zur Mitarbeit in den verschiedensten Gremien und Kommissionen aufgefordert worden. Ein modernes Forschungsinstitut aufzubauen und zugleich an der Universität zu lehren, drohten ihn „im ersten Augenblick fast zu überwältigen", reizten ihn aber so stark, dass er beides „mutig in Angriff nahm". Dabei habe er die Einmischung der Parteifunktionäre „keineswegs als störend, sondern als praktische Hilfe" empfunden. Dennoch sei ihm „damals schon" klar gewesen, dass die Mehrheit des Volkes „das ihm aufgezwungene kommunistische System innerlich ablehnte und der bürgerlichen Demokratie des Westens den Vorzug gab".[2]

I. Der Hochschullehrer

1956 habilitierte sich Barwich an der TH Dresden und wurde dort sofort zum Professor mit Lehrauftrag für Spezialgebiete der Kerntechnik berufen. Noch als Dr.-Ing. habil. bot Barwich im Frühjahrssemester 1956/57 eine Vorlesung zum Thema „Einführung in die Kernenergetik" an. In den Folgejahren behandelte er in Vorlesungen und Übungen die Reaktorphysik und Grundprobleme des Reaktorentwurfs, auch für Studenten des Maschinenbaus mit kernenergetischer Nebenausbildung. Neben Wilhelm Macke und Heinz Pose avancierte er zu einem der drei Direktoren des Instituts für allgemeine Kerntechnik.[3] Jahre später in der Bundesrepublik gefragt, erklärte er, trotz seiner zahlreichen Ämter und der damit einhergehenden Belastung „blieb gerade noch Zeit, um als Professor an der TH Dresden Vorlesungen und Übungen abzuhalten". Doktoranden erwähnte er nicht.[4]

Die nach seiner Republikflucht eingesetzte Gutachterkommission beurteilte den Hochschullehrer Barwich folgendermaßen: Er „hat an der Fakultät für Kerntechnik […] regelmäßig Lehrveranstaltungen durchgeführt und eine kleine Gruppe von Assistenten angeleitet. […] Seine Vorlesungen über Reaktorphysik und Kernenergetik fanden guten Anklang." Er „hatte nur sehr wenig Diplomanden, und es wurde unter seiner Leitung keine einzige Dissertation fertiggestellt". Er habe es nicht verstanden, „die Ausarbeitung einer klaren Forschungsrichtung im Rahmen seiner Fachrichtung zu organisieren".[5]

---

1 Barwich/Barwich, Rotes Atom, S. 135.
2 Ebd., S. 136.
3 Vgl. Vorlesungsverzeichnisse der TU Dresden.
4 Bundesarchiv, MfS-AIM 2753-67, A-Akte, Bl. 261.
5 Bundesarchiv, MfS-AOP 10660-67, Bd. 5, Bl. 18.

II. Der Geheime Informator

Immer wieder einmal fallen bei der Beschäftigung mit Wissenschaftsgeschichte herausragende Gelehrte auf, die sich einer Kooperation mit Geheimdiensten nicht versagten oder gar eine solche suchten. Eine gewisse Häufung ist bei der militärischen Nutzung von Erkenntnissen der Kernphysik zu konstatieren. Der spektakulärste Fall von Spionage bei der Entwicklung amerikanischer und sowjetischer Atombomben ist mit dem Namen des 1933 nach England emigrierten Physikers und überzeugten Kommunisten Klaus Fuchs verbunden. Die Frage, warum sich Barwich unmittelbar nach seiner Ankunft in der DDR zur konspirativen Zusammenarbeit mit dem DDR-Geheimdienst entschloss, ist nicht eindeutig zu beantworten. Seine Memoiren blieben unvollendet und wurden, wie bereits erwähnt, erst nach seinem Tod von Ehefrau „Elfi" herausgegeben. Es ist nicht auszuschließen, dass diese Bekenntnisse ihres Gatten zurückhielt, um ihn oder auch sich selbst zu schützen. Vorsichtige Spekulationen sollten im Falle einer mehrere Jahre währenden Beschäftigung mit einem Thema bzw. einer Person allerdings erlaubt sein.

Vor dem Eintauchen ins Konkrete sei Lothar Fritze zitiert, der sich wie wohl kaum ein anderer intensiv mit der moralischen Beurteilung von Tätern im diktatorischen Sozialismus auseinandergesetzt hat. „Wer sich mit dem MfS konspirativ einließ, musste wissen, dass er damit Vertrauen, das andere in ihn setzten, enttäuschte; [...] musste wissen, dass er damit nicht nur einen Teil der eigenen Autonomie aufgab, sondern sich auch gegenüber seiner Gemeinschaft entsolidarisierte. Wer Berichte über Verwandte, Freunde oder Kollegen schrieb, musste sich klarmachen, dass für ihn die Folgen, die daraus für die Betreffenden erwachsen konnten, nicht abschätzbar waren; [...]. Zu meinen, man könnte mit MfS-Offizieren reden, ohne relevante Informationen weiterzugeben, war blauäugig."[6]

Die Gründe für das Interesse der Stasi an einer Verpflichtung von Barwich scheinen nur auf den ersten Blick einfach und eindeutig. Ihre tatsächliche Vielschichtigkeit erschließt sich aus den Dokumenten seiner Personalakte. Die Treffberichte zeigen, dass eine unglückliche Ehe und seine Bemühungen, den vier Kindern ein guter Vater zu sein, für Barwich der Hauptgrund waren, sich auf das MfS einzulassen. Mit Hilfe des Geheimdienstes, so glaubte er, sei die Übersiedlung seiner Familie in die DDR zu beschleunigen. Für das MfS war er vor allem deshalb interessant, weil er „[A]uf Grund seiner 10-jährigen Tätigkeit in der Sowjet Union", wie Hauptmann Kairies am 15. Dezember 1955 formulierte, „mit zahlreichen Spezialisten bekannt" sei und deshalb „auch in dieser Weise Informationen geben" könne.[7]

---

[6] Fritze, Täter und Gewissen, S. 69.
[7] Bundesarchiv, MfS-AIM 2753-67, A-Akte, Bl. 24.

Bereits im „Werbungsgespräch", das am 4. August 1955 in den Räumen der Akademie der Wissenschaften stattfand, äußerte sich Barwich ausführlich, „lebhaft und impulsiv über seine Arbeiten in der SU" sowie zu einer Reihe rückgekehrter Kollegen. Sein Führungsoffizier, Hauptmann Heinz Kairies, thematisierte auch „die Versuche westlicher Geheimdienste, Spezialisten und Wissenschaftler aus der DDR abzuziehen". Barwich erklärte, seine Kontakte zu den ehemaligen Kollegen, die jetzt in Westdeutschland leben und arbeiten, im Sinne des MfS zu nutzen und zu pflegen. Zum Schluss des Gesprächs habe Barwich die Bitte geäußert, „ihm in Dresden ein Häuschen mit sechs Zimmern zu besorgen", denn er glaube, „dass der Verwaltungsapparat diese Bitte bis Ende September nicht erfüllen wird".[8]

Am 20. April 1956 vermerkte Kairies, dass Dr. Alfons Staudenmeier, ein ehemaliger Spezialist, der bei der Rückkehr sofort nach Westdeutschland gegangen sei, das Gerücht verbreite, in der Sowjetunion aufgrund von Hinweisen Barwichs inhaftiert worden zu sein. „Aus diesem Grunde sammele die Gehlenorganisation alles Material über Barwich, um ihn bei einer Westreise zu verhaften."[9] Nur wenige Wochen später erfuhr Kairies, dass Barwichs in Westberlin lebende Schwester „von Offizieren des englischen Geheimdienstes aufgesucht und aufgefordert" wurde, ihren Bruder „bei seiner Rückkehr nach Westdeutschland abzuziehen". Seine erste Frau lebe zurzeit in Westdeutschland, wo sie als Sekretärin arbeite. Die „Freunde" fürchten, so Kairies, er könne in Westdeutschland „von ehemaligen Spezialisten in einen Prozess" verwickelt werden und schlagen vor, „den Informator nicht nach Westdeutschland zu schicken". In politischen Diskussionen „mit bürgerlichen Personen" verhalte er sich nicht eindeutig, sondern diskutiere sowohl „negativ" als auch „fortschrittlich". Da er „ein bestimmtes Maß von operativen Fähigkeiten" besitze, sei vorgesehen, ihn nicht „abzulegen", sondern „auf die bekannten Physiker innerhalb der DDR anzusetzen".[10] Das verlangte auch besondere Maßstäbe bei der Bereitstellung von Wohnraum, wie am 15. August festgestellt wurde. „Da Dr. Barwich für uns aufgrund seiner zukünftigen Tätigkeit von außerordentlichem Interesse ist, ist bei der Wohnung zu beachten, dass diese von uns abgesichert werden kann", vermerkte Oberstleutnant Switala in seinem Bericht.[11]

---

[8] BStU, Archiv-Nr. 2753/67, Bd. P, Bl. 12–16.
[9] Ebd., Bl. 27.
[10] Ebd., Bl. 30 f.
[11] Ebd., Bl. 19.

II. Der Geheime Informator

1. Einschätzungen durch die Abteilung VI des MfS

Die ersten Treffs fanden in Barwichs Dienstzimmer statt. Sichtlich zufrieden berichtete Major Kairies Ende März 1956, dass man sich künftig an einem neutralen Ort treffen würde. Auch der GI bevorzuge das, damit „seine Verbindung zum MfS nicht überall bekannt wird".[12]

Am 11. Juli 1957 schrieb Kairies über die Zusammenarbeit mit dem GI „Hahn": „Er führt übertragene Aufgaben durch und versteht es, op. Einschätzungen zu geben. Seine Mitteilungen konnten op. verwendet werden. Charakterlich ist der GI sehr ehrgeizig, was sich zum persönlichen Nachteil auswirkt und zum Schaden des Zentralinstituts ist. Der GI ist der DDR ergeben. Anzeichen zu Republikfluchten gibt es bei ihm seit seiner Rückkehr aus der UdSSR nicht. Dem GI ist nicht bekannt, dass er bei uns unter dem Decknamen ‚Hahn' bekannt ist. Die Zusammenarbeit wurde mündlich und durch Handschlag festgelegt." Ein Mangel in der Zusammenarbeit sei, „dass der GI viel redet und oft bei Außenstehenden nicht weiß, wann er aufhalten muss".[13]

In einer weiteren Einschätzung vom 16. November 1957 betonte Kairies, dass erstmals politische Diskussionen stattgefunden hätten, bei denen der GI „Hahn" Verständnis für eine „hilfreiche politische Beeinflussung" durch den Geheimdienst zeigte.[14]

In ihrem Bericht über den Treff vom 10. Januar 1958, in dem das Zerwürfnis mit dem Rossendorfer Parteisekretär Alfred Hoffmann im Mittelpunkt stand, sehen Major Herrmann und Oberleutnant Jahn[15] folgende Ursachen „für die gegenwärtige Zerrissenheit" ihres Informators:

„1. Seine anarchistische Schule, die in vielen Handlungen und Stellungnahmen erkennbar ist.

2. Der Konflikt mit den Parteiorganisationen des Institutes, dessen Ursprung zum Teil in seiner Herrschsucht zu suchen ist.

3. Gekränkte Eitelkeit, die sich angeblich in einer Verkennung seiner Person und seiner Verdienste äußert.

---

12 Bundesarchiv, MfS-AIM 2753-67, A-Akte, Bl. 31.
13 Bundesarchiv, MfS-AIM 2753-67, P-Akte, Bl. 56 f.
14 Bundesarchiv, MfS-AIM 2753-67, A-Akte, Bl. 80.
15 Buthmann attestiert Günther Jahn, „ein bedeutender, auch überdurchschnittlich intelligenter Abwehragent des MfS" gewesen zu sein (vgl. Buthmann, Reinhard: Versagtes Vertrauen. Wissenschaftler der DDR im Visier der Staatssicherheit, Göttingen 2020, S. 382). Jahn verfügte über zahlreiche Kontakte zu den „Eliten der Wissenschaft", besaß „eine gute Beobachtungsgabe" und agierte „außerordentlich korrekt", ergänzte er in einer persönlichen Mitteilung.

4. Beeinflussung durch Wissenschaftler, wie [vier Namen geschwärzt, Ba.], die ohne Einschränkung Westfahrzeuge besitzen und auf deren Institute die Parteiorganisationen kaum Einfluss nehmen."[16]

Oberleutnant Jahn, inzwischen zuständig für den GI „Hahn", erwähnte am 18. Mai 1960 eine andere Facette seines Informanten: „Bekanntlich ist er in der Wahl der Mittel und Methoden zur Ausschaltung eines Gegners nicht wählerisch." Anlass für eine solche Bemerkung waren Spannungen zwischen dem Direktor Barwich und seinem Stellvertreter Klaus Fuchs.[17] Letzterer war gegen den teilweise vehementen Widerstand Barwichs am 1. Oktober 1959 eingestellt worden.[18]

In einem umfangreichen „Auswertungsbericht" vom 28. Januar 1963 attestiert Hauptmann Johannes Maye seinem Inoffiziellen Mitarbeiter „eine positive Grundeinstellung zur sozialistischen Entwicklung und zur DDR". Sein politisches Auftreten in der Öffentlichkeit und im Friedensrat seien positiv einzuschätzen. Allerdings habe er zu aktuellen politischen Fragen sowie zur Politik der Regierung „oftmals eine unterschiedliche, teils ablehnende Auffassung". Seine Meinung spreche er aus und bemühe sich in Diskussionen um Klärung. „Seine Auffassungen sind oft sehr eigenwillig." Prof. Barwich, so konstatiert Maye, „ist ein hoch qualifizierter Physiker und verfügt über wissenschaftlichen Ideenreichtum". Er sei ehrgeizig und sprunghaft in seinen Ideen, was sich dadurch ausdrücke, dass „er nicht in der Lage ist, als Leiter ein größeres Kollektiv zu leiten". Im privaten wie auch im gesellschaftlichen Leben offenbare sich ein „unausgeglichenes Verhalten", und seine „anarchistischen Charakterzüge führten im Umgang mit anderen Wissenschaftlern und führenden Persönlichkeiten der DDR zu ernsthaften Differenzen". Vor allem im persönlichen Leben habe er Konsequenz vermissen lassen. Offensichtlich wurde das „bei der Trennung von seiner ersten Ehefrau und der jahrelangen Ehegemeinschaft mit der ebenfalls aus der SU zurückgekehrten Frau [Name geschwärzt, Ba.]". Als wichtige Vertrauenspersonen Barwichs nennt Maye Prof. Hertz und den Leipziger Prof. Mühlenpfordt sowie den in Göttingen lebenden Dr. Eckert.[19] Bereits im April 1961 hatte Maye seinem Informanten bescheinigt, Vertrauen zum MfS zu haben, „Hinweise zu respektieren und Aufträge zu erfüllen".[20]

---

16 Bundesarchiv, MfS-AIM 2753-67, A-Akte, Bl. 95.
17 Ebd., Bl. 155.
18 Vgl. Hoffmann, Dieter: Fuchs als Remigrant, in: Flach, Günter/Fuchs-Kittowski, Klaus: Ethik in der Wissenschaft – Die Verantwortung der Wissenschaftler. Zum Gedenken an Klaus Fuchs, Berlin 2008, S. 197.
19 BStU, Archiv-Nr. 2753/67, Bd. P, Bl. 210 f.
20 Ebd., Bl. 162.

2. Die Berichterstattung

Bereits eine formale, nicht inhaltliche Analyse der Berichte Barwichs an die Abteilung VI des Geheimdienstes kann erste Rückschlüsse auf den Charakter des Informanten und dessen Intentionen als Geheimer Informator liefern. In einer 1998 im Hannah-Arendt-Institut erschienenen Studie über Inoffizielle Mitarbeiter (IM) des MfS in Betrieben der Hochtechnologie wurden mehr als 4.500 Berichte von 75 IM u. a. auch unter rein formalen Gesichtspunkten ausgewertet.[21] Dabei wurden lediglich drei Kategorien von IM-Berichten unterschieden: Sachberichte, Personenberichte und Stimmungsberichte, eine Unterscheidung allerdings, die den Inoffiziellen Mitarbeiter als Akteur verstand und nicht als willigen Befehlsempfänger eines Führungsoffiziers. Die folgende Abbildung zeigt das Ergebnis, eine Verschiebung des Schwerpunkts der Interessen des Geheimdienstes. Gegen Ende der DDR hielten es die Informanten offenbar für wichtiger, über die Stimmung der Beschäftigten in einer Schlüsselindustrie zu sprechen, als sich über einzelne Kritiker des Systems auszulassen.

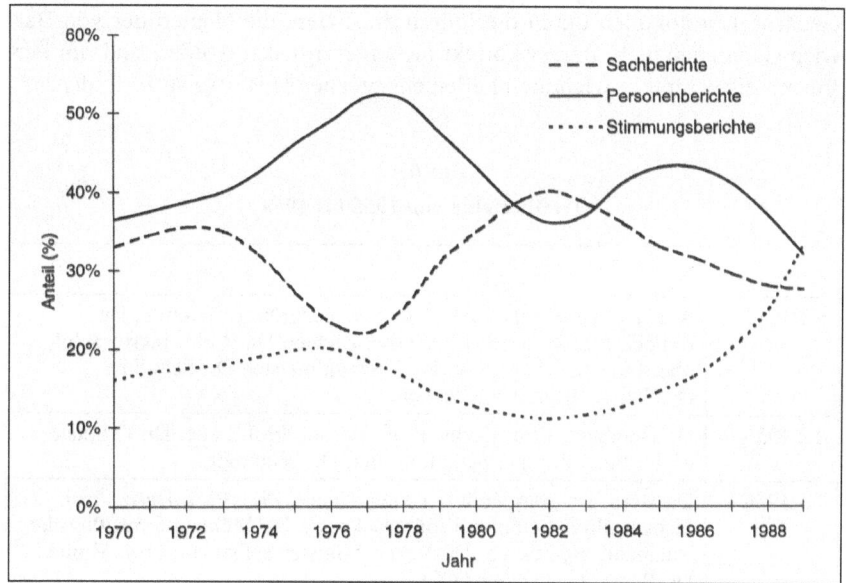

Abb. 14: Der Anteil von unterschiedlichen Kategorien an den ausgewerteten Berichten.

---

[21] Vgl. Barkleit, Gerhard/Dunsch, Anette: Anfällige Aufsteiger. Inoffizielle Mitarbeiter des MfS in Betrieben der Hochtechnologie, Dresden 1998, S. 23.

Barwich berichtete nicht nur mündlich bei den Treffs dem jeweiligen Führungsoffizier. In seiner Stasi-Akte finden sich auch Reiseberichte und fachliche Stellungnahmen. Für die Analyse seiner Berichtstätigkeit wird dieses Konzept in modifizierter Weise erneut angewendet. In einem ersten Analyseschritt wird gefragt, wann, also bei welchem Treff, der GI „Hahn" über wen sprach. Bei diesen Treffs, die im Teil A der IM-Akte abgelegt wurden, erzählte Barwich zwischen Januar 1956 und August 1964 über Wissenschaftler und Politiker nicht nur das, was er wusste, sondern nicht selten auch, was er dachte. Die von seinen Führungsoffizieren verfassten Treffberichte werden in diesem ersten Schritt noch nicht inhaltlich ausgewertet. Dennoch wird dem jeweiligen Namen ein „p" für positiv und ein „n" für negativ hinzugefügt sowie die beiden Buchstaben „op" für operativ bedeutsame Informationen, wenn Barwich ganz offensichtlich eine Bewertung vornehmen wollte. Die akademischen Grade der Genannten wurden nur bei der ersten Erwähnung beibehalten. Zu bemerken ist darüber hinaus, dass gemäß § 21 des Stasi-Unterlagen-Gesetzes einige Namen in den zur Verfügung gestellten Kopien vom Bundesarchiv geschwärzt wurden. Die Analyse der Treffberichte zeigt, dass bei der Verschriftlichung von Tonbandmitschnitten sowie der Herstellung von Gedächtnisprotokollen durch die Führungsoffiziere die Namen der von Barwich Genannten nicht immer korrekt niedergeschrieben worden sind. Im Personenregister sind in wichtigen Fällen entsprechende Hinweise zu finden.

Tabelle 2
Treffberichte von 1956 bis 1964

Treff	Namen
5.1.1956	Ardenne, Dr. Barthel, Alexander Bergengrün, Dr. Bumm, Dr. Keppel, Frl. Dr. Külz, Prof. Pose, Richter, Dr. Riehl, Ingrid Schilling, Ingenieur Schiemor, Prof. Schintlmeister, Dr. Schulius, Dr. Weiss, Brigitte Wiedemann
2.2.1956	Dr. Bernhard, Prof. Fuchs, Prof. Jaeckel, Prof. Laue, Dr. Ortmann, Riehl, Prof. Rompe, Schintlmeister, Dr. Wittbrodt
1.3.1956	Dr. Born, Dr. Burghardt (n), Gen. Hager (ZK), Prof. Hertz, Prof. Jaeckel, Prof. Leibnitz, Prof. Macke (n), Dr. Mühlenpfordt, Physiker Naumann, Rambusch, Dr. Rexer, Minister Selbmann, Prof. Volmer, Dr. Weiss, Gen. Ziller (ZK)
17.3.1956	Hertz, Macke, Rompe, Schintlmeister, Prof. Steenbeck, Prof. Thiessen
29.3.1956	Prof. Döpel, Prof. Eckhardt (p), Hertz, Prof. Pose
31.5.1956	Ardenne (n), (Prof.) Becker (p), Hertz (p), Macke (n), Selbmann (n), Volmer (p)

Treff	Namen
29.6.1956	Gen. Busch, Döpel, Gen. Hesa, Selbmann, Steenbeck, Thiessen, Gen. Tresselt
15.3.1957	Born, Gen. Leutnant Mittag (n)
12.4.1957	Dr. Rost
19.6.1957	Dr. Alexander, Ardenne, Prof. Bagge, Becker, Dr. Bernhard, Nobelpreisträger Niels Bohr, Born, Dr. Beyerl, Prof. Cohne (USA)[22], Nobelpreisträger Urey, Prof. Clusius, Prof. Dickel, Goigon, Prof. Groth, Prof. Hartmann, Prof. Haxel, Prof. Houtermans, Prof. Klemm, Kohlstadt, Krommreih, Kronberger (England), Prof. Mattauch, Dr. Mie, Mühlenpfordt, Prof. Paul, Rambusch, Ingrid Schilling, Schintlmeister, Selbmann, Tresselt, Wittbrodt
22.10.1957	Prof. Baade, Born, Giese, Haxel, Jungclausen, Prof. Kockel, Prof. Lohmann, Rompe, Schintlmeister, Steenbeck, Gen. Zeiler
12.11.1957	Born, Hertz (n), Gen. Hoffmann (n), Selbmann, Thiessen (op)
10.1.1958	Gen. Hoffmann (n), Selbmann (n), Steenbeck, Ziller
27.5.1958	Bagge, Eckardt, Hahn, Hartmann (n), Heisenberg, Hertz, Jäckel, Dr. Kühn, Rambusch, Steenbeck, Ulbricht, Weiss
17.3.1959	Ardenne, Dr. Otto Baier, Chruschtschow, Klaus Fuchs, Helitzer, Hertz, Leibnitz, Pose, Morrison, Rompe, Schintlmeister, Ulbricht
13.6.1959	Pose, Rambusch, Steenbeck
21.8.1959	Fuchs, Hertz, Mühlenpfordt, Perwuchin, Rambusch, Prof. Richter, Schwabe, Steenbeck
18.5.1960	Apel (n), Fuchs (p), Grosse (n), Hartmann (p), Rambusch (n)
17.7.1961	Helmut Helfer, Walter Zöllner (beide ZfK-Kandidaten für einen Aufenthalt am CERN)*
13.12.1961	Rambusch (n), Steenbeck (n)
29.5.1962	Steenbeck, Dr. Wandel
26.8.1964	Prof. Blackett, Prof. Born, Heisenberg, Prof. Kersten, Prof. Mothes, Riehl

* Das MfS wollte den ausgewählten Physiker vor der Reise in die Schweiz als IM verpflichten.[23]

In obiger Tabelle zeigt sich, dass nur wenige Namen öfter als drei Mal vorkommen. Es handelt sich um die Wissenschaftler Manfred von Ardenne und

---

[22] Im Tagungsband ist K. P. Cohen als Autor des Beitrags „Applications of Isotope Theory to Experiment" genannt. Vgl. Kistemaker, Jacob/Bigeleisen, Jacob/Nier, Alfred O. C., Proceedings of the International Symposium on Isotope Separation held in Amsterdam, April 23–27, 1957, Amsterdam 1958, S. XI.

[23] Bundesarchiv, MfS-AIM 2753-67, A-Akte, Bl. 208.

Klaus Fuchs (je vier Mal), Dr. Born und Prof. Schintlmeister (sechs Mal), Prof. Hertz (acht Mal) und Prof. Steenbeck (neun Mal). Die beiden Politiker Karl Rambusch, von 1955 bis 1961 Leiter des Amts für Kernforschung und Kerntechnik, und Fritz Selbmann, von 1955 bis 1958 Stellvertretender Vorsitzender des Ministerrats, nennt Barwich sieben bzw. sechs Mal. Sowohl bei den Wissenschaftlern als auch bei den Politikern reicht das Spektrum seiner Empathie von „geschätzt" bis „abgelehnt", wobei negative Wertungen in der Regel moderat ausfielen.

Insbesondere das Agieren der beiden Spitzenpolitiker sollte Barwich immer wieder einmal thematisieren. Minister Selbmann, der neben der Volksschule lediglich einen Kurs an der Internationalen Leninschule in Moskau vorweisen konnte, musste sich 1957 von Barwich vorwerfen lassen, „in der letzten Zeit genügend unkonkrete Dinge auf dem Gebiet der Kernphysik gesprochen" zu haben. Sollte eine „reale Planung für das Zentralinstitut [...] nicht gestattet werden, wird er seine Funktion als Direktor niederlegen", erklärte er seinem Führungsoffizier.[24] Darauf wird bei der systematischen Analyse noch einmal zurückzukommen sein.

Die unterschiedlichen Auffassungen von Barwich und Rambusch, der immerhin ein Physikstudium an der Universität Jena erfolgreich abgeschlossen hatte, über die Forschungsinhalte und -strategien des Zentralinstituts sollten sich im Laufe weniger Jahre derart zuspitzen, dass Barwich im Juni 1960 „in aller Form einen Misstrauensantrag gegen den Leiter des AKK, Genossen Rambusch, beim Zentralkomitee der SED" stellte.[25]

In einem zweiten Analyseschritt wird gefragt, welche Aufträge „Schild und Schwert der Partei" dem GI „Hahn" erteilte. Das besondere Interesse des MfS galt, das sei vorangestellt, möglichen Kontakten zum britischen Geheimdienst, wie es bei Werner Hartmann jahrzehntelang vermutet, jedoch nie bewiesen wurde.[26] Die folgende Tabelle ist keineswegs vollständig, illustriert aber die Vielfalt und Komplexität der Anforderungen des MfS an seinen Geheimen Informator.

---

[24] BStU, Archiv-Nr. 2753/67, Bd. A, Bl. 56.
[25] Ebd., Bl. 219.
[26] Vgl. Barkleit, Werner Hartmann.

Tabelle 3
Aufträge an den Geheimen Informator „Hahn"

Treff	Aufträge an den GI
29.3.1956	Während der Reise zur Gründung des Vereinigten Instituts für Kernforschung in Dubna (13.–25. Mai 1957) sollte er sich besonders um Prof. Hertz und Prof. Eckhardt kümmern.[27]
12.4.1957	Er wird aufgefordert, den Dresdner Klub der Intelligenz möglichst oft zu besuchen und über anwesende Kollegen zu berichten.[28]
19.6.1957	Isotopentagung in Holland (23.–27. April 1957): Konzentration auf Siemens-Mitarbeiter und deren aktuelle Forschungsthemen erfragen sowie freundschaftliche Kontakte zu westdeutschen Teilnehmern aufbauen, insbesondere Festigung seines Kontakts zu Dr. Beyerl und Dr. Mie.[29]
12.11.1957	Verbesserung des angespannten Verhältnisses zum Parteisekretär. „Gen. Hilbert ist zur politischen Erziehung des GI einzusetzen."[30]
17.3.1959	Briefliche Verbindung zu zwei amerikanischen Verlegern (Helitzer und Morrison vom Mc Graw-Hill-Verlag in Bad Godesberg) pflegen, aber kein Info-Material zusenden.[31]
13.6.1959	Beobachtung der Teilnehmer der Ungarnreise (22. Juni–1. Juli 1959)
29.5.1962	Bericht über Steenbeck, Stellungnahme zur gegenwärtigen Situation infolge der Auflösung der Fakultät für Kerntechnik an der TU Dresden.[32]

Über die knappen Formulierungen obiger Tabelle hinaus sei angemerkt: Den Dresdner Klub betreffend, berichtete Barwich, „dass dieser Club der Intelligenz in Dresden keineswegs dazu angetan ist, Hartmanns Bewusstsein oder das anderer Professoren zu formen. Er sieht hierin die eine Möglichkeit, dass die bürgerlichen Professoren dort unkontrolliert ihre Gedanken zum Ausdruck bringen können, was durch Auslage westlicher Zeitschriften gefördert wird."[33] Auch wenn er den Namen seines Kollegen aus gemeinsamer Zeit in Agudseri nicht in böser Absicht nannte, musste er wissen, dass seine Ein-

---

[27] Bundesarchiv, MfS-AIM 2753-67, A-Akte, Bl. 32–34.
[28] Ebd., Bl. 53.
[29] Ebd., Bl. 56–62. Der ausführliche fachliche Bericht umfasst sieben Seiten [Bl. 63–69 dieser Akte].
[30] Ebd., Bl. 80.
[31] Ebd., Bl. 109f.
[32] Ebd., Bl. 252.
[33] Ebd., Bl. 97.

schätzung Hartmann belastete. Dr. Reinhard Buthmann, als Mitarbeiter der Abteilung „Bildung und Forschung" der BStU durch einen freien Zugang zu den Akten privilegiert, kam nach gleichermaßen umfänglicher Analyse der Stasi-Akten Barwichs zu folgendem Ergebnis: „Barwich berichtete durchaus personenbezogen, wenngleich dominant sachorientiert. Diese Art der Berichterstattung, die offenbar auf offizieller Gesprächsebene stattfand, war teilweise, weil zu Fähigkeiten, Charaktereigenschaften und familiären Bezügen sprechend, personenbelastend."[34]

Zum Schluss dieser formalen Analyse wird der Blick darauf gerichtet, ob Barwich persönliche Vorteile durch seine Kooperation anstrebte, und wenn ja, welcher Art diese waren. Versuche von Inoffiziellen Mitarbeitern, das MfS für die Durchsetzung persönlicher Interessen zu instrumentalisieren, gelangen nicht selten, wenn diese privater Natur waren. Sie scheiterten jedoch meist, wenn berufliche Belange berührt wurden. Ein prominentes Beispiel von Selbstüberschätzung ist der Physiker und Mathematiker Prof. Nikolaus Joachim Lehmann, der Anfang der 1960er Jahre an der TU Dresden mit dem Kleinstrechner D4a (Cellatron) den ersten deutschen Personal Computer (PC) entwickelte. Vom 24. März 1960 bis zum 1. März 1975 wurde Lehmann als GI „Blank" bzw. „Handrick" von der Abteilung V/6 der Bezirksverwaltung Dresden geführt.[35] Lehmann glaubte, seine ehrgeizigen wissenschaftlichen Ziele mit Hilfe des MfS schneller realisieren zu können. Dies ist als Quintessenz von drei jeweils mehrstündigen Gesprächen zu konstatieren, die der Autor mit ihm am 5. März, am 17. April und am 15. Mai 1996 in dessen Dresdner Wohnung führte. Die intellektuelle Überlegenheit des Professors mündete nicht in einen Sieg über den professionell agierenden Geheimdienst.

---

34 Buthmann, Versagtes Vertrauen, S. 920.
35 Vom 24. März 1960 bis zum 1. März 1975 wurde Lehmann als GI „Blank" bzw. „Handrick" (Reg.-Nr. XII/388/60) von der Abteilung V/6 der Bezirksverwaltung Dresden geführt. Die Decknamen wurden ohne Wissen des GI festgelegt und waren diesem auch nicht bekannt. Eine schriftliche Verpflichtung zur Zusammenarbeit mit dem MfS existiert nicht. Die Akte wurde geschlossen, da der GI keine schriftlichen, operativ auswertbaren Berichte lieferte und als ungeeignet für „überörtliche Einsätze" betrachtet wurde.

II. Der Geheime Informator

Tabelle 4
Persönliche Anliegen des GI „Hahn"

Treff	Anliegen des GI
Sommer 1955	Größere Wohnung für den in Pankow lebenden Vater und dessen Lebensgefährtin
12.4.1957	Hilfe bei Wohnungsbeschaffung für die im Juni zurückkehrende Ex-Frau und die Kinder
19.6.1957	Hilfe bei „Rückführung" der Ex-Frau
22.10.1957	Hilfe bei Beschaffung einer 3-Zimmer-Wohnung für Ex-Frau zugesagt

3. Stellungnahmen zu Kernforschung und Kernenergie

Ein nicht unerheblicher Teil von Informationen Barwichs an das MfS betraf seine Meinung zu aktuellen Fragen von Kernforschung und Kernenergiepolitik der Staatspartei. Wie bereits die vorangegangenen Tabellen, so erhebt auch die folgende Auflistung auf Grundlage seiner IM-Akte nicht den Anspruch auf Vollständigkeit.

Tabelle 5
Stellungnahmen Barwichs zu aktuellen Entwicklungen

Datum	Titel	Adressat
20.6.1957	Bericht über den Besuch des „internationalen Symposiums für Isotopentrennung" in Amsterdam (23. – 27. April 1957)	Reisebericht
24.3.1959	Bemerkungen zum Entwurf des Atomgesetzes	Ministerpräsident
13.4.1959	Hier hilft nur noch Schönfärberei. Bemerkungen zur Sitzung bei Glawatom am 13. April 1959	MfS
13.6.1959	Ein Beitrag zum Bericht über die Verhandlungen über die 2. Ausbaustufe des AK-1 in Moskau vom 8.– 16. April 1959	MfS
22.6.1959	Bemerkungen zur Frage der Perspektive auf Grund der Auswertung der Besprechungen in Moskau (April 1959) und Dubna (Mai 1959)	AKK

(Fortsetzung nächste Seite)

(Fortsetzung Tabelle 5)

Datum	Titel	Adressat
8.7.1959	Einige Schlussfolgerungen aus der Ungarn-Reise des AKK vom 22. Juni bis 1. Juli 1959	MfS
11.1.1960	Memorandum über die Zunahme der Mängel der Arbeit des Wissenschaftlichen Rates für die friedliche Anwendung der Kernenergie	MfS
27.6.1960	Information über Misstrauensantrag gegen den Leiter des AKK, Genossen Rambusch	ZK der SED
Nov. 1960	Grundlagen und Perspektiven der Kernkraftwerke	Tagung TH Dresden
26.4.1961	Stellungnahme von Prof. Barwich zur Entwicklung der Kernenergie in der DDR und zur II. Ausbaustufe des AKW 1	MfS
5.12.1961	Stellungnahme zum Memorandum der Kommission Kernenergie	MfS
4.1.1962	Aktennotiz über den Meinungsaustausch über Kernkraftwerksfragen mit der sowjetischen Delegation (Prof. Jemeljanow, Akad. Alichanow, Akad. Winogradow) am 28. Dezember 1961	MfS
20.3.1962	Bericht über Pugwash-Konferenzen	Außenministerium

III. Ehemann und Vater

1. Ehescheidung und Familienzusammenführung

Die ausführliche Beschreibung von Barwichs Bemühungen, seine Ex-Frau und die Kinder in die DDR zu holen, sind auch ein Versuch, die Frage zu beantworten, ob er damit dem Geheimdienst einen Gefallen erweisen wollte, der die Ex-Frau verdächtigte, Verbindungen zum britischen Geheimdienst zu pflegen. Oder wollte er seine Kinder im „besseren Deutschland" heranwachsen sehen?

Am 5. Januar 1955 erzählte Barwich Hauptmann Kairies, dass seine erste Ehe nun endlich geschieden wurde und er annehme, seine Ex-Gattin werde „jetzt aus Westdeutschland wieder in die DDR zurückkehren".[36] Anderthalb Jahre später lebte diese aber immer noch in der Bundesrepublik. „Seine frühere Frau" sei zurzeit krank, sodass mit ihrer baldigen Rückkehr [in die DDR,

---

[36] Bundesarchiv, MfS-AIM 2753-67, A-Akte, Bl. 14.

Ba.] nicht zu rechnen sei, musste er beim Treff am 29. Juni 1956 einräumen. Sie arbeite als Sekretärin und er überweise monatlich Geld, „damit sie ein gutes Leben in Westdeutschland führen kann".[37]

Für eine Übersiedlung seiner Frau in die DDR könne es hilfreich sein, die Ehefrau des Stellvertretenden des Ministerpräsidenten Otto Nuschke einzuschalten. Nuschke sei immerhin sein Trauzeuge gewesen und dessen Frau als Angestellte bei seiner Frau Edith beschäftigt, habe Barwich seinen Vorschlag begründet. „Beide Frauen waren sehr eng befreundet und der Informator verspricht sich sehr viel, wenn Frau Nuschke an seine Frau nach Westdeutschland schreibt."[38]

Seine „äußeren Lebensbedingungen gestalteten sich glänzend", stellte Barwich fest. Ihm stand inzwischen „ein schönes Einfamilienhaus in einem Villenviertel von Dresden" zur Verfügung, und zwar die Marie-Simon-Straße 6 auf dem Weißen Hirsch.[39] Er lebte zunächst mit der Frau eines Tischlermeisters zusammen, „mit der er schon in Agudseri angebandelt hatte", wie sich Sylvelie Schopplich erinnert. In einer „Einschätzung der Zusammenarbeit mit dem GI ‚Hahn'" vom 11. Juni 1957 findet sich die Bestätigung. Dort heißt es, der GI lebe zurzeit in „Ehegemeinschaft mit [Name geschwärzt, Ba.], deren Mann nach Rückkehr aus der UdSSR nach Westdeutschland ging".[40]

Abb. 15: Barwichs schönes Einfamilienhaus, Marie-Simon-Straße 6.

---

[37] Ebd., Bl. 40.
[38] Ebd., Bl. 40 f.
[39] Barwich/Barwich, Rotes Atom, S. 135.
[40] Bundesarchiv, MfS-AIM 2753-67, P-Akte, Bl. 57.

Am 19. März 1957 bezweifelte Barwich gegenüber Major Kairies, dass seine Ex-Frau wirklich bereit sei, Karlsruhe zu verlassen und in die DDR zurückzukehren. Beleidigend empfundene Briefe seines Vaters an sie könnten der Grund sein. Er hoffe, mit Hilfe der Stasi einen Stimmungswandel herbeiführen zu können.[41]

Bereits am 12. April 1957 hatte sich das Blatt gewendet und Barwich bat um Hilfe bei der Wohnungsbeschaffung für seine im Juni zurückkehrende Ex-Frau.[42] Wenige Wochen später, am 19. Juni, wurde Dr. Wittbrodt, Schüler von Hertz und wissenschaftlicher Direktor der Deutschen Akademie der Wissenschaften, von der Stasi beauftragt, als Kontaktperson die „Rückführung" der Ex-Frau zu begleiten. Wittbrodt sei besonders geeignet, weil die Ex-Frau dessen Gattin bereits seit der Zeit vor 1945 kenne.[43]

Am 22. Oktober wurde Hilfe des MfS bei der Beschaffung einer 3-Zimmer-Wohnung für die Ex-Frau zugesagt. Darüber hinaus enthält dieser Bericht die ausführliche Darstellung einer vorehelichen Beziehung Barwichs zu einer Kommunistin, einer „linken Intellektuellen", die im Spanienkrieg kämpfte und in die Schweiz emigrieren musste. Dort habe Barwich sie auch besucht.[44]

12. November 1957: Ex-Frau fordert als Voraussetzung einer Rückkehr „der Form halber" eine erneute Eheschließung mit Barwich. Das MfS will mit ihr „einige Fragen bezüglich verdächtiger Kontakte" klären. „Der GI ist der Meinung, dass seine ehemalige Frau für uns arbeitet und er sich opfern muss, um sie zu halten." Als notwendige Maßnahme wurde festgelegt, einen Treff mit der geschiedenen Frau des GI durchzuführen, „wobei ihre Verbindungen zu Geheimdiensten geklärt werden". Nach diesem Gespräch „wird über ihren weiteren Aufenthalt in der DDR beschlossen".[45]

Am 13. Januar 1958 fand „auf mehrmaliges Bitten des GI" ein Treffen statt, „um die mit seiner geschiedenen Frau geplante Aussprache vorzubereiten". Nachdem Barwich „die notwendigen Erklärungen und Hinweise für die Gesprächsführung mit seiner Frau gegeben" hatte, ging das Gespräch, so der stellvertretende Leiter der Abteilung VI, „auf Institutsprobleme über".[46] Am 19. Juni informierte Barwich Oberleutnant Jahn, dass „die Vereinigung mit seiner geschiedenen Frau" im August/September stattfinden werde. Seine Lebensgefährtin wolle er nach Berlin bringen und ihr dort zu einer Anstellung verhelfen. Sie könne bei Verwandten wohnen. Seine Ex-Frau werde, „als

---

[41] Bundesarchiv, MfS-AIM 2753-67, A-Akte, Bl. 48.
[42] Ebd., Bl. 53.
[43] Ebd., Bl. A 62.
[44] Ebd., Bl. 72.
[45] Ebd., Bl. 76–80.
[46] Ebd., Bl. 91.

Versuch", in seinem Haus leben „und die Familie betreuen". Er bitte um Unterstützung, für seine beiden älteren Töchter „bis zur Einbürgerung gültige Ausweise zu erhalten, um Ferienreisen außerhalb Dresdens durchführen zu können". Das sicherte ihm Jahn zu, der vermutete, dass „Barwich seine Familie wieder herstellt und eine Lösung nach der Variante von Prof. Steenbeck anstrebt: Die Familie am Arbeits- und Wohnort, die Geliebte in Berlin."[47] So sollte es aber nicht kommen.

Am 18. März 1959 unterrichtete Barwich seinen Führungsoffizier über die Zusammenführung seiner Familie, die im juristischen Sinne gar keine solche mehr war. Er habe sich von seiner Geliebten getrennt und lebe nun mit Edith und den Kindern in seinem Haus in der Marie-Simon-Straße 6. Er bat um Unterstützung bei der Einbürgerung von Edith und den Kindern, „damit sie nicht mehr mit dem Argument einer Rückkehr nach Karlsruhe drohen kann". Er wolle diesen Fall ausschließen können, „um seine Kinder nicht zu verlieren".[48]

2. Die zweite Ehe

Angesichts oben genannter Absichtserklärungen kann die am 2. Juli 1960 geschlossene Ehe mit der in Rossendorf als Dolmetscherin tätigen Elfriede Heinrich durchaus als Überraschung betrachtet werden, möglicherweise auch für Barwich selbst.[49] Der wusste nicht, dass seine am 2. August 1931 geborene Elfriede („Elfi") am 25. April 1956 unter dem Decknamen „Alexandra" vom MfS angeworben worden war.[50] Im Herbst 1958 wurde sie mit Hilfe des MfS als Doppelagentin auch für den englischen Geheimdienst tätig. Anfang 1959 musste sie infolge einer Dekonspiration zurückgezogen werden. Zur gleichen Zeit entwickelte sich das „Verhältnis zu Prof. Barwich", der nicht über ihre Verbindung zum MfS informiert wurde und die deshalb 1961 „unterbrochen" wurde.[51] Auf ihren ausdrücklichen Wunsch wurde Prof. Barwich nicht von dem Kontakt zum MfS informiert. Es gab nur noch einen Treff im September 1963, über den Elfriede ihren Ehemann informierte.[52]

In einer Aktennotiz vom 17. Juli 1961, im Zusammenhang mit der beabsichtigten Teilnahme Barwichs an der Pugwash-Konferenz im September 1961, meldete Hauptmann Maye Bedenken an, beide gemeinsam in die USA

---

[47] Ebd., Bl. 101 f.
[48] Ebd., Bl. 112.
[49] Barwich/Barwich, Rotes Atom, S. 143.
[50] Bundesarchiv, MfS AIM 2794/67.
[51] Bundesarchiv, MfS-AIM 2753-67, P-Akte, Bl. 211 f.
[52] Bundesarchiv, MfS-AOP 10660-67, Bd. 1, Bl. 208.

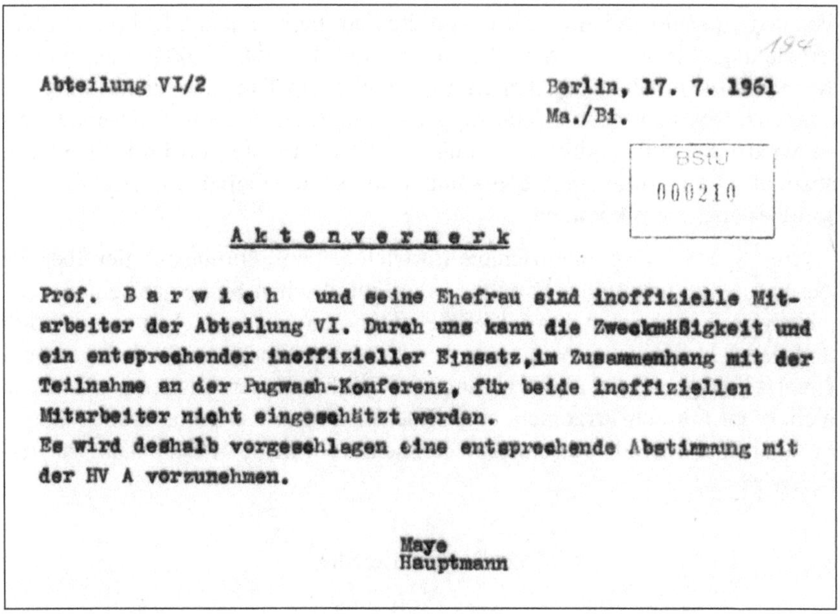

```
Abteilung VI/2                          Berlin, 17. 7. 1961
                                        Ma./Bi.


                    A k t e n v e r m e r k

Prof. B a r w i c h  und seine Ehefrau sind inoffizielle Mit-
arbeiter der Abteilung VI. Durch uns kann die Zweckmäßigkeit und
ein entsprechender inoffizieller Einsatz, im Zusammenhang mit der
Teilnahme an der Pugwash-Konferenz, für beide inoffiziellen
Mitarbeiter nicht eingeschätzt werden.
Es wird deshalb vorgeschlagen eine entsprechende Abstimmung mit
der HV A vorzunehmen.


                                        Maye
                                        Hauptmann
```

Abb. 16: Aktennotiz des MfS vom 17. Juli 1961.

reisen zu lassen, denn „Prof. Barwich und seine Ehefrau sind inoffizielle Mitarbeiter der Abt. VI". Er schlug eine Abstimmung mit der HV A vor.[53] Barwich erklärte daraufhin, nicht ohne seine Frau fahren zu wollen, obwohl diese „Einreiseprobleme in die USA bekommen könnte wegen ihrer langjährigen Mitgliedschaft in der FDJ".[54] Diese Bedenken sollten sich als begründet erweisen. Das Travelboard[55] verweigerte beiden die Einreise.[56] Es war sicher mehr als nur ein kleiner Trost, dass die beiden DDR-Bürger im September 1962 gemeinsam nach Österreich reisen durften.[57]

Während des Weltkongresses der Frauen, der vom 24. bis 29. Juni 1963 in Moskau stattfand, traf Barwich sich mit seiner geschiedenen Ehefrau Edith, die allerdings nicht zu den offiziellen Delegierten gehörte. Er bemühte sich, „sein Zusammentreffen mit ihr vor seiner jetzigen Ehefrau geheim zu hal-

---

53 Bundesarchiv, MfS-AIM 2753-67, A-Akte, Bl. 210.

54 Ebd., Bl. 211.

55 Das Allied Travel Office (Allied Travel Board) war eine Behörde der drei westlichen Besatzungsmächte für die Ausstellung befristeter Reisedokumente für Reisen von Bürgern der DDR in Staaten, die diese nicht völkerrechtlich anerkannten.

56 Bundesarchiv, MfS-AIM 2753-67, P-Akte, Bl. 218.

57 Ebd., Bl. 212.

ten".[58] Bei einem Treff am 7. September 1964 informierte Hauptmann Maye seinen GI darüber, dass „auf dem Weg des Staatsapparates" gegenwärtig der Antrag seiner geschiedenen Frau auf Rückkehr in die BRD laufe.[59] Ein geordnetes Privatleben erschien nun möglich. Barwich stand zu der Zeit eine Wohnung in der Radeberger Straße Nr. 37 in Dresden zur Verfügung.

IV. Der Überwachte

1. MfS und KGB arbeiten zusammen

„Wegen Verdacht der Spionage" leitete das MfS im Januar 1964 eine Operative Personenüberwachung mit dem Decknamen „Professor" ein.[60] Im Vorfeld fand eine Abstimmung mit dem sowjetischen Geheimdienst statt. Im Juli 1963 hatte das MfS den „befreundeten Dienst" gebeten, den in Dubna als Vizedirektor amtierenden GI „Hahn" geheimdienstlich „zu bearbeiten". Gemeinsam wurde das komplette Programm der Personenüberwachung in Gang gesetzt.

Das MfS führte drei Verhandlungen mit den sowjetischen Sicherheitsorganen durch. Das Protokoll vom 3. Juli 1963 enthält neben den Intentionen des DDR-Geheimdienstes auch die gemeinsamen Maßnahmen gegen Heinz Barwich und seine Frau Elfriede.

1. Durch operative Maßnahmen zu verhindern, dass feindliche Geheimdienste Verbindungen zu Professor B. und seiner Ehefrau aufnehmen.

2. Durch gründliche Überprüfung von Professor B. und seiner Ehefrau jeden möglichen Ansatzpunkt für den Gegner zu erkennen und entsprechende Abwehrmaßnahmen einzuleiten.

3. Maßnahmen einzuleiten, die eine feste Bindung von Professor B. an die DDR ermöglichen.

Den sowjetischen Sicherheitsorganen wurden alle Informationen übermittelt, die für eine operative Maßnahme erforderlich waren. Diese verpflichteten sich zu:

1. Sämtliche in den vorliegenden Berichten und Verbindungslisten angefallenen Personen werden durch die sowjetischen Sicherheitsorgane in sämtlichen Karteien (zentral und Karteien der Unionsrepubliken) überprüft und die Ergebnisse in Form von Auskunftsberichten an die Sicherheitsorgane der DDR übergeben.

2. Schwerpunkt dieser operativen Überprüfung sind bereits verdächtige Personen. […] Es wird überprüft, welche Möglichkeiten bestehen, den ehemaligen Mitarbeiter

---

[58] Bundesarchiv, MfS-AOP 10660-67, Bd. 1, Bl. 68.
[59] Bundesarchiv, MfS-AIM 2753-67, A-Akte, Bl. 302.
[60] Bundesarchiv, MfS-AOP-SAA 10660-67, Bl. 3.

[Name geschwärzt, Ba.] zur Energiekonferenz im August 1963 nach Dubna einzuladen.

3. Es wurde festgelegt, dass sämtliche vorhandenen GI gründlich auf ihre Möglichkeiten zur Bearbeitung und Kontrolle von Professor B. überprüft werden und dass im Ergebnis dessen nach Stellung, Fähigkeiten und Möglichkeiten ein differenzierter Einsatz der IM erfolgt.

a) Die sowjetischen Sicherheitsorgane bereiten einen Professor B. gleichgestellten IM mit dem Ziel der Bearbeitung, des Studiums der Verhältnisse und einer positiven politischen Beeinflussung vor.

b) Bei der Verwaltung Moskau der sowjetischen Sicherheitsorgane ist ein geeigneter weiblicher GI vorhanden, der zur Bearbeitung und Beeinflussung der Ehefrau von Professor B. eingesetzt wird.

4. Es wurde festgelegt, dass Reisen von Professor B. und seiner Ehefrau von Dubna nach Moskau operativ kontrolliert werden. Dabei erfolgt eine Registrierung seiner Verbindungen zu kapitalistischen Botschaften, Handelsvertretungen und anderen Personen.

5. Die operative Kontrolle der Korrespondenz wurde eingeleitet.

6. Die sowjetischen Sicherheitsorgane haben zugesagt, die Möglichkeiten für Professor B., ins kapitalistische Ausland zu reisen, zu begrenzen und bei notwendigen Auslandsreisen die operative Kontrolle zu gewährleisten.

7. Die Möglichkeiten des Einsatzes technisch-operativer Hilfsmittel wurden überprüft. Es bestehen günstige Voraussetzungen am Arbeitsplatz – im Wohngebiet sind gegenwärtig die Verhältnisse ungünstig, können aber insofern günstig gestaltet werden, wenn Professor B. seinem Wunsch entsprechend, ein gegenwärtig in Bau befindliches Einfamilienhaus zugewiesen wird.

8. Zum Kongress „Hoher Energien" vom 20. bis 27.8.1963 werden ca. 180 Wissenschaftler aus dem kapitalistischen Ausland, insbesondere USA, England, Westdeutschland und CERN/Genf Schweiz erwartet.[61]

2. Überhörte Signale

Zur Personenüberwachung Barwichs gehörte auch der Einsatz von vor Ort verfügbaren Inoffiziellen Mitarbeitern GI „Schreiber", GI „Eisenecker", GI „Naporra" und GI „Rothe". Letzterer wurde gestrichen, weil er als nicht hinreichend zuverlässig erschien.

---

[61] Bundesarchiv, MfS-AOP 10660-67, Bd. 1, Bl. 37–41.

IV. Der Überwachte 91

Tabelle 6
Wichtige IM bei der Operativen Personenüberwachung „Professor"

Deckname	Tätigkeit/ Wohnsitz	Berichte
GI „Eisenecker"	Dubna	Oktober 1961–September 1964
GI „Naporra"	Dubna	November 1963–November 1964
GI „Schreiber"	Dubna	März 1956–Februar 1958 sowie Oktober 1963
GM „Peter"	Dresden	26.7.1963
KP „Dr. Zöllner"		27.11.1963
GI „Irene"	Berlin	17.9.1964

Eingesetzt wurden die in der Tabelle genannten deutschen Inoffiziellen Mitarbeiter.[62]

GI „Eisenecker", Gerhard Musiol, 1969 als Professor für Experimentelle Physik an die TU Dresden berufen, lieferte dem MfS im November 1963 einen schriftlichen Bericht über Barwich, in dem er diesem attestierte, zusammen mit seiner Ehefrau die Lage in den westlichen Ländern zu verherrlichen und „eine Hetze gegen die SU und die DDR zum Ausdruck zu bringen".[63] Zu einem Kollegen soll Barwich gesagt haben, „dass das Ostregime bankrott ist".[64]

GI „Naporra", Benjamin Koczik, ebenfalls 1969 zum Ordentlichen Professor berufen, und zwar an die TH Chemnitz, bescheinigte Barwich und seiner Frau, in Dubna durch „mangelhafte fachliche Arbeit, negative politische Diskussionen über DDR und SU, Verherrlichung der kapitalistischen Verhältnisse, kleinbürgerliche Lebensauffassung, Kontakte zu Personen aus dem KA und WD" „negativ in Erscheinung getreten" zu sein.[65]

GI „Schreiber", ein promovierter Wissenschaftler, der bereits im Januar 1956 angeworben worden und vor seiner Delegierung an das Vereinigte Institut für Kernforschung (VIK) Dubna als stellvertretender Leiter des Bereichs „Physik der Atomkerne" im ZfK Rossendorf tätig war, wurde im Oktober 1963 beauftragt, eine Dienstreise nach Dubna zu beantragen. Er erhielt den

---

[62] Ebd. GI „Eisenecker", GI „Naporra" und GI „Schreiber" Bl. 41; GM „Peter" Bl. 61; GI „Irene" Bl. 261; KP „Dr. Zöllner" Bl. 186.
[63] Bundesarchiv, MfS-AIM 13523-84, Bd. 2, Bl. 79.
[64] Ebd., Bl. 34.
[65] Bundesarchiv, MfS-AIM 11279-84, Bd. 1, Bl. 130.

Auftrag, „dort bestimmte Feststellungen zu treffen hinsichtlich der Aufklärung von Professor Barwich".[66]

Neben wissenschaftlichen Mitarbeitern, die als GI für das MfS tätig waren, wurde auch „Irene" in diesen Vorgang einbezogen. Die eifrig und mit großem Engagement für den Geheimdienst arbeitende Christine Streisand, in erster Ehe mit einem Generalsekretär der LDPD verheiratet, bekleidete als Leiterin der Pressestelle der Akademie der Wissenschaften (AdW) eine Schlüsselposition.[67]

Hauptmann Maye schlug vor, die Konferenz „Hoher Energien" vom 20. bis 27. August 1963 in Dubna „durch den Einsatz eines Mitarbeiters der Sicherheitsorgane der DDR im Zusammenhang mit der Bearbeitung von Professor B. abzusichern". Der „koordinierte Einsatz" ausgewählter „GI der sowjetischen Sicherheitsorgane und der GI aus der deutschen Gruppe in Dubna" werde vorbereitet, heißt es im Protokoll. Dieses wurde am 5. Juli 1963 durch den Leiter der Hauptabteilung XVIII (Volkswirtschaft), Oberstleutnant Rudi Mittig, gebilligt.[68] Bereits am 2. Juli hatte der sowjetische Geheimdienst den Plan der Maßnahmen zum Vorgang „Professor" bestätigt.[69]

In einem Sachstandsbericht vom 10. August 1963 zum Operativen Material „Professor" erwähnte Hauptmann Maye, dass Ehefrau Elfriede „während eines Besuches in der DDR Ende 1962 einer Quelle gegenüber äußerte, dass sie und ihr Ehemann die Absicht hätten, ‚nach dem Westen zu gehen'". Angesichts dessen hielt Maye zweierlei für besonders erwähnenswert. Zum Ersten, dass Barwich sich während eines Aufenthaltes im Juni 1963 in Wien „mit seiner republikflüchtigen Tochter" traf. Einzelheiten über diesen Aufenthalt seien nicht bekannt, schrieb er. Zum Zweiten, dass Barwich in Wien auch „mit dem ehemaligen SU-Spezialisten Zühlke zusammentraf", der 1955 bei seiner Rückkehr aus der UdSSR sofort nach Westdeutschland gegangen sei und „gegenwärtig am Reaktor-Institut in Karlsruhe" arbeite.[70] Dem MfS lagen demnach mehr als nur vage Anzeichen dafür vor, dass der GI „Hahn" die DDR bei einer passenden Gelegenheit verlassen würde.

Allerdings gab es auch handfeste Belege, die gegen eine geplante Republikflucht sprachen. Am 21. Mai 1964 verfasste Hauptmann Maye eine Ergänzung zum Sachstandsbericht vom 27. November 1963, in der er feststellte, dass Professor Barwich im Juni 1964 seine Tätigkeit als Direktor des Zentralinstituts für Kernforschung wieder aufnehmen wolle. Gleichzeitig beziehe er ein

---

66 Bundesarchiv, MfS-AIM 15363-69, Bd. 3, Bl. 103.
67 Bundesarchiv, MfS-AIM 12386-67, Bd. 1, Bl. 56 u. Bl. 157.
68 Bundesarchiv, MfS-AOP 10660-67, Bd. 1, Bl. 37–41.
69 Ebd., Bl. 42.
70 Ebd., Bl. 68.

neues Haus in Pillnitz bei Dresden.[71] Am 3. August 1964 wohnte er aber noch in Dresden N 6, Radeberger Str. 37.[72]

Die Möglichkeit einer Republikflucht Barwichs wurde darüber hinaus von den in Dubna eingesetzten IM als eher unwahrscheinlich, ja geradezu ausgeschlossen eingeschätzt. Denn dieser sei älter als 50 Jahre und habe „seinen wissenschaftlichen Zenit überschritten". Einerseits wisse er, dass er „drüben hart arbeiten müsse und deshalb nicht weit kommt". Andererseits wisse er aber auch, dass er „in der DDR als Wissenschaftler geachtet wird und keine Existenzsorgen hat". Er habe „ausreichend finanzielle Mittel und ein hohes Konto, wovon sich zu trennen ihn sein sprichwörtlicher Geiz abhalten wird". Der Hinweis von „Eisenecker", dass Barwich in Dubna vor allem intensiv an seiner Kropotkin-Sammlung gearbeitet habe, sollte wohl die negative Beurteilung des Wissenschaftlers Barwich unterstreichen. Die aus Sicht der in Dubna eingesetzten IM gegen eine Republikflucht sprechenden Indizien wurden durch den abschließenden Hinweis auf den beabsichtigten Kauf eines Hauses in Dresden ergänzt.[73] Doch da irrte der spätere Professor Gerhard Musiol alias „Eisenecker".

V. Wissenschaft zwischen Anspruch und Wirklichkeit

Ein knappes Jahrzehnt seines Lebens genoss Barwich den Status eines privilegierten Spitzenwissenschaftlers in der DDR. Sehr schnell wurde er in leitende Fachgremien der DDR berufen, später auch in internationale Organisationen. Folgenden leitenden Gremien in der DDR gehörte er an:

– Forschungsrat der DDR,
– Wissenschaftlicher Rat für die friedliche Anwendung der Atomenergie beim Ministerrat der DDR, dessen Vorstand und dessen Kommission Kernenergie,
– Wissenschaftlich-technischer Beirat des Amtes für Kernforschung und Kerntechnik,
– Sektion Physik der Deutschen Akademie der Wissenschaften.

Wenige Jahre später sollte seine Gremientätigkeit überwiegend negativ beurteilt werden. Er habe sich „an der Arbeit in diesen wissenschaftlichen Gremien unmittelbar wenig beteiligt; wohl aber nutzte er seine Mitgliedschaft bei vielen Einzelaktionen außerhalb oder gegen die Meinung dieser Gremien aus".[74]

---

[71] Ebd., Bl. 185.
[72] Ebd., Bl. 194.
[73] Ebd., Bl. 81 f.
[74] Bundesarchiv, MfS-AOP 10660-67, Bd. 5, Bl. 17.

Als Gründungsdirektor des Zentralinstituts für Kernforschung der Akademie der Wissenschaften stellte er die Weichen für den Aufbau einer leistungsfähigen Forschungseinrichtung auf dem zukunftsträchtigen Feld der Atom- und Kernphysik. Darüber hinaus konnte er auf die Rolle der Kernenergie in der Volkswirtschaft Einfluss nehmen und bei der Formulierung von Empfehlungen für die politischen Entscheidungsträger mitwirken. Vor allem auf diesem Feld sollte die Kluft zwischen dem Anspruch der Staatspartei und den verfügbaren Ressourcen rasch und schmerzhaft deutlich werden. Es erscheint sinnvoll, beide Felder getrennt in den Blick zu nehmen.

1. Gründungsdirektor des Zentralinstituts für Kernforschung Rossendorf

Kernforschung am Standort Rossendorf 1955–1964

Nur acht Seiten widmet Barwich der wohl schönsten und nachhaltigsten Aufgabe seines Lebens, dem Aufbau eines großen, einschlägigen Forschungsinstituts zu Beginn des Atomzeitalters. Aber nicht nur deshalb sind die beiden Bände seiner Akte als Inoffizieller Mitarbeiter des Ministeriums für Staatssicherheit die wichtigsten Quellen für diesen Lebensabschnitt. Darüber hinaus hatte das MfS eine Operative Personenkontrolle veranlasst, in der eine Reihe von Inoffiziellen Mitarbeitern, die der Geheimdienst auf ihn angesetzt hatte, über ihn berichteten. Ergänzt werden diese Quellen durch Berichte in den Printmedien der DDR, allen voran das „Neue Deutschland", und Erinnerungen von Zeitzeugen sowie Publikationen zur Geschichte der Kernenergie in der DDR.

In der Zeitschrift „Kernenergie" erschienen in den 1960er und 1970er Jahren einige Beiträge zur Geschichte des Zentralinstituts für Kernforschung in Rossendorf. In Heft 12/1965 gab der damalige Direktor Helmuth Faulstich anlässlich des 10-jährigen Bestehens des Instituts einen wohltuend sachlichen Überblick über „alle wichtigen Aufgaben des ZfK" auf den unterschiedlichen Gebieten der Kernforschung. Unter dem Titel „Das Zentralinstitut für Kernforschung der Akademie der Wissenschaften der DDR" legten in Heft 7/1975 mit Günter Flach, Siegwart Collatz, Karl Hohmuth und Rudolf Münze leitende Mitarbeiter eine kurze Übersicht über die Entwicklungsgeschichte sowie die damals wichtigsten und die perspektivischen Forschungsaufgaben vor. Im Gegensatz zu Helmuth Faulstich, dem parteilosen Nachfolger Barwichs, versäumen es die Autoren nicht, auf die ständige Fürsorge der Regierung der DDR und die Einbindung des Instituts in „die Lösung der Hauptaufgabe des VIII. Parteitages der SED" hinzuweisen. In Heft 1/1976 erschien ein weiterer kurzer Beitrag „Zur Geschichte des Zentralinstituts für Kernforschung Rossendorf der AdW der DDR", verfasst von Direktor Flach und Heinz Bitterlich, dem Leiter der Zentralbibliothek. Auch hier werden „die weitsichtige Wissenschaftspolitik der Sozialistischen Einheitspartei Deutschlands" und „die helfenden Kontakte zu sowjetischen Wissenschaftlern" besonders betont. Den Namen des Gründungsdirektors sucht man in allen diesen Publikationen vergeblich.

Im August 1955 fand in Genf die „Erste Internationale Konferenz über die friedliche Anwendung der Atomenergie" statt. Als Mitglied der UNESCO war die Bundesrepublik durch eine Regierungsdelegation einschließlich zahlreicher Berater und Beobachter vertreten. Die DDR hingegen war lediglich durch zwei „inoffizielle Teilnehmer" vertreten, Heinz Barwich und Wilhelm Macke.[75] In einer Besprechung im ZK der SED, bei der die Vorbereitung der Institutsgründung als „Schule Arnsdorf" kodiert wurde und Kaderfragen im Mittelpunkt standen, hatten am 1. August 1955 allerdings Friedrich Zeiler, Prof. Rompe, Dr. Barwich und Karl Lanius auch darüber beraten, ob die DDR zu dieser Konferenz offizielle Beobachter entsenden sollte.[76]

Schintlmeister – eine erfolgreiche Werbung

In einem Brief an Friedrich Zeiler, den Leiter der Abteilung „Technik" des ZK der SED, bat Barwich diesen am 29. Juli 1955 darum, „die baldige Entlassung des z. Zt. noch in Suchumi befindlichen Physikers Doz. Dr. Joseph Schintlmeister aus der Sowjetunion zu fördern. Außerdem bitte ich Sie, sich für die Ausreisegenehmigung aus der Sowjetunion und die Einreisegenehmigung in die Deutsche Demokratische Republik für seine sowjetische Gemahlin Alexandra Nikolajewna Schintlmeister, z. Zt. noch Moskau, einzusetzen."

Im Weiteren stellt Barwich mit warmen Worten und Formulierungen, die in Parteikreisen gern gehört wurden, seinen Wunschkandidaten vor. „Herr Schintlmeister ist österreichischer Staatsbürger und hat sich auf meine Anfrage hin bereit erklärt, in der Deutschen Demokratischen Republik zu arbeiten. Wie ich Ihnen bereits mitteilte und wie auch Prof. Rompe und andere Fachkollegen bestätigten, wäre Dr. Schintlmeister ein sehr wertvoller Mitarbeiter an dem projektierten Institut für Kernphysik und an der entsprechenden Fakultät der Hochschule Dresden. Er ist ein angesehener und reifer Kernphysiker, der verschiedene Veröffentlichungen auf diesem Gebiet gemacht hat und dessen Buch über die Anwendung der Elektronenröhre als Messgerät in Fachkreisen wohlbekannt ist und vor einiger Zeit auch in der Sowjetunion neu herausgegeben wurde. Die Frage, ob Dr. Sch. in Bezug auf die Einhaltung

---

[75] Lanius, Karl: Erinnerungen an den Beginn, Sitzungsberichte der Leibniz-Sozietät, 89 (2007), S. 13.

[76] Sächsisches Hauptstaatsarchiv Dresden, Bestand 13463 Zentralinstitut für Kernforschung Rossendorf, Nr. 18.

seiner Zusage zuverlässig und beständig sein wird, kann man m. E. sehr positiv beantworten. Er hat nämlich kürzlich mit der sowjetischen Bürgerin Alexandra Nikolajewna Schintlmeister, die er von einer früheren Zusammenarbeit in einem Moskauer Laboratorium kannte, die Ehe geschlossen. Seine Frau wünscht ausdrücklich in die Deutsche Demokratische Republik überzusiedeln, um mit ihm zusammen dort zu leben und zu arbeiten, was aus ihrer Einstellung als Sowjetbürgerin verständlich ist."[77]

Das Protokoll vom 22. Dezember 1955 über die Durchsicht der Projekte zur Errichtung des Reaktors und des Zyklotrons, die von der UdSSR laut Abkommen vom 28. April 1955 ausgearbeitet wurden, weist Schintlmeister bereits als wissenschaftlichen Leiter des Zyklotrons aus.[78] Im Mai 1957 erzählte Schintlmeister seinem Vorgesetzten Barwich, dass „seit längerer Zeit Mitarbeiter einer sowjetischen Dienststelle zu seiner Frau kommen" und dieser vorgeschlagen haben, dass „er seine wissenschaftlichen Verbindungen zu westlichen Kernphysikern zur Aufklärung ausnützen soll". Er habe den Leiter des Amtes für Kernforschung und Kerntechnik (AKK), Genossen Rambusch, mit diesem Problem vertraut gemacht und Schintlmeister angewiesen, heißt es im Treffbericht, „auf dieses Angebot nicht einzugehen". Wie Barwich ausdrücklich betonte, hatten keine weiteren Personen Kenntnis von diesem Ansinnen erlangt.[79]

Von der Schule Arnsdorf zum Zentralinstitut

Am 1. Januar 1956 wird das Zentralinstitut für Kernphysik (ZfK) gegründet und dem Amt für Kernforschung und Kerntechnik unterstellt. Im Mai 1963 erfolgt die Eingliederung in die Akademie der Wissenschaften, verbunden mit der Umbenennung in „Zentralinstitut für Kernforschung". Die Bauarbeiten am Standort Rossendorf beginnen im Frühjahr 1956. Bis zum 12. Februar 1956 dauerte die Ausbildung der Betriebsmannschaften für den Reaktor in Moskau und für das Zyklotron in Leningrad (heute St. Petersburg). Barwich selbst wählte zehn Bewerber aus, die er für geeignet hielt, „zur Ausbildung am Reaktor in die S. U. geschickt zu werden". Für eine Ausbildung am Zyklotron fanden sich zunächst nicht genügend geeignete Bewerber.[80]

---

[77] Ebd.
[78] Ebd.
[79] Bundesarchiv MfS-AIM 2753/67, A-Akte, Bl. 60 f.
[80] Brief Barwichs an Rambusch, Leiter der Verwaltung Energiebedarf, vom 23.9.1955, in: Nachlass Hampe, Ordner 7.

Tabelle 7
Die Betriebsmannschaft des Rossendorfer Forschungsreaktors

Name	Werk	vorgesehen als
Max Friebel	VEB Funkwerk Köpenick	Hauptingenieur
Dipl.-Ing. Joachim Matschke	VEB Wissenschaftlich-Technisches Büro für Gerätebau	Hauptingenieur
Dipl.-Ing. Friedrich Iser	VEB Funkwerk Köpenick	Betr.-Ing.
Dipl.-Phys. Martin Richter	Akademie Institut Miersdorf	Strahlen-Phys.
Günter Flach*	VEB Junkalor Dessau	Masch.-Ing.
Günter Schulze	VEB Junkalor Dessau	Masch.-Ing.
Kurt Becker	VEB Elektro-Apparate-Werke J. W. Stalin	Elektro-Ing.
Egon Haape	VEB Funkwerk Köpenick	Elektro-Ing.
Heinz Engels	VEB Werk für Fernmeldewesen Berlin-Oberschöneweide	Operator
Hans Lambrecht	VEB Werk für Fernmeldewesen Berlin-Oberschöneweide	Operator

* Günter Flach wurde 1972 der dritte Direktor des ZfK.

Die ersten Großgeräte

Der Rossendorfer Forschungsreaktor gehörte zum Typ der Wasser-Wasser-Reaktoren, bei denen das angereicherte Uran in Aluminiumstäben gitterförmig in der sogenannten aktiven Zone angeordnet ist. Dieses Gitter befindet sich in einem großen, mit gewöhnlichem Wasser gefüllten weiteren Aluminiumbehälter. Das Wasser erfüllt die drei Kernaufgaben beim Betrieb: Erstens die Bremsung der Neutronen, zweitens die Wärmeabführung und drittens den Strahlenschutz. Die maximale Leistung des Reaktors betrug 2.000 Kilowatt.

Barwichs These von der „keineswegs als störend, sondern als praktische Hilfe" empfundenen Einmischung der Partei wurde erstmals bei einem Besuch der Baustelle des Forschungsreaktors durch den Parteichef Walter Ulbricht in Frage gestellt. „Der Bau", so Barwich, „begann mit dem Heizhaus, dem einzigen Komplex nahe der Bautzner Landstraße", und das Fundament war fast vollendet. Durch die Nähe des Heizhauses zu einer öffentlichen Straße könne die Sicherheit nicht gewährleistet werden, monierte Ulbricht. „Man begann ein zweites Mal." Zeitverlust und Geldverschwendung seien von niemandem thematisiert worden.[81]

---

[81] Barwich/Barwich, Rotes Atom, S. 136 f.

Bei der Montage des Reaktors sowie des ebenfalls von der Sowjetunion gelieferten Zyklotrons durchlebte Barwich als Direktor erstmals die Mühen der sozialistischen Ebene, dieses Mal als Schwierigkeiten in der Materialbeschaffung und -lieferung daherkommend. Aber auch die Zusammenarbeit der sowjetischen und der deutschen Spezialisten erwies sich gelegentlich als desillusionierend. Trotz aller Bemühungen der 1947 ins Leben gerufenen „Gesellschaft für Deutsch-sowjetische Freundschaft" (DSF), diese Freundschaft überall und jederzeit zu leben, gab es beim Aufbau des Reaktors lautstark ausgetragene Konflikte zwischen den sowjetischen und den deutschen Ingenieuren. Letztere, allesamt „erfahrende Füchse", wie Barwich schreibt, „ließen sich nicht so schnell etwas vormachen". Die aus reinstem Aluminium gefertigten Rohre für den ersten Kühlkreislauf wiesen nahezu durchgängig poröse Schweißnähte auf und nur zwei der fünf Vakuumpumpen funktionierten tatsächlich. Trotz aller widrigen Umstande konnte der Reaktor, was für die Propaganda der Staatspartei natürlich besonders wichtig war, „noch vor dem Münchner, am 14. Dezember 1957 angelassen werden".[82]

Als im Jahr darauf das Zyklotron, mit einer Energie für Alpha-Teilchen von 25,0 MeV und für Deuteronen von 12,5 MeV, eingeweiht werden konnte und der Bereich „Radiochemie" komplett ausgerüstet war, entwickelte sich sein Institut „zu einem Schmuckkästchen der DDR". Er selbst erhielt den Nationalpreis II. Klasse und wurde Mitglied im Rat für die friedliche Nutzung der Atomenergie, des Nationalrates und des Wissenschaftlichen Rates. Darüber hinaus war er Vizepräsident des Deutschen Friedensrates sowie Mitglied des Weltfriedensrates und der Pugwash-Gruppe. „Doch hohe Auszeichnungen und Funktionen schwächten meine Kritikfreudigkeit keineswegs", betonte er, denn „ich fühlte mich nach wie vor verpflichtet, Missstände aus der Welt zu schaffen".

Akteur auf unterschiedlichen Ebenen

Eine Vielzahl von Engagements prägten Barwichs erste Jahre als Gründungsdirektor. Nicht immer agierte er geschickt oder gar souverän. Das Gefühl unzureichender Wertschätzung durch Partei- und Staatsführung, verbunden mit deren politischem Ehrgeiz, es einerseits dem Westen zeigen zu wollen sowie andererseits mangelnder Fachkompetenz, erzeugten ein Spannungsfeld, das Barwich immer wieder einmal zu zerreißen drohte. Neben der Arroganz des deutschen Akademikers scheinen gelegentlich auch Neid und Selbstüberschätzung seine Urteilsfähigkeit eingeschränkt zu haben, wie sein Blick auf Manfred von Ardenne beispielhaft belegen könnte. Der durfte den Ministerpräsidenten Otto Grotewohl „als Repräsentant der Wissenschaft" im Januar 1959

---

[82] Ebd., S. 137.

V. Wissenschaft zwischen Anspruch und Wirklichkeit

auf dessen Fernostreise begleiten, was „die Wissenschaftler der DDR" mit Bestürzung zur Kenntnis genommen hätten. Er selbst betrachte Ardenne als „eine wissenschaftliche Null", weil er in seinem Leben „nie studiert habe".[83]

> Herrn
> Dr. Barwich
> Berlin O 112
> Stalinallee 293
>
> ### Ernennungs - Urkunde
>
> Gemäß Beschluß des Ministerrates vom 10. November 1955 berufe ich Sie hiermit als Mitglied des Wissenschaftlichen Rates für die friedliche Anwendung der Atomenergie beim Ministerrat der Deutschen Demokratischen Republik.
>
> Der Wissenschaftliche Rat hat die Aufgabe, den Ministerrat in allen Fragen der friedlichen Anwendung der Atomenergie zu beraten, sowie Vorschläge für die wissenschaftliche Aufgabenstellung und für die Entwicklung der Kernforschung und Kerntechnik auszuarbeiten.
>
> Ich wünsche Ihnen für die Erfüllung Ihrer großen Aufgabe im Interesse des deutschen Volkes viel Erfolg.
>
> gez. O. Grotewohl
>
> Berlin, den 1. Dezember 1955

Abb. 17: Die Ernennungsurkunde des Ministerrats.

---

[83] BStU, Archiv-Nr. 2753/67, Bd. P, Bl. 109.

März 1956: Vorbereitung der Moskau-Reise

Am 17. März 1956 fand ein Treff statt, bei dem Barwich auf die bevorstehende Reise nach Moskau zu sprechen kam. Er denke darüber nach, so sagte er es seinem Führungsoffizier, Hauptmann Kairies, „den Vorschlag einzubringen, dass von Seiten der SU die beiden international anerkannten Wissenschaftler Prof. Thießen und Prof. Steenbeck, welche sich noch in der SU befinden, freigegeben werden". Darüber hinaus thematisierte er auch die „Schaffung eines sogenannten Dreierkopfes" für die Planung des ersten Atomkraftwerkes in der DDR. Barwich vertrat die Auffassung, „dass für diesen Dreierkopf Prof. Steenbeck, Prof. Schintlmeister und er [selbst, Ba.] infrage kommen".[84] „Durch persönliche Beeinflussung" habe er erreicht, dass Schintlmeister „von Österreich in die DDR umsiedelt".[85] In einem Gespräch mit Rambusch zeigte sich Barwich überzeugt, auch Steenbeck für die DDR gewinnen zu können, einen „Fachmann von Format". Allerdings müsste diesem sofort ein entsprechender Arbeitsplatz angeboten werden. „Sehr gut geeignet wäre er für das Magnet-Institut in Jena."[86] Aus dem Vorschlag wurde rasch Realität. Steenbeck erhielt eine Professur für Plasmaphysik an der Universität Jena, wurde Ordentliches Mitglied und Direktor des Instituts für magnetische Werkstoffe der Deutschen Akademie der Wissenschaften (DAW) mit Sitz in Jena.

Am 29. März 1956 berichtete Barwich seinem Führungsoffizier, wie er den Auftrag des MfS für diese Tagung erfüllt hatte. Das „Ost-Institut", wie er es bezeichnete, werde in ca. 130 Kilometer Entfernung von Moskau errichtet. „Von den Delegationsteilnehmern erklärte sich niemand bereit, als Vertreter der DDR in diesem Ost-Institut zu arbeiten. Sie scheuten sich vor persönlichen Einschränkungen aufgrund der Entfernung zur Großstadt Moskau mit ihren kulturellen Möglichkeiten." Er betonte, dass die Mitglieder der Delegation „von der Großzügigkeit der Unterstützung durch die Sowjetunion angenehm berührt waren". Beeindruckt zeigten sie sich auch „von den gebotenen Möglichkeiten der Besichtigung verschiedener Institute". Die prozentuale Beteiligung der DDR am Aufbau des Ost-Institutes halte er für zu hoch, gemessen an der Bevölkerungsstärke. Richtig fand Barwich allerdings die Haltung der chinesischen Wissenschaftler, „die eine Erhöhung der Beteiligung um 100% forderten".[87]

In dieser Zeit ereignete sich ein Vorfall, der in doppelter Hinsicht bemerkenswert ist. Die Kündigung eines fachlich inkompetenten Mathematikers

---
[84] BStU, Archiv-Nr. 2753/67, Bd. A, Bl. 28.
[85] Ebd., Bl. 15.
[86] BStU, Archiv-Nr. 2753/67, Bd. P, Bl. 26.
[87] BStU, Archiv-Nr. 2753/67, Bd. A, Bl. 31.

zeigt zum einen, welch hohe fachlichen Ansprüche Barwich an seine Mitarbeiter stellte, und zum anderen, dass er diese kompromisslos selbst gegen seine vorgesetzte Dienststelle verteidigte. Am 29. März 1957 schrieb Barwich einen Brief an Dr. Bertram Winde, Hauptabteilungsleiter im Amt für Kernforschung und Kerntechnik, um diesem mitzuteilen, „dass sich inzwischen klar herausgestellt hat, dass der Kollege [Name geschwärzt, Ba.] nicht über die Fähigkeiten verfügt, die notwendig sind, um als Mathematiker in unserem Institut positiv mitzuarbeiten". [...] „Da Sie die Anstellung durchgeführt haben, muss ich Sie bitten, für einen anderweitigen Einsatz des Kollegen [...] Sorge zu tragen. [...] Es ist mir unmöglich, das Zentralinstitut für Kernphysik als eine Art Versorgungsstelle zu betrachten und ich werde unter allen Umständen von meinem Kündigungsrecht Gebrauch machen, möchte jedoch besondere Härten vermeiden."[88]

Das Internationale Symposium für Isotopentrennung im Jahr 1957

Im April 1957 nahm Barwich an einem „Internationalen Symposium für Isotopentrennung" in Amsterdam teil. Zur kleinen DDR-Delegation gehörten neben ihm noch Dr. Mühlenpfordt vom Leipziger Institut für Stofftrennung und Dr. Fritz Bernhard aus dem Miersdorfer Akademie-Institut. Einleitend und letzten Endes zugleich auch bilanzierend schreibt er in seinem auf den 19. Juni datierten Bericht für seine übergeordnete Dienststelle, das Amt für Kernforschung und Kerntechnik: „Es war kein Zufall, dass auf der Genfer Atomkonferenz keine Vorträge über Isotopentrennung gehalten wurden, obgleich diese eindeutig auch ein Teilgebiet der friedlichen Anwendung der Atomenergie darstellt. Es bestand jedoch derzeit von Seiten der USA nicht die Absicht, Arbeiten über die Urantrennung durch Gasdiffusion zu deklassifizieren. Die Einberufung der o. g. Konferenz kann deshalb als ein Versuch der EURATOM-Länder gedeutet werden, festzustellen, wie weit nunmehr der Schleier von den Geheimnissen der Urantrennungsanlagen seitens der USA, des UK und der UdSSR gelüftet werden würde. In diesem Sinne war der Konferenz eine große internationale Bedeutung beizumessen."[89] Die Amerikaner seien „durch ihre noch recht wenig gelockerte Geheimhaltung auf dem Gebiet der Isotopentrennung auf der Konferenz", wie sich gezeigt habe, unübersehbar „in eine gewisse Verlegenheit gebracht worden".[90]

An dieser von der niederländischen physikalischen Gesellschaft ausgerichteten Tagung nahmen insgesamt 233 Teilnehmer aus 17 Ländern teil. „Darunter waren", wie Barwich berichtet, „zahlreiche führende Vertreter der bedeu-

---

[88] Ebd., Bl. 52.
[89] Bundesarchiv MfS-AIM 2753-67, A-Akte, Bl. 63.
[90] Ebd., Bl. 69.

tendsten Atomzentren wie Oak Ridge (6 Teilnehmer), Los Alamos, Harwell (7), Capenhurst (5), Risley (2), Colombia, Saclay, Brookhaven". Namentlich nennt er: „Harold Urey (Nobelpreisträger), Nier, Harteck, Keim, Livingston, C. Cohen, Bigeleisen, Taylor, Bernstein u. a."

„Die stärkste Beteiligung hatte Frankreich (53) neben den Niederlanden, darauf folgten Deutschland (26), USA (21), UK (18), Schweden (12), Belgien (10), Schweiz (9), Dänemark (4), Österreich (3), Sonstige (15)." Die UdSSR sei zwar eingeladen gewesen, „hatte jedoch keinen Vertreter entsandt", teilte er lakonisch mit. Das traf wohl auch auf Polen und die Tschechoslowakei zu, die im Begriff waren oder kurz davorstanden, einen Forschungsreaktor in Betrieb zu nehmen. Das Tagungsprogramm umfasste 65 Vorträge, „die überwiegend von den USA und dem UK bestritten wurden. Von deutscher Seite wurden 10 Vorträge gehalten (davon 3 DDR)."[91] Von „deutscher Seite" zu sprechen, zeugt davon, dass auch bei Barwich das Nationalbewusstsein über die politischen Grenzen hinaus weiterlebte.

Barwich selbst hielt auf der Konferenz den Vortrag „Die neuere Entwicklung der Hertz'schen Gegenstromdiffusionsapparate", als dessen Koautor R. Kutscherow angegeben wurde, mit dem er in Suchumi zusammengearbeitet hatte.[92] Seiner Fachkompetenz und seinen Interessen folgend, stellte Barwich das Thema der Isotopentrennung in der Gasphase in den Mittelpunkt des fachlichen Berichts. Dazu merkt er Folgendes an: „Im Brennpunkt des Interesses standen die erste und letzte Sitzung, auf denen Eröffnungen über die Trennung der Uranisotope erwartet wurden. Es ist anzunehmen, dass die Erwartungen der kleinen Länder enttäuscht wurden, denn die USA brachte nichts über die Gasdiffusionsmethode und das UK nur sehr wenig. Die Vorträge aus den übrigen ‚zurückgebliebenen Ländern' hatten – soweit sie die Diffusionsmethode betrafen – im Vergleich zu dem, dem Verfasser bekannten, Stand der Technik ein sehr niedriges Niveau."

„Unter diesen Bedingungen war es verständlich, dass die Vorträge unserer westdeutschen Kollegen Willy Becker und W. Groth über die Trenndüse bzw. Zentrifuge großen Anklang fanden. Das bestechende an diesen Vorträgen war die scheinbar völlige Offenheit. [...] Den weitaus größten Beifall fand der Kollege Becker aus Marburg, der seinen bekannten Vortrag über die Trenndüse in außerordentlich ansprechender Form vortrug. Das sichere Auftreten des Vortragenden den Amerikanern gegenüber, denen er ziemlich deutlich versicherte, dass ihm an der Deklassifizierung der Diffusionskaskade nicht sehr viel gelegen sei, da er durch eigene Rechnungen für seine Zwecke genügend informiert sei, brachte ihm spürbar die Sympathie aller übrigen Staaten, die aus der Uranabhängigkeit von Amerika herauswollen, ein."

---

[91] Ebd., Bl. 63.
[92] Kistemaker u. a., Proceedings of the International Symposium on Isotope Separation, S. 551–559.

Der Trennung von Bor-Isotopen war eine besondere Sitzung gewidmet. Das Element verfügt über zwei stabile Isotope, Bor-10 und Bor-11, und ist nicht nur für Kernphysiker interessant. Das Isotop Bor-10 ist ein Neutronenfänger mit einem im Vergleich zu Bor-11 um 8×10^5 höheren Neutroneneinfangquerschnitt. Nach Neutroneneinfang zerfällt es in Li-7 und He-4. Es bindet dadurch ein Neutron, das dann nicht mehr in einer Kettenreaktion zur Verfügung steht. B-10 wirkt demnach als Moderator. Elementares Bor ist ein Zusatz für Raketentreibstoffe und eine Kernfusion von B-11-Atomkernen mit Protonen ist eine denkbare Möglichkeit zur Energiegewinnung. Borkarbid wird sowohl Stählen als auch Beton aus Gründen des Strahlenschutzes hinzugefügt und dient in Steuerstäben zur Regulierung der Leistung in Kernreaktoren. In der Sowjetunion und im Vereinigten Königreich werden, so Barwich, entsprechende Trennanlagen betrieben bzw. gebaut. „Danach erscheint es zweckmäßig", schlussfolgerte er, „auch bei uns eine Trennanlage nach dem Austauschprinzip zu errichten."[93]

Am Ende dieses Berichtes teilt der Verfasser mit, dass er die Gelegenheit wahrnahm, „kurze fachliche Gespräche mit fast allen westdeutschen Kollegen zu führen". Er nannte die Namen Becker, K. L. Clusius, G. Dickel, Heinz Ewald, W. Groth, Alfred Klemm, J. A. Martin sowie Josef Mattauch und betonte, dass „er ihnen durchaus kein Fremder war und dass die Fortführung eines Gedankenaustausches ohne weiteres möglich ist". Er traf auch alte Bekannte, wie zum Beispiel Prof. Fritz Houtermans aus Bern, „der an der Aufnahme wissenschaftlicher Beziehungen auf dem Gebiet der hoch energetischen Kernprozesse interessiert schien". Interessant sei es auch gewesen, die Bekanntschaft mit K. P. Cohen zu machen, „der stets in Gesellschaft eines in Dänemark arbeitenden Amerikaners namens Kohlstadt auftrat".[94]

Seinem Führungsoffizier Kairies berichtete Barwich ebenfalls ausführlich über die Erfüllung des von ihm erhaltenen Auftrags, möglichst viele Wissenschaftler der westlichen Welt zu kontaktieren.[95] Beim Treff am 19. Juni 1957 habe er Kontakte zu folgenden „NSW-Kollegen" gesucht: Cohen, Urey (USA), Bagge u.a. (BRD), Kronberger (England), Houtermans. Die zahlreichen in seinem Bericht genannten Namen zeigen, dass er durchaus fleißig darum bemüht war, das Vertrauen seines Auftraggebers zu rechtfertigen. Die wichtigsten westdeutschen Vertreter seien Prof. Erich Bagge, Prof. W. Paul, Prof. K. L. Clusius, Prof. G. Dickel, Prof. Mattauch, Prof. Klemm, Prof. Becker, Prof. Groth und Prof. Otto Haxel gewesen. Die westdeutschen Physiker, so berichtete Barwich, „traten auf der Tagung ziemlich sicher und herausfor-

---

[93] Bundesarchiv, MfS-AIM 2753-67, A-Akte, Bl. 67.
[94] Ebd., Bl. 69.
[95] Ebd., Bl. 56–62.

dernd auf. Man konnte ihnen anmerken, dass sie aufgrund ihrer wissenschaftlichen Leistungen die Vormachtstellung in der Euratom erreichen wollen." Darüber hinaus machten sie den anwesenden amerikanischen Wissenschaftlern den Vorwurf, „zu wenig von ihren Arbeiten veröffentlicht zu haben", an denen man sich orientieren könne.[96]

Im Bericht werden auch der amerikanische Nobelpreisträger Prof. Urey und H. Kronberger erwähnt, der Leiter der englischen Isotopentrennanlage. Als überraschend bezeichnete Barwich das plötzliche Auftauchen von Professor Houtermans. Er habe Kontakt zu Prof. Cohen aufgenommen, dem Direktor der Theoretischen Abteilung des SAM-Laboratoriums an der Columbia University New York. Bei einem Lunch in der Austernbar in Amsterdam, zu dem Cohen eingeladen hatte, habe er den unpolitischen Wissenschaftler gespielt. „Am Anfang unterhielt man sich über rein wissenschaftliche Fragen und über die letzte Veröffentlichung von Cohen." Er habe ihn gebeten, „ihm ein Exemplar seiner Veröffentlichung mit einer Widmung zu schenken. Cohen war sehr bedenklich gestimmt und sagte, dass er sich diesen Vorschlag überlegen will, da er sehr leicht Repressalien in den USA ausgesetzt werden könnte." Ein interessantes Gespräch sei mit dem „Schatten" Cohens zustande gekommen, einem, so vermuteten einige Kollegen, Beamten der amerikanischen Kernenergiebehörde. Er, Barwich, habe diesem Herrn namens Kohlstadt deutlich gemacht, dass nicht nur im Westen Deutschlands gute Wissenschaftler arbeiten.

Dr. Mühlenpfordt aus Leipzig habe sich fast ausschließlich mit Kronberger beschäftigt, obwohl „von Seiten der Engländer keinerlei Hinweise oder Einzelheiten" über ihre Anlage bekanntgegeben worden seien.[97]

Über seinen Freund Houtermans, mit dem er einige Vergnügungslokale besuchte, wusste Barwich viel zu erzählen. Neben dem Hinweis, dass dieser vor 1945 auch bei Ardenne beschäftigt gewesen sei, ging er auf die aktuellen Pläne seines Freundes ein. „Houtermans hat die Absicht, in nächster Zeit nach den USA zu fahren. Er braucht jedoch dazu eine Unbedenklichkeitsbescheinigung. Diese will er sich dadurch beschaffen, indem er Angaben über die Hinrichtung eines gewissen Krommreih machen will. Krommreih war ein guter Freund von Dr. Beyerl, der z.Z. in Leipzig ist. Der Informator wird in diesem Zusammenhang mit Beyerl sprechen."[98]

Darüber hinaus bereite Houtermans eine Aktion gegen die Atom- und Wasserstoffversuche vor. Zu diesem Zwecke habe er für die Erklärung bereits

---

[96] Ebd., Bl. 59.
[97] Ebd.
[98] Ebd.

Schweizer Wissenschaftler gewonnen. Houtermans habe auch vorgeschlagen, einen Mitarbeiter Barwichs für eine Zeit in seinem Institut in der Schweiz aufzunehmen. „Als Bedingung stellt er, dass dessen politische Einstellung nicht so offen zum Ausdruck kommt." Houtermans, so heißt es weiter in dem Bericht, „ist eng befreundet mit Dr. Bernhard von Miersdorf". In der Schweiz habe Houtermans eine Hausangestellte, „deren Vater in Magdeburg wohnt". Der Vater werde sich bei Barwich „melden, damit er ihn bei dem Arbeitsplatzwechsel unterstützt".[99]

Von Prof. Klemm konnte Barwich in Amsterdam erfahren, „dass die DEGUSSA ein neues Kühlmittel für Reaktoren herstellt". Es handele sich um Lithium, das für die Herstellung von Wasserstoffbomben geeignet sei, wie Prof. Schintlmeister auf Nachfrage erklärte. Um eine „exakte Berichterstattung zu ermöglichen", werde er mit verschiedenen Wissenschaftlern darüber sprechen.[100]

Major Kairies formulierte im Anschluss an diesen Bericht folgende neue Aufgaben für seinen Informator:

„1. Der Informator wird Sofortmitteilung machen, wenn sich Kohlstadt meldet. In der Zwischenzeit erfolgt Rücksprache mit der HV A, ob Kohlstadt bereits in ähnlicher Form in Erscheinung getreten ist.

2. In Verbindung mit der HV A wird festgelegt, welcher Wissenschaftler aus der DDR zur Ausbildung in das Institut von Prof. Houtermans geschickt werden kann.

3. Der Informator erhielt den Auftrag, seinen Kontakt zu Dr. Beyerl zu festigen, um diese Verbindung zur Bearbeitung von Beyerl auszunutzen.

4. Rücksprache mit der Hauptverwaltung A, inwieweit bekannt ist, wie der Verwendungszweck des Lithium 7 außer Kühlmittel noch ist.

5. Der Informator erhielt den Auftrag, seine Verbindung zu Dr. Mie, die bis jetzt nur loser Art ist, zu festigen, um Klarheit über dessen Person zu bekommen."[101]

Es drängt sich die Frage auf, ob Barwich auch nur ansatzweise darüber nachgedacht hat, welche Konsequenzen seine Schwatzhaftigkeit, vielleicht auch Wichtigtuerei, für die Genannten haben könnte. Zumindest hat er, wie es die Treffberichten belegen, die Aufträge zur Kontrolle von Dr. Beyerl und Dr. Mie nicht wirklich ernst genommen.

---

[99] Ebd., Bl. 60.
[100] Ebd.
[101] Ebd., Bl. 61 f.

2. Der Rossendorfer Forschungsreaktor wird erstmals kritisch

Bereits am 13. März 1956 waren die aus der Sowjetunion gelieferten Zeichnungen und Unterlagen durch Mitarbeiter des Instituts geprüft worden. Für den ersten und zweiten Kreislauf sowie Kühltürme und Wärmetauscher war Günter Flach zuständig, der im Jahre 1972 den parteilosen Helmuth Faulstich aus dem Amt drängen und zum dritten Direktor des ZfK avancieren sollte.[102]

Am 14. Dezember 1957 wurde der Rossendorfer Forschungsreaktor erstmals kritisch.[103] Am 23. Dezember 1957 wurde das Protokoll unterzeichnet, das die Realisierung des am 4. August 1956 geschlossenen Vertrages über die Lieferung des Reaktors bestätigt. Als Vertreter der Auftraggeber unterzeichneten der Institutsleiter Prof. Dr.-Ing. Barwich und der Hauptingenieur des Reaktors, Gerhard Ackermann, sowie als Vertreter des Lieferanten der Chefmonteur Gen. S. W. Renne und der Leiter der Anlassbrigade, Gen. G. A. Stoljarow, das Dokument.[104]

Bei diesem Reaktor handelte sich um einen leichtwassermoderierten und -gekühlten sowjetischen Serien-Forschungsreaktor vom Typ WWR-S. Als Brennstoff kamen in den ersten zehn Betriebsjahren die zu 10% an Uran-235 angereicherten Brennelemente vom Typ EK-10 zum Einsatz. Die kritische Masse betrug 3,2 kg Uran-235, die erste Beladung betrug 4,6 kg Uran-235. Die mittlere thermische Neutronenflussdichte wurde mit 1×10^{13} n/cm².s und die maximale Neutronenflussdichte mit 2×10^{13} n/cm².s angegeben.[105]

Nahezu zeitgleich mit der Inbetriebnahme des Reaktors wurde am 24. Dezember 1957 im Gesetzblatt Teil II, Nr. 42, die „Anordnung über das Statut des Zentralinstituts für Kernphysik vom 3. Dezember 1957" veröffentlicht. In § 1 Abs. 3 heißt es: „Das Zentralinstitut ist nur dem Amt für Kernforschung und Kerntechnik berichtspflichtig und nicht befugt, anderen Stellen Auskünfte zu erteilen." Eine Festlegung, die selbstverständlich klingt, nicht selten allerdings auch durch Barwich selbst verletzt wurde.

---

[102] Sächsisches Hauptstaatsarchiv Dresden, Bestand 13463 Zentralinstitut für Kernforschung Rossendorf, Nr. 18, Protokoll über die Arbeitsverteilung der Gruppe R.

[103] Collatz, Siegwart/Falkenberg, Dietrich/Liewers, Peter: Forschungs- und Entwicklungsarbeiten des ZfK Rossendorf zur Kernenergienutzung, in: Liewers, Peter/Abele, Johannes/Barkleit, Gerhard: Zur Geschichte der Kernenergie in der DDR, Frankfurt am Main 2000, S. 416f.

[104] Sächsisches Hauptstaatsarchiv Dresden, Bestand 13463 Zentralinstitut für Kernforschung Rossendorf, Nr. 18.

[105] Vgl. Hieronymus, Wolfgang: 40 Jahre RFR – ein Rückblick, in: Verein für Kernverfahrenstechnik und Analytik Rossendorf e.V., 40 Jahre Rossendorfer Forschungsreaktor RFR 1957–1997, Rossendorf 1997; Flach, Günter: Der Forschungsreaktor Dresden, Energietechnik (1958) Heft 6, S. 242–247.

V. Wissenschaft zwischen Anspruch und Wirklichkeit   107

Abb. 18: An der Einweihung des Forschungsreaktors
nahm auch Ministerpräsident Otto Grotewohl teil.

Das „Neue Deutschland", Zentralorgan der Staatspartei SED, berichtete am 17. Dezember 1957 auf Seite 1 über die feierliche Inbetriebnahme des „ersten Atomreaktors der DDR". Im „Staatsakt mit Vertretern der Regierung und Wissenschaft", wie es im Untertitel hieß, betonte der Stellvertretende Vorsitzende des Ministerrates Fritz Selbmann, dass die „Inbetriebnahme des Forschungsreaktors der friedlichen Nutzung der Atomenergie" diene. Wohingegen die gleichzeitig in Paris beginnenden NATO-Konferenz „dem westdeutschen Militarismus Atomwaffen in die Hände geben soll". Über solche politischen Seitenhiebe hinaus informierte der Bericht sachlich korrekt über die Arbeitsweise des ersten Reaktors, „der in Deutschland seine Arbeit aufnehmen konnte".

Abb. 19: Heinz Barwich erläutert dem Journalisten Karl Gass am Modell den Aufbau des Rossendorfer Forschungsreaktors.

3. Bevormundung durch den Parteisekretär

In Artikel 1 der Verfassung vom 6. April 1968 wurde die Deutsche Demokratische Republik als „sozialistischer Staat deutscher Nation" definiert und gleichzeitig die führende Rolle „der Arbeiterklasse und ihrer marxistisch-leninistischen Partei" festgeschrieben.[106] Bis dahin galt es, alles im Sinne der SED Notwendige zu tun, es aber demokratisch aussehen zu lassen.[107] Die dafür notwendigen Kader konnte es aber in den ersten Jahren des Bestehens dieses Staates naturgemäß nicht geben. Um diesem umfassenden Führungsanspruch gerecht zu werden, fehlte es schlicht an hinreichend qualifizierten Fachleuten. Die Konsequenzen dieses Defizits bekam auch Barwich zu spüren.

---

[106] Verfassung der Deutschen Demokratischen Republik vom 6. April 1968, Berlin 1969.

[107] Ulbricht, Walter: „Es muss demokratisch aussehen, aber wir müssen alles in der Hand haben." – Anfang Mai 1945, zitiert in: Leonhard, Wolfgang: Die Revolution entläßt ihre Kinder (1955), Leipzig 1990, S. 406 [https://de.wikiquote.org/wiki/Walter_Ulbricht].

Die Euphorie darüber, Akteur im beginnenden Atomzeitalter sein zu können, erfasste eben nicht nur Wissenschaftler, sondern auch, vielleicht sogar insbesondere, Politiker in Ost und West, die in aller Regel nicht wussten, worüber sie sprachen. Zu viele taten es dennoch, worüber sich Barwich auch bei seinem Führungsoffizier beklagte. Bei einem Treff am 19. Juni 1957 drohte er, seinen Posten als Direktor niederzulegen, sollte weiterhin durch Spitzenpolitiker unseriöse Propaganda um das Institut gemacht werden. Im Bericht von Major Heinz Kairies heißt es: „Die Forderung des Informators geht dahinaus, reale Planung für das Zentralinstitut durchzuführen und sollte dies nicht gestattet werden, wird er seine Funktion als Direktor des Zentralinstitutes niederlegen." Zielperson der Attacke war Selbmann, Stellvertretender Vorsitzender des Ministerrats, weil dieser „in der letzten Zeit genügend unkonkrete Dinge auf dem Gebiet der Kernphysik gesprochen" habe.[108]

Am 12. November 1957 besuchten Oberstleutnant Eduard Switala und Oberleutnant Günther Jahn von der Abteilung VI/2 des MfS ihren Inoffiziellen Mitarbeiter Barwich in Rossendorf. Im Verlauf des Gesprächs thematisierten beide auch das angespannte Verhältnis des Direktors zum Parteisekretär des Instituts – nicht als Auftrag, sondern als Ratschlag, wie sie in ihrem Bericht betonten. Barwich führte seine Probleme mit ihm darauf zurück, dass der Parteisekretär Hoffmann „zu jung sei, zu viele taktische Fehler mache und im Übrigen bestehe eine menschliche Abneigung". Die Größe des Instituts rechtfertige keinen hauptamtlichen Sekretär, so dass er dessen Ablösung wünsche.[109]

Dieser Konflikt, man könnte auch vom Machtkampf zwischen Wissenschaft und Ideologie sprechen, eskalierte bei der Vorbereitung einer Konferenz, die sich mit organisatorischen Fragen der wissenschaftlichen Arbeit befassen sollte, und dominierte die Aktivitäten der Parteigruppen des Instituts im Jahre 1958. Alfred Hoffmann hielt eine Konferenz mit allen Wissenschaftlern für unbedingt erforderlich, „und zwar zur Verwirklichung unserer Linie und zur Klärung dieser Fragen". In der Zusammenarbeit der Parteiorganisation mit der Institutsleitung könne man mehrere Perioden unterscheiden, führte er aus. „Früher ging alles gut. Die Situation hat sich von Tag zu Tag mehr zugespitzt, als die Partei Probleme auf die Tagesordnung gesetzt hat, die nicht in Ordnung gehen und deshalb auf der Wissenschaftlerkonferenz behandelt werden sollen. Seit dies bekannt ist, verschlechtert sich das Verhältnis zwischen Partei und Institutsleitung." In diesen Fragen gebe es eine „sehr enge Zusammenarbeit mit dem ZK und führenden Genossen. Wir können nicht mehr zusehen, dass

---
[108] Bundesarchiv, MfS-AIM 2753-67, A-Akte, Bl. 56.
[109] Ebd., Bl. 76–80.

eine Reihe von Missständen geduldet wird."[110] Zu diesen Missständen gehörte nach Auffassung des Parteisekretärs auch die Tatsache, dass der Beschluss noch nicht verwirklicht worden sei, ihn, den Sekretär der Zentralen Parteileitung, in den Wissenschaftlichen Beirat des Instituts zu berufen. Ebenso wenig sei es bisher gelungen, eine klare Perspektive für das Institut zu erarbeiten. Letzteres war ein vor allem an den Direktor gerichteter Vorwurf.[111] Der letzte Satz dieses Manuskripts veranschaulicht die Zielstellung aller Bemühungen des Parteisoldaten Hoffmann. „Vorwärts zur Durchsetzung der führenden Rolle der Partei am Zentralinstitut für Kernphysik."[112]

Die Einsetzung eines hauptamtlichen 1. Sekretärs sei „nicht mehr hinauszuschieben", heißt es allerdings im Rechenschaftsbericht der Abteilungsparteiorganisation (APO) „Physik der Atomkerne". Die Genossen dieser Abteilung beklagten darüber hinaus, dass die Parteileitung „noch nicht in der Lage" war, „allseitig die politische Führung zu übernehmen".[113]

Kritik am Direktor wurde vor allem in der Parteigruppe „Reaktor" geübt. Im Protokoll zum Rechenschaftsbericht steht: „Zur Einschätzung des Institutsleiters müssen wir an dieser Stelle wiederholen: Professor Barwich nahm am Aufbaugeschehen und an den Vorbereitungen für den Betrieb des Reaktors weder leitend noch kontrollierend Anteil. Er pflegte kaum eine persönliche Verbindung mit dem Kollektiv, so dass die gesamte Verantwortung auf dem Kollektiv lastete." Parteisekretär Hoffmann erfährt viel Lob. „Der Gen. Hoffmann hat seit seiner Wahl als 1. Sekretär unserer Zentralen Parteileitung unser volles Vertrauen. Wir schätzen ihn, weil er konsequent die Linie unserer Partei vertritt und er mit Erfolg an der Parteiarbeit an unserem Institut mitwirkt." Allerdings sei zu konstatieren, „dass er bei einigen Kollegen nicht immer den richtigen Ton findet, weil er scheinbar bei allen Kollegen sein Bewusstsein voraussetzt".[114]

Die Parteigruppe „Radiochemie" hingegen sah den Parteisekretär deutlich kritischer, denn er habe „solche Genossen, die sich unter vielen Schwierigkeiten um die Erfüllung ihrer Planaufgaben bemühen, in Mitgliederversammlungen wiederholt als Fachidioten" abgestempelt. Die Radiochemiker gaben der Parteileitung auch eine Mitschuld an der „feindseligen Zuspitzung des Verhältnisses zwischen dem Institutsdirektor Professor Barwich und dem Partei-

---

110 Sächsisches Hauptstaatsarchiv, 11984 SED-GO Zentralinstitut für Kernforschung Rossendorf, IV/7.084. Nr. 1, Entwurf zum Rechenschaftsbericht der Zentralen Parteileitung, S. 4, verfasst vermutlich Anfang 1959.

111 Ebd., S. 45.

112 Ebd.

113 Ebd.

114 Sächsisches Hauptstaatsarchiv, 11984 SED-GO Zentralinstitut für Kernforschung Rossendorf, IV/7.084. Nr. 1, AOP „Reaktor".

V. Wissenschaft zwischen Anspruch und Wirklichkeit 111

sekretär Genossen Hoffmann". Letzterer habe sich nicht darum bemüht, „das Vertrauensverhältnis zwischen Institutsleitung und Parteileitung zu festigen und diese Frage zum Gegenstand einer beharrlichen Überzeugungsarbeit zu machen". Stattdessen habe Hoffmann die Parole ausgegeben: „Durchführung der Wissenschaftlerkonferenz entweder mit oder ohne Institutsleitung." Aber man könne „organisatorische oder inhaltliche Fragen der wissenschaftlichen Arbeit nur in guter Zusammenarbeit mit dem Institutsdirektor lösen, zumal an der Spitze unseres Instituts ein bewährter Wissenschaftler und Antifaschist steht, wie Professor Barwich". Der Fehler von „Parteileitung und der Parteiorganisation besteht darin, dass sie den Genossen Hoffmann nicht rechtzeitig korrigierten, so dass eine Verhärtung des Zwiespaltes eintreten konnte".[115]

Im Rechenschaftsbericht der Parteigruppe „Werkstoffe und Festkörper" vom 24. Januar 1958 beklagen die Genossen, dass die Parteigruppe „keinen Einfluss auf die Personalpolitik im Bereich" habe. Auf Barwich zielend stellen sie kritisch fest, dass „zurzeit noch die große fachliche Linie" fehle. „Von einer Institutsleitung im Sinne einer kollektiven Leitung kann noch nicht gesprochen werden. Das Institut und seine Mitarbeiter sollten jedoch in Zukunft *als Kollektiv* mehr an die Öffentlichkeit treten."[116]

Doch zurück zum Treffen vom 12. November 1957. Barwich erläuterte im Gespräch mit Oberstleutnant Switala und Oberleutnant Jahn seine Sicht auf das Vorgehen des Parteisekretärs. „Warum", so fragt er, „werden zur Ausarbeitung solcher Vorschläge ‚Nieten' herangezogen?" Seine Kritik werde „z.T. durch Genossen RAMBUSCH unterstützt". Er habe den Eindruck, „dass er bevormundet und kontrolliert wird". Die Offiziere des MfS erläuterten ihm „anhand von Beispielen", „dass dieser Machtkampf seinem wissenschaftlichen Ruf schadet und außerdem von Intriganten und Schädlingen künstlich geschürt und ausgenutzt wird".[117]

„Prof. Barwich wurde von den meisten Physikern, zum Beispiel Hertz, Steenbeck, Richter, Mühlenpfordt usw. als genialer Mensch eingeschätzt, der jedoch kaum in der Lage ist, ein Kollektiv zu leiten."[118] Mangelndes Durchsetzungsvermögen attestierte ihm hingegen zunächst niemand. Als einen „besonders krassen Fall" beschreibt Barwich seinen Kampf gegen den Parteisekretär Hoffmann, der zwar kein Physiker war, aber dennoch glaubte, ihn auf dem Gebiet der Kernforschung bevormunden zu können. Barwichs Beschwerde beim Minister für Schwermaschinenbau, Fritz Selbmann, eröffnete einen „langen, harten Kampf", der schließlich zur Ablösung des Parteisekre-

---
[115] Ebd., AOP „Radiochemie", Januar 1958.
[116] Ebd., APO „Werkstoffe und Festkörper". Hervorhebung im Original [Ba.].
[117] Bundesarchiv, MfS-AIM 2753-67, A-Akte, Bl. 76–80.
[118] Ebd., Bl. 147.

tärs Hoffmann führte. Barwich forderte das Mitspracherecht des Direktors bei der Auswahl eines Parteisekretärs und stellte Bedingungen für dessen Kompetenzen. Die Einbeziehung der Partei in Personalangelegenheiten wurde grundsätzlich ausgeschlossen. Fachliche Kritik auf Gebieten, die der Parteisekretär „nicht studiert hat", wurde diesem untersagt, ebenso die Einberufung von Zusammenkünften zu Fragen der wissenschaftlichen Arbeit ohne Beauftragung durch den Institutsdirektor. Auch auf die Einbestellung von Mitarbeitern während der Dienstzeit zum Zwecke der Auskunft über Institutsangelegenheiten habe ein neuer Parteisekretär zu verzichten.[119]

In diesem „besonders krassen Fall" traf das Selbstbewusstsein des erfolgreichen und privilegierten Stalinpreisträgers auf das Selbstverständnis eines nach stalinistischem Vorbild strukturierten und agierenden Repressionsorgans. Barwich versuchte, sich als Sieger darzustellen. Die Sicht der Gegenseite liefert die Stasi-Akte des GI „Hahn". In ihrem Bericht zum Treff vom 12. November 1957 schrieben die beiden MfS-Offiziere auch, dass sie das Gespräch auf Barwichs „Verhalten zum Parteisekretär" lenkten, was diesem sichtlich „ungelegen kam". „Der GI wurde bei diesem Treff erstmalig in politische Diskussionen verwickelt", berichteten sie, „bei denen ein sichtbares Ergebnis zustande kam." Sie zeigten sich optimistisch. „Dieser Versuch der politischen Beeinflussung wurde von ihm anerkannt und als Unterstützung angesehen. Die Fortsetzung in diesem Sinne wird in kurzer Zeit zum Erfolg führen."[120]

Bei einem weiteren Treff in seinem Dienstzimmer forderte Barwich am 10. Januar 1958 erneut die Ablösung des Parteisekretärs. Der „sichtbar niedergeschlagene und enttäuschte" GI informierte die beiden Berliner Stasi-Offiziere Major Herrmann, stellvertretender Leiter der Abteilung VI, und Oberleutnant Jahn, dass er „an den Genossen Selbmann geschrieben hat und ihm die Entscheidung überlässt, in Zukunft weiter als Institutsleiter zu arbeiten oder nicht". Er „beklagte sich mit bitteren Worten", dass man nicht wagen würde, „mit Leuten wie Steenbeck und Thiessen" auf eine solche Weise umzuspringen. Der GI „Hahn", so formulierten die Offiziere in ihrer „Einschätzung", ist „innerlich überzeugt, dass er von den ehemaligen SU-Spezialisten in seiner politisch positiven Einstellung zu unserem Staat an erster Stelle steht".[121]

Barwich zeigte in den Gesprächen mit den Mitarbeitern der Abteilung VI des MfS Verständnis für die Kampagnen von SED und FDJ, „negative Kräfte" aus den Instituten zu entfernen. Er sei der Meinung, „dass dieser Klärungsprozess richtig ist, auf alle Fälle aber Überspitzungen vermieden werden müssen,

---

[119] Barwich/Barwich, Rotes Atom, S. 138f.
[120] BStU, Archiv-Nr. 2753/67, Bd. A, Bl. 76–80.
[121] Ebd., Bl. 81–85.

da unter den Betroffenen eine Reihe guter Mitarbeiter zu finden sind".[122] Anfang Dezember 1957 zeigte Rambusch bei einem Beisammensein Gustav Hertz Brief, den er von Barwich erhalten hatte. Darin teilte Hertz seinem Schüler Barwich mit u. a. mit, künftig „nur parteilose Wissenschaftler" einstellen zu wollen. Hertz sah sich Rambusch gegenüber zu einer Erklärung genötigt: „Wenn ich die Möglichkeit habe, zwischen einem Parteimitglied und einem Parteilosen bei fachlich gleichem Niveau zu wählen, dann nehme ich das Parteimitglied; denn dann habe ich ja viel mehr Ruhe."[123] Welche Art Ruhe er meinte, erläuterte Hertz nicht.

Am 14. Oktober 1959 fand in Berlin eine Aussprache zwischen Barwich und Oberleutnant Jahn statt. Während einer Reise nach China, so heißt es im MfS-Protokoll, habe Barwich „seine Gedanken dem Genossen Matern vorgetragen". Er würde dies gern auch dem Genossen Ulbricht vortragen, um diesen „über die seiner Ansicht nach falsche Politik der Partei" zu unterrichten. Die Partei solle sich, sei Barwich überzeugt, „lediglich um Propaganda kümmern". Unter der Intelligenz herrsche eine „außerordentliche Unzufriedenheit" und Hertz habe ihm für die Übermittlung an Genossen Ulbricht aufgetragen, dass „er nicht hier bliebe, wäre er nur jünger". Die Meinung von Hertz beruhe „auf Verärgerung über die Hochschulpolitik in der DDR".[124]

4. Das Zyklotron wird in Betrieb genommen

In der Ansprache an die Gäste der feierlichen Einweihung des zweiten Großgerätes seines Instituts, Vertreter der zweiten Reihe aus Politik und Wissenschaft, erwies sich Barwich am 1. August 1958 als Meister einer Disziplin, die heute als „political correctness" bezeichnet und keineswegs ausschließlich positiv konnotiert wird. Im Gegensatz zum Forschungsreaktor, einem Instrument von wissenschaftlicher und (wirtschafts-)politischer Bedeutung, wird das Zyklotron, ein Gerät aus der Gruppe der Kreisbeschleuniger, nahezu ausschließlich für Experimente im Bereich der kernphysikalischen Grundlagenforschung eingesetzt. Einleitend betonte der Direktor, dass „die Sowjetunion auf Grund ihrer weit vorausschauenden Planung der Volkswirtschaft von Anfang an der wissenschaftlichen Grundlagenforschung das große Gewicht beigelegt hat, welches ihr beim Aufbau eines sozialistischen Staates zukommt". Im Namen aller Wissenschaftler seines Instituts wolle er „bei dieser Gelegenheit den Dank an die Sowjetregierung" zum Ausdruck bringen.

---

122 Ebd., Bl. 97.
123 BStU, Archiv-Nr. 2753/67, Bd. P, Bl. 82.
124 Ebd., Bl. 135.

„Der Bau des Zyklotrons in unserem Zentralinstitut für Kernphysik", fuhr Barwich fort, „ist ein Beispiel von vielen für die fruchtbare Zusammenarbeit zwischen den Menschen des sozialistischen Lagers. Die gemeinsame Idee, die uns alle beseelt, ist ein ganz wesentlicher Faktor für das Gelingen auch solcher Aufgaben, die auf den ersten Blick nichts mit Politik zu tun zu haben scheinen. In diesem Zusammenhang möchte ich erwähnen, dass die große Initiative, die unsere Werktätigen zu Ehren des V. Parteitages der Sozialistischen Einheitspartei Deutschlands breit entfaltet haben, auch die Mitarbeiter unseres Instituts erfasste. Sie hatten sich verpflichtet, bis zum Termin des V. Parteitages die Inbetriebnahme des Zyklotrons bis zur optimalen Leistung durchzuführen und die Vorbereitungen zur sofortigen Aufnahme der Forschungsarbeiten sicherzustellen. Die ehrenvolle Erfüllung dieser Verpflichtung konnte dem Parteitag gemeldet werden. Ich danke der Parteiorganisation und allen Mitarbeitern, die zu dem guten Gelingen dieses Werkes beigetragen haben."[125]

Abb. 20: Das Rossendorfer Festfrequenzzyklotron U 120.

---

[125] Hauptstaatsarchiv Dresden 11984, SED-GO Zentralinstitut für Kernforschung Rossendorf IV/7.084. Nr. 9.

5. Ein neuer Parteisekretär und die alten Probleme

Ihrem Anspruch, die führende Kraft im Institut zu sein, konnte die Grundorganisation der SED auch unter einem neuen 1. Sekretär nicht gerecht werden. Werner Lässig, der Nachfolger von Alfred Hoffmann, bemühte sich vergeblich darum, von Barwich akzeptiert zu werden. „Die Parteileitung teilt ihre Sorge hinsichtlich der Zusammenarbeit zwischen der Parteileitung und Ihnen, dem Direktor des ZfK", schrieb Lässig in einem Brief vom 13. Oktober 1959. Er sprach damit vor allem die unterschiedlichen Auffassungen „zu den Problemen der Perspektive" an.[126] Das Credo des Neuen klang weniger brachial als dasjenige seines Vorgängers. Lässigs abschließender Satz im Manuskript des Rechenschaftsberichtes für die bevorstehenden Wahlen in den Parteiorganisationen 1960 lautete: „Vorwärts Genossen! Der Sieg des Sozialismus will erkämpft sein."[127]

In einer Aussprache am 22. Oktober 1959 nannte Barwich auch einen außerhalb des Instituts liegenden Grund für sein generell gestörtes Verhältnis zu den gesellschaftlichen Organisationen SED und FDJ. An den Universitäten ärgerten sich die führenden Wissenschaftler, denn dort „würden sich FDJler anmaßen, über Probleme zu sprechen und zu entscheiden, über die die älteren Wissenschaftler nur nach gründlicher Überlegung sprechen und entscheiden würden".[128] Eine Zäsur in der Hochschulpolitik der SED, die auch als zweite Hochschulreform 1951/52 in die Geschichte einging und Marxismus-Leninismus mit den Themenschwerpunkten „Politische Ökonomie" sowie „Dialektischer und Historischer Materialismus" als Pflichtveranstaltung eines sogenannten gesellschaftswissenschaftlichen Grundstudiums festschrieb, begann ihre Wirkung zu entfalten. Allerdings sollte es der SED erst im Verlauf der 1960er Jahre gelingen, sich im Ringen um die politische und ideologische Vorherrschaft endgültig durchzusetzen. Gegen die Ideologisierung der ostdeutschen Hochschulen wehrten sich nicht nur mehrheitlich konservativ geprägte bürgerliche Professoren, sondern auch demokratisch Gesinnte unter den Studenten. Barwich sei, so die Einschätzung eines auf ihn angesetzten Inoffiziellen Mitarbeiters des MfS, „im Grunde seines Wesens Anarchist, gepaart mit ausgeprägtem Kleinbürgertum" als „theoretischer Grundlage seiner Weltanschauung, die sich letztendlich in einer prinzipienlosen Einstellung und an einer stark stimmungsbedingten politischen Haltung äußert".[129] Hier aller-

---

[126] Brief Lässigs an Barwich vom 13.10.1959, Nachlass Hampe.
[127] Hauptstaatsarchiv Dresden 11984, SED-GO Zentralinstitut für Kernforschung Rossendorf IV/7.084. Nr. 3, Rechenschaftsbericht, 16.3.1960, S. 26.
[128] Hauptstaatsarchiv Dresden 11984, SED-GO Zentralinstitut für Kernforschung Rossendorf IV/7.084. Nr. 9, Aktennotiz vom 22.10.1959.
[129] Bundesarchiv, MfS-AOP 10660-67, Bd. 1, Bl. 79.

dings offenbarte er sich als „bürgerlicher Wissenschaftler alter Schule". Offenbleiben muss, ob er „demokratische Kräfte" innerhalb der Studentenschaft wahrgenommen hat.

Im März 1960 stellte Lässig in Vorbereitung auf die Parteiwahlen Folgendes fest: „Es wurde im vergangenen Jahre von Seiten der ZPL wiederholt der Versuch unternommen, auf Prof. Barwich Einfluss zu nehmen mit dem Ziel, in unserem Institut sozialistische Leitungsmethoden anzuwenden. Diese Versuche sind leider bisher gescheitert und wir müssen jetzt nach einem Jahr feststellen, dass Prof. Barwich nach wie vor der Meinung ist, dass er lt. Statut des ZfK einzig und allein verantwortlich für die Leitung des Institutes ist."[130]

Kritik übte Lässig auch an der Leitungstätigkeit des Amtes für Kernforschung und Kerntechnik. „Obwohl Genosse Prof. Rambusch als auch Genosse Bruno Erdmann, der zuständige Mitarbeiter im ZK für unser Institut, aufgefordert wurden, Schritte einzuleiten, um keine weitere Verzögerung im Bau der 8b [ein Laborgebäude, Ba.] zuzulassen, war weder Genosse Rambusch zu solchen Schritten zu bewegen, noch hat sich der Genosse Erdmann dazu geäußert, wie das ZK zu dem Beschluss der 32. ZK-Tagung steht. Ein solches Verhalten widerspricht den Prinzipien des demokratischen Zentralismus."[131]

In der SED-Grundorganisation des ZfK gab es aber auch Wissenschaftler, denen es offenbar schwerfiel, die Dominanz des Mittelmaßes zu akzeptieren. So leitete Lässig ein „Parteiverfahren gegen den Genossen Dr. Hessel" ein. Hans Hessel, Leiter der Arbeitsgruppe „Theorie und neutronenphysikalische Berechnung von Kernreaktoren", hatte erklärt, Barwich müsse der Einladung zu einem Gespräch mit der Institutsparteileitung nicht Folge leisten, „denn in der Leitung sind alles Idioten".[132] Von „diesen Idioten" wollte sich der Institutsdirektor keinesfalls instrumentalisieren lassen.

In einer Aktennotiz vom 20. Mai 1960 hielt der Parteisekretär fest, dass Barwich sich geweigert habe, für die Kreisaktivtagung der FDJ eine Stellungnahme zur Gipfelkonferenz[133] abzugeben. Einige Argumente dieser Verweigerung nahm Lässig in seinen Bericht auf – nicht sonderlich geordnet. Er erwähnte u. a., dass Stalin „einen Freundschaftsvertrag mit Hitler abgeschlossen hätte, obwohl Hitler schon viele Kommunisten erschossen hatte". „Genosse Thälmann selbst" sei auch eingesperrt gewesen. Der Weltfrieden sei für ihn

---

[130] Hauptstaatsarchiv Dresden 11984, SED-GO Zentralinstitut für Kernforschung Rossendorf IV/7.084. Nr. 3, Rechenschaftsbericht, S. 12.

[131] Ebd.

[132] Hauptstaatsarchiv Dresden 11984, SED-GO Zentralinstitut für Kernforschung Rossendorf IV/7.084. Nr. 10.

[133] Gemeint ist vermutlich das Gipfeltreffen von Eisenhower und Chruschtschow am 26./27.9.1959 in Camp David und dessen nicht erfüllten Erwartungen hinsichtlich eines Ost-West-Arrangements.

„das Höchste, da müsse man auch einmal einen Pflock zurückstecken". Barwich erklärte dem Parteisekretär, sich seine eigenen Gedanken zu machen, und betonte, er „sei Antifaschist und werde es bis zum Tode bleiben".[134]

Im Frühjahr 1959 verhandelte Barwich mit Prof. Pose, der für ihn als stellvertretender Institutsdirektor infrage kam und der auch bereit war, an der Fakultät für Kerntechnik der TU Dresden zu arbeiten. In einem Treff am 18. März 1959 erklärte er Oberleutnant Jahn, gegenwärtig kursiere das Gerücht, dass Klaus Fuchs, „ein Physiker, der in England wegen angeblicher Atomspionage für die sowjetische Seite inhaftiert ist, in diesem Jahr zurückkommen soll". Barwich erklärte, nicht abgeneigt zu sein, diesen im ZfK „einzusetzen". Seiner Ansicht nach „sind dessen fachliche Fähigkeiten gegenüber Professor Pose weitaus stärker".[135]

Als aus Gerüchten Realität wurde, wandte sich Barwich im August 1959 Rat suchend an seinen Führungsoffizier und bat um Hinweise, wie er sich Fuchs gegenüber verhalten solle. „Er erläuterte anfangs seine grundsätzliche Bereitschaft, mit Dr. Fuchs zusammenzuarbeiten", schrieb Jahn in seinem Bericht. Allerdings sei Prof. Barwich der Meinung, „dass Reaktor-Physik für Dr. Fuchs nicht in Frage kommt, sondern dass er ähnlich wie Prof. Schintlmeister in der Neutronenphysik eingesetzt werden soll". Barwich fürchte wohl, so vermutete der Führungsoffizier, „in Dr. Fuchs einen entscheidenden Konkurrenten zu finden", denn „Dr. Fuchs arbeitete in seiner letzten Funktion in Harwell auf dem Gebiet der Reaktorphysik". Was die Frage des Stellvertreters betreffe, so spreche vieles dafür, „dass Prof. Barwich die absolute Einzelleitung des Institutes beibehalten möchte". Darüber hinaus wies er darauf hin, dass andere Wissenschaftler den Eindruck hätten, „dass der Einsatz von Dr. Fuchs als stellvertretender Institutsleiter eine diktierte Maßnahme sei".[136] Es ist fraglich, ob Barwich ahnte, welche Folgen die Installierung des aus britischer Haft entlassenen Physikers und Spions Klaus Fuchs nicht nur für die wissenschaftliche Ausrichtung des Instituts, sondern auch für das Selbstverständnis der Institutsparteileitung haben sollte.

6. Klaus Fuchs – Topspion und wissenschaftliches Schwergewicht

Am 1. Oktober 1959 wurde Klaus Fuchs als Stellvertretender Direktor eingestellt. Der vom Glauben an kommunistische Ideale beseelte Sohn des in Kiel und später in Leipzig lehrenden Theologieprofessors Otto Emil Fuchs hatte den Sowjets die notwendigen Unterlagen für den Eins-zu-Eins-Nachbau

---

[134] Hauptstaatsarchiv Dresden 11984, SED-GO Zentralinstitut für Kernforschung Rossendorf IV/7.084. Nr. 9.
[135] Bundesarchiv, MfS-AIM 2753-67, A-Akte, Bl. 109.
[136] Ebd., Bl. 145–148.

des amerikanischen Prototyps einer Plutoniumbombe geliefert. Fuchs war bereits im September 1933 nach England emigriert. Nach einer kurzen Tätigkeit im britischen Atomprojekt mit dem Tarnnamen „Tube alloys" gelangte er nach Los Alamos, dem Hauptsitz des amerikanischen Manhattan-Projekts. Zum „gefährlichsten Verräter unserer Zeit", wie die „Neue Illustrierte" ihn schon 1952 bezeichnete, wurde er aufgrund seiner Überzeugung, dass die USA und Großbritannien der UdSSR, ihrem Verbündeten im Kampf gegen Hitler, das Know-how einer Atombombe nicht vorenthalten dürften. Als sowjetischer Spion trug Klaus Fuchs maßgeblich zum „nuklearen Patt" bei, das als Gleichgewicht des Schreckens in den Jahrzehnten des Kalten Krieges eine Rüstungsspirale gigantischen Ausmaßes in Gang hielt. Mit der Weitergabe von Expertenwissen und Konstruktionsunterlagen aus dem Manhattan-Projekt an die Sowjetunion hatte Fuchs „die verheerendste Bresche in die Sicherheit" eines ausgeklügelten Systems geschlagen, schrieb dessen Leiter Leslie Groves in seinen Memoiren.[137]

Darüber hinaus gilt der glänzende Physiker auch als „Stammvater der britischen, der sowjetischen und der amerikanischen Wasserstoffbombe", wie der Wissenschaftshistoriker Gennady Gorelik feststellte. „Wenn E. Teller als der Vater der amerikanischen und A. S. Sacharow als der Vater der sowjetischen Wasserstoffbombe anzusehen sind, dann ist Klaus Fuchs der Stammvater aller drei, der britischen, der sowjetischen und der amerikanischen Wasserstoffbombe", lautet das komplette Zitat.[138] Der „Vater der sowjetischen Wasserstoffbombe", Dissident und Friedensnobelpreisträger Andrej Sacharow, hielt die von Fuchs bis 1946 gelieferten Informationen über die in Los Alamos stattfindenden Arbeiten an der thermonuklearen Bombe jedoch für „eher desinformierend als von praktischem Nutzen, da die frühen Ideen sich als undurchführbar erwiesen".[139]

In den einleitenden Bemerkungen zu seiner Analyse der 20 wissenschaftlichen Arbeiten, die Klaus Fuchs in der Zeit seiner englischen Emigration verfasste, „in die er von den Nazis getrieben worden war", zitiert Manfred Bonitz den Physiker Nevill Mott, „bei dem Klaus Fuchs vier Jahre lang in Bristol arbeitete und bei dem er auch promovierte". Dieser erinnert sich, dass Fuchs „ein sehr fähiger theoretischer Physiker war, was seine damals veröffentlichten wundervollen Arbeiten beweisen, auf die man sich heute noch beruft. Hätte es keinen Krieg gegeben und wäre er in England geblieben, wäre er

---

[137] Groves, Leslie R.: Jetzt darf ich sprechen. Die Geschichte der ersten Atombombe, Köln/Berlin 1965, S. 145.

[138] Fuchs-Kittowski, Klaus: Der humanistische Auftrag der Wissenschaft – Unabdingbar für Klaus Fuchs, in: Flach, Günter/Fuchs-Kittowski, Klaus: Ethik in der Wissenschaft, S. 85.

[139] Sacharow, Andrej: Mein Leben, München 1992, S. 119.

bestimmt mit 40 Jahren Professor an einer britischen Universität geworden. Ich konnte natürlich nicht voraussagen, ob er einen Nobelpreis bekommen würde oder ob er Fellow der Royal Society geworden wäre. Aber für einen Mann solchen Kalibers habe ich eine große Karriere in der Physik vorausgesehen."[140]

Der Kommentar von Bonitz soll dem folgenden Diagramm vorangestellt werden: „Die alles überragende Arbeit ist (4), ‚The Conductivity of Thin Metallic Films According to the Electron Theory of Metals', erschienen in Proc. Cambr. Phil. Soc. 34 (1938), S. 100–108. Sie erlangte 1272 Zitierungen." Anfänglich nahezu unbemerkt, „erlebt diese Arbeit in den 60er Jahren einen steilen Anstieg der Beachtung, die bis in unsere Tage fast unvermindert anhält. Von den übrigen Arbeiten der Gruppe zeigen (1), (2) und (3) [der folgenden Grafik, Ba.] einen ‚normalen' Verlauf, d.h. nach Durchschreiten eines Maximums gehen die Zitierungen zurück. Den Arbeiten (5) und (6) ist keine herausragende Bedeutung beizumessen."[141]

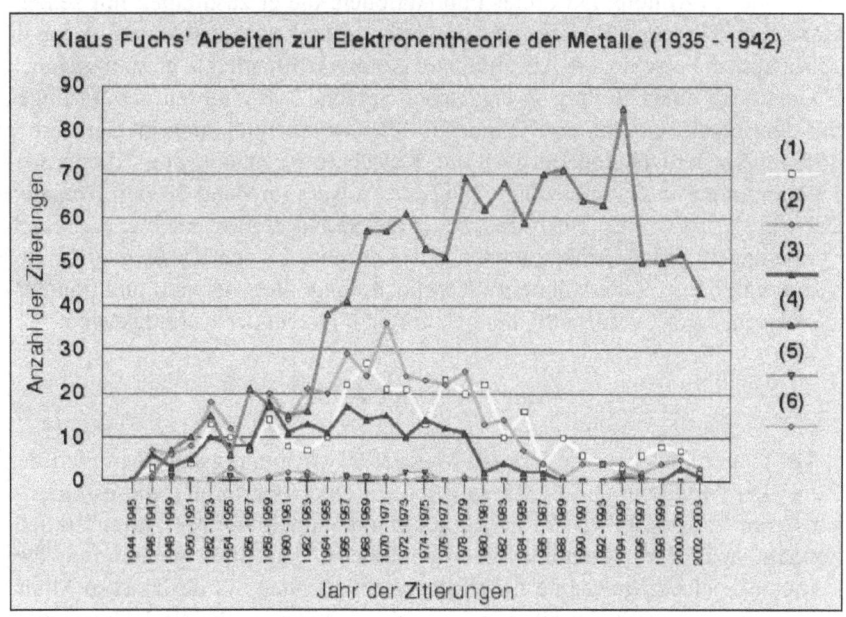

Abb. 21: Rezeption der Publikationen von Klaus Fuchs
zur Elektronentheorie der Metalle.

---

[140] Bonitz, Manfred: Klaus Fuchs – ein hervorragender theoretischer Physiker in der englischen Emigration, in: Flach, Günter/Fuchs-Kittowski, Klaus: Ethik in der Wissenschaft, S. 23.
[141] Ebd., S. 25.

Fuchs publizierte aber nicht nur zur Elektronentheorie der Metalle, sondern auch sechs Aufsätze zur statistischen Mechanik (1938–1943), sechs Aufsätze zur Relativitäts- und Quantenfeldtheorie (1938–1940) sowie zwei zur Theorie des Atomkerns (1939–1940), insgesamt also 20 originäre Arbeiten.[142]

Was hatte Barwich dem entgegenzusetzen? Sein zu den Stasi-Akten gehörendes Verzeichnis der Veröffentlichungen weist bis zu seiner Rückkehr aus der Sowjetunion streng genommen nur zwei originäre Aufsätze aus. Bei der 1936 in der „Zeitschrift für Physik" erschienenen Veröffentlichung „Trennung von Gasgemischen in strömendem Quecksilberdampf" handelte es sich um seine Dissertation. Die Arbeit „Die Anreicherung der leichten Argonisotope durch Diffusion" wurde 1936 in der Zeitschrift „Die Naturwissenschaften" und 1937 in der „Zeitschrift für Physik" veröffentlicht.

Im Zeitraum zwischen seiner Rückkehr nach Deutschland und der Ernennung von Fuchs zu seinem Stellvertreter erschienen sechs Publikationen, die ihn als Autor bzw. Koautor auswiesen. Die Isotopentrennung mittels Kaskaden stand im Mittelpunkt dreier Publikationen, die er zusammen mit seinem russischen Kollegen R. Kutscherow verfasste und von denen zwei in russischer Sprache erschienen. Als alleiniger Autor veröffentlichte er zum gleichen Thema auch einen Beitrag in englischer Sprache. Als Autoren des Vortrages auf dem bereits erwähnten Symposium über Isotopentrennung im September 1957 in Amsterdam sind Barwich und Kutscherow genannt. Zum Thema Isotopentrennungskaskade erschien 1957 ein Aufsatz im Band 20 der „Annalen der Physik". Für das 1957 im Akademie-Verlag Berlin erschienene Buch „Grundlagen und Arbeitsmethoden der Kernphysik" schrieb er das Kapitel „Kernreaktoren". Zu erwähnen wären noch einige Rezensionen und populärwissenschaftliche Veröffentlichungen auf dem Gebiet der Kernreaktoren.[143]

Klaus Fuchs und die SED

Dr. Klaus Fuchs wurde am 19. März 1960 einstimmig zum Mitglied der Zentralen Parteileitung des ZfK gewählt. In einer Beurteilung dieses Gremiums vom 21. Dezember 1960 wird allerdings nicht allein das Parteimitglied, sondern auch der Ausnahmewissenschaftler in den Blick genommen. Der Genosse Fuchs zeige „seine tiefe Parteiverbundenheit" in der aktiven Mitarbeit in der Zentralen Parteileitung, wo er „sich immer für die Klärung aller Fragen einsetzt". Auch in der Abteilungsparteiorganisation „nimmt er seine Pflichten als Mitglied der Partei sehr ernst". Als „hervorstechendes Charaktermerkmal" hebt Parteisekretär Lässig „seine ungewöhnliche Bescheidenheit in

---

[142] Ebd., S. 23–25.
[143] Bundesarchiv, MfS-AOP 10660-67, Bd. 5, Bl. 27f.

V. Wissenschaft zwischen Anspruch und Wirklichkeit 121

Abb. 22: Klaus Fuchs, Stellvertretender Direktor des ZfK.

allen persönlichen Fragen" hervor. Allerdings, so merkt er an, schenke Genosse Fuchs „oft noch zu viel Vertrauen solchen Menschen, bei denen manchmal eine kritischere Einstellung angebracht wäre".

Fuchs sei „mit Leib und Seele Wissenschaftler", der „außergewöhnliche Fähigkeiten" in der theoretischen Physik besitze, „besonders auf solchen Gebieten, die mit mathematischen Problemen im Zusammenhang stehen", glaubt der Parteisekretär eines physikalischen Instituts betonen zu müssen. „Die wissenschaftliche Forschungsarbeit", so formuliert er mit Blick auf das große Ganze und Schwächen in der deutschen Sprache, sei für Fuchs „kein Selbstzweck, sondern er sieht sie in der Nutzbarmachung für die Gesellschaft".

Für Fuchs' weitere Karriere scheint der letzte Satz dieser Beurteilung von Bedeutung zu sein, in dem Lässig ihm attestiert, „zu administrativ-organisatorischen Aufgaben größeren Umfangs" keine besondere Neigung zu zeigen.[144]

Günter Flach, dritter und letzter Direktor des ZfK Rossendorf, hebt besonders hervor, dass der Wissenschaftler und Lehrer Fuchs „die Grundlagen für das Entstehen einer Kerntheoriegruppe geschaffen" habe, „die in den Folgejahren hohes internationales Ansehen erlangte und sowohl das internationale

---

[144] Hauptstaatsarchiv Dresden 11984, SED-GO Zentralinstitut für Kernforschung Rossendorf IV/7.084. Nr. 9.

Niveau auf diesem Gebiet mitbestimmte als auch viele angesehene Hochschullehrer und Spitzenwissenschaftler für die Industrie hervorbrachte".[145]

Für Eberhard Panitz, den 2021 verstorbenen Schriftsteller, Drehbuchautor, Lektor und Publizisten, war Klaus Fuchs „kein Abenteurer, kein Hasardeur und kein Spion, der aus der Kälte kam und zu eisigen Entschlüssen neigte. Ein kühler Rechner war er im Kreise der Wissenschaftler, die sich die theoretische und praktische Entwicklung der Uranbombe, speziell die Berechnung ihrer kritischen Masse und Zündung, zum Ziel gesetzt hatten. Es war ihm klar, dass er damit entscheidend beteiligt war, eine Waffe von apokalyptischer Zerstörungskraft zu schaffen."[146]

Tragik eines Helden mit edlen Motiven

Bis zu seinem Tod wartete der Spion mit dem edlen Herzen vergeblich auf die öffentliche Anerkennung durch das Land, dem er die Atombombe schenkte. Dort standen sich Wissenschaftler und Geheimdienstoffiziere mit ihren jeweils eigenen Ansprüchen gegenüber, dem Vaterland in besonderer Weise gedient zu haben. Die Wissenschaftler fürchteten, eingestehen zu müssen, dass es keiner originären Leistungen bedurfte, sondern es lediglich galt, durch andere bereits Erdachtes an einem neuen Ort zu materialisieren. Die Mitarbeiter des Geheimdienstes mussten sich über Jahrzehnte zurückhalten, bevor sie sich damit brüsten konnten, einen überaus erfolgreichen Topspion geführt und dadurch die Voraussetzungen für die schnelle Herstellung des atomaren Patts geschaffen zu haben. Eine Leistung, für die zahlreiche Wissenschaftler und Ingenieure ihre hohen staatlichen Auszeichnungen erhielten. In einem 1988 erschienenen Sammelband mit dem Titel „Erinnerungen an Igor Wasiljewitsch Kurtschatow" erwähnt keiner der 58 prominenten Insider auch nur einen der im Projekt „Atomnaja Bomba" tätigen Deutschen.[147] 2005 erschien in Moskau ein Buch, dessen Titel „Geheimprojekt ‚deutsches Tanjalein'" nicht einmal ahnen ließ, dass der Autor den Blick seiner Leser auf die Mitwirkung deutscher Wissenschaftler und Spezialisten bei der Entwicklung der ersten sowjetischen Atombombe lenken wollte.[148]

---

[145] Flach, Günter: Klaus Fuchs nach seiner Heimkehr – Fortschritte in der Kernforschung – die friedliche Nutzung der Kernenergie und die Abrüstung, in: Flach, Günter/ Fuchs-Kittowski, Klaus: Ethik in der Wissenschaft, S. 46.

[146] Panitz, Eberhard: Treffpunkt Banbury oder Wie die Atombombe zu den Russen kam. Klaus Fuchs, Ruth Werner und der größte Spionagefall der Geschichte, Berlin 2003, S. 139.

[147] Vgl. Aleksandrow, A. P.: Wospominanja ob Igorje Wasiljewitsche Kurtschatowje, Moskau 1988.

[148] Starowerow, Wasilij: Sekretnyi projekt „Nemezkaja Tanetschka", Moskau 2005.

In seinem 2007 erschienenen Buch „NKWD-MWD und das Atom" kommt der promovierte Historiker im Range eines Generalmajors Wladimir Filippowitsch Nekrasow auch auf die Tragik im Leben von Klaus Fuchs zu sprechen. Noch 1964, so schreibt er, lehnte der damalige Vorsitzende der Akademie der Wissenschaften der Sowjetunion, der Mathematiker Mystislaw Wsewolodowitsch Keldysch, es ab, Klaus Fuchs zum auswärtigen Mitglied der Akademie und seine Rolle bei Stalins Jagd nach der Atombombe öffentlich zu machen. Seine Reaktion war, wie Nekrasow schreibt, „etwas seltsam". „Es ist nicht ratsam, dies zu tun", meinte Keldysch, denn „diese Tatsache schmälert die Verdienste der sowjetischen Wissenschaftler bei der Entwicklung von Atomwaffen".

Am 8. Dezember 1992 gab Akademiemitglied Chariton in der Zeitung „Iswestja" erstmals öffentlich bekannt, dass die erste sowjetische Atombombe aufgrund der von Klaus Fuchs erhaltenen detaillierten Informationen nach amerikanischem Vorbild gebaut worden sei. Das gesamte sowjetische Volk sollte ihm deshalb zutiefst dankbar sein. Allerdings, so Nekrasow, „schwiegen auch im neuen Russland die offiziellen Behörden dazu".

Mit Alexander Semjonowitsch Feklisow[149], einem der „letzten Überlebenden einer glorreichen Pfadfinder-Kohorte", setzte sich ein ehemaliger Mitarbeiter des Geheimdienstes unermüdlich für die Anerkennung und die Herstellung von Gerechtigkeit für Klaus Fuchs ein, hebt Nekrasow hervor und zitiert in diesem Zusammenhang das Akademiemitglied E. P. Welichow: „Der erste Mensch, ein Wissenschaftler, der die richtige Entscheidung traf, war Klaus Fuchs. Jener Physiker, der alle Geheimnisse der Herstellung amerikanischer Atomwaffen an die Sowjetunion weitergegeben hat. Er hat das nicht getan, weil er Stalin liebte, sondern weil er es für nicht akzeptabel hielt, ein Monopol auf diese schreckliche Waffe zu haben."[150]

7. Die Institutsparteileitung sägt am Stuhl des Direktors

Nach der im November 1960 erfolgten Wahl Barwichs zum Vizedirektor des Vereinigten Institutes für Kernphysik Dubna mit einer Amtszeit vom 2. Mai 1961 bis 1964 aktivierte die Institutsparteileitung ihre Bemühungen, Barwich als Direktor abzulösen. In einem Schreiben an die Abteilung „Metallurgie und Maschinenbau" des ZK der SED vom 27. März 1961, adressiert an den Genossen Bruno Erdmann, wies die zentrale Parteileitung des ZfK darauf hin, dass es höchste Zeit sei „zu entscheiden, wer nach dem Ausscheiden

---

[149] Oberst Alexander Semjonowitsch Feklisow diente von 1939 bis 1974 im Geheimdienst. 1946 begann in England seine Zusammenarbeit mit Klaus Fuchs.
[150] Vgl. Nekrasow, NKWD-MWD i Atom, S. 62 f.

Prof. Barwichs die Leitung des ZfK übernehmen soll. Prof. Barwich hat offensichtlich die Vorstellung, dass er weiterhin Institutsdirektor bleibt und während seiner Abwesenheit die Geschäfte des Direktors von Professor Schwabe übernommen werden." Es wurde festgestellt, dass „einige generelle Veränderungen in der Struktur der Leitung des ZfK durchgeführt werden sollten. Die wichtigste dieser Veränderungen wäre die, die Leitung des ZfK einem wissenschaftlich ausgebildeten Physiker oder Dipl.-Ingenieur mit Industrieerfahrung zu übertragen. [...] Wir sind der Meinung, Wissenschaftler sollen sich unmittelbar der wissenschaftlichen Arbeit zuwenden und weitgehend von wissenschaftlich-organisatorischen und administrativen Aufgaben entlastet werden."

„Die eigentliche wissenschaftliche Arbeit muss im ZfK in den 6 wissenschaftlichen Bereichen durchgeführt werden, die zurzeit von Prof. Schwabe, Prof. Alexander als Nachfolger des Prof. Barwich, Prof. Schintlmeister, Dr. Fuchs, Dr. Thümmler, Dr. Faulstich geleitet werden." Weiter schreibt Lässig: „Noch eine Frage wird im ZfK diskutiert. Was soll mit Prof. Barwich geschehen, wenn er aus der Sowjetunion zurückkehrt? [...] Als Direktor des ZfK sollte er nach den jetzt vorliegenden Erfahrungen nicht wieder berufen werden. [...] Abschließend muss noch davor gewarnt werden, Dr. Fuchs die Leitung des ZFK zu übertragen, ohne dass die Besetzung des Direktors geklärt ist. Das wäre weder für Dr. Fuchs noch für das Institut gut." Zum Schluss heißt es: „Ein solcher Vorschlag findet sowohl die Zustimmung der parteilosen Bereichsleiter als auch verantwortlicher Genossen, wie zum Beispiel Dr. Fuchs, Prof. Alexander, Gen. Werner, Dr. Münze, Dr. Hauser und anderer."[151]

Zum Thema „eigentliche wissenschaftliche Arbeit" sollte an dieser Stelle der Beginn der Isotopenproduktion im Fachbereich „Radiochemie" mit der Auslieferung des ersten radioaktiven Präparats, Äthylbromid, am 6. November 1958 erwähnt werden.[152] „Für die Rossendorfer Isotopenproduktion war der Reaktor das Instrument der Wahl, um die vielen interessanten und gewünschten Radionuklide zu erzeugen", erinnert sich Karl Jantsch. Anfangs standen wissenschaftliche und technische Anwendungen kurzlebiger radioaktiver Isotope im Vordergrund, da „kurzlebige Isotope aus der Sowjetunion natürlich auf diesem Wege nicht beschaffbar" waren.[153]

---

[151] Hauptstaatsarchiv Dresden 11984, SED-GO Zentralinstitut für Kernforschung Rossendorf IV/7.084. Nr. 9.

[152] Die Geschichte des Forschungsstandortes Dresden-Rossendorf, https://www.hzdr.de/db/Cms?pOid=26670&pNid=1826&pLang=de.

[153] Jantsch, K.: Herstellung radioaktiver Präparate im ZfK Rossendorf, in: Verein für Verfahrenstechnik und Analytik Rossendorf e.V., 40 Jahre Rossendorfer Forschungsreaktor RFR 1957–1997, Rossendorf 1997.

Um die Jahreswende 1958/59 begannen auch erste experimentelle Arbeiten zu reaktorphysikalischen Fragen. Die kleine Arbeitsgruppe leitete zunächst Barwich, dem man fünf Jahre später vorwerfen sollte, als Direktor nicht mehr mit originären wissenschaftlichen Publikationen hervorgetreten zu sein. Denn bald übernahm Peter Liewers die Leitung der Abteilung „Reaktorphysik".[154] Als Steenbeck und Hertz darüber nachdachten, Barwich für die Wahl in die Deutsche Akademie der Wissenschaften vorzuschlagen, mussten sie zur Kenntnis nehmen, „dass Barwich kein Material zur Veröffentlichung hatte". Sie forderten ihn auf, durch „mehr Veröffentlichungen in Erscheinung zu treten".[155]

Die Reaktorkonferenz 1960

Ein Höhepunkt im wissenschaftlichen Leben des jungen Forschungsinstituts war die Reaktor-Tagung vom 13. bis 18. Juni 1960 in Rossendorf. Als erster Mitgliedstaat des Vereinigten Instituts für Kernforschung in Dubna eine wissenschaftliche Konferenz außerhalb der UdSSR ausrichten zu dürfen, sei für die Deutsche Demokratische Republik „eine große Ehre" gewesen, betonte Prof. Rambusch, der Leiter des Amtes für Kernforschung und Kerntechnik. Er wünschte Barwich weitere Erfolge bei der „Verbesserung der Zusammenarbeit der sozialistischen Länder bei der friedlichen Nutzung der Atomenergie".[156]

In dem von Barwich geleiteten Präsidium, dem auch Fuchs angehörte, war nur noch die UdSSR durch Sergej Petrowitsch Djakow vom VIK Dubna und German Arsenjewitsch Gontscharow zwei Mal vertreten. Je ein Mitglied vertrat die weiteren Teilnehmerländer China, ČSR, Polen, Ungarn, Bulgarien, Rumänien und Korea.

Eine herausgehobene Rolle spielten auf dieser Konferenz die Leiter der Bereiche „Reaktortechnik und Neutronenphysik", „Werkstoffe und Festkörper" sowie „Theoretische Physik" und die Sekretäre der einzelnen Sektionen. Namentlich nannte Feldmann als Sekretär des Präsidiums Frau Dr. Hauser, Herrn Adam, Herrn Liewers, Herrn Steinkopff und Herrn Barz.[157]

---

154 Collatz, Siegwart/Falkenberg, Dietrich/Liewers, Peter: Forschungs- und Entwicklungsarbeiten des ZfK Rossendorf zur Kernenergienutzung, in: Liewers u. a., Geschichte der Kernenergie, S. 422.
155 Bundesarchiv, MfS-AOP 10660-67, Bd. 1, Bl. 231.
156 Brief Rambusch an Barwich vom 29.6.1960, Nachlass Hampe.
157 Brief Feldmann vom 8.7.1960, Nachlass Hampe.

126 D. Privilegierter Wissenschaftler in der DDR: 1955–1964

Abb. 23: Fuchs, auf der ersten Stufe 1. v. l.,
und Barwich (6. v. l.) kamen einander nie zu nahe.

8. Barwich zum fünfjährigen Jubiläum des ZfK am 6. Januar 1961

„Der Aufbau unseres Institutes ist", wie der Direktor einleitend betonte, „gleichsam ein Spiegelbild des Aufbaues unserer Republik." In den zurückliegenden fünf Jahren hat sich, fuhr Barwich fort, „nicht nur unsere wirtschaftliche Stärke", sondern auch „unsere politische Macht" weiter gefestigt. Im Stile eines Parteifunktionärs fiel Barwich dann über die Bundesrepublik her. „Unser Staat der Arbeiter und Bauern ist heute angesichts der forcierten westdeutschen Aufrüstung alleiniger Vertreter der friedliebenden deutschen Nation. Immer wieder versuchen die deutschen Militaristen, ihre Bundeswehr mit atomaren Waffen auszustatten. Für sie liegt die Perspektive der gewaltigen atomaren Energie in Krieg und Zerstörung. Skrupellos wie ihre amerikanischen Partner wären sie auch immer bereit, diese vernichtende Waffe gegen die Menschheit einzusetzen. Gerade hier in der Zielsetzung für die Ausnutzung der atomaren Kräfte zeigt sich der krasse Gegensatz in der Politik unserer Arbeiter- und Bauernmacht und den herrschenden klerikal-faschistischen Kreisen in Westdeutschland." Die DDR hingegen treibe nach Erlangung „ihrer vollen Souveränität" im Jahre 1955 „gleichberechtigt neben anderen Staaten und mit anderen Staaten die Forschung auf kernphysikalischem Gebiet voran", um „der Menschheit die gewaltigen Energien der Atomkerne für friedliche Zwecke nutzbar zu machen". Barwich erinnerte daran, dass der Ministerrat, nach dem Abschluss eines Abkommens mit der Sowjetunion über entsprechende Hilfeleistungen, am 10. November 1955 den grundlegenden Beschluss zur Entwicklung der Kernforschung in der DDR gefasst habe. Nach dieser politischen Einordnung des Ereignisses, das es zu feiern galt, fokussierte er den Blick auf das Eigentliche.

Mit der Inbetriebnahme des Forschungsreaktors am 16. Dezember 1957 stand den Wissenschaftlern und Ingenieuren „erstmalig in Deutschland", wie er betonte, ein Großgerät zur Verfügung, mit dessen Hilfe man in der Lage sei, „den mehr als 10-jährigen Rückstand, den Deutschland durch den faschistischen Raubkrieg auf dem Gebiet der Kernphysik und Kerntechnik in Kauf nehmen musste, in möglichst kurzer Zeit aufzuholen". Dem ersten Großgerät folgte mit dem 25-MeV-Zyklotron ein zweites, das am 1. August 1958 „feierlich übergeben" worden war. Das Jahr 1958, so der Direktor, „kann als das Jahr des Beginns der regulären Tätigkeit des ZfK angesehen werden".

Die Forschungsbereiche „Radiochemie" und „Werkstoffe und Festkörper" sowie die Bildung eines Bereichs „Theoretische Physik" und der Bau eines Gebäudes für die Bibliothek mit Lesesaal und einem Hörsaal mit 170 Plätzen waren weitere Meilensteine auf dem Weg zu einem Forschungsstandort von internationalem Gewicht. Die Mitarbeiterzahl sei auf 900 gestiegen, von denen 156 Wissenschaftler mit Hochschulabschluss seien. Die nachfolgenden quantitativen Angaben wurden seinem Manuskript entnommen.

Tabelle 8
Personelle Entwicklung des ZfK in den ersten fünf Jahren

Jahr	Mitarbeiter	Wissenschaftler	Veröffentlichungen
1956	21	8	5
1957	191	32	11
1958	314	57	28
1959	508	96	32
1960	721	122	keine Angaben
1961	900	156	keine Angaben

„Das Zentralinstitut für Kernphysik ist zu einer wirklichen zentralen Forschungsstelle für die Kernforschung und Kerntechnik geworden", stellte der Direktor abschließend fest und hob hervor, dass eine große Anzahl von Mitarbeitern „bei der Planung des ersten Atomkraftwerkes unserer Republik" beteiligt waren. Er beendete seine Ansprache mit dem Bekenntnis: „Wir wollen mithelfen an einer glücklichen Zukunft und einem dauerhaften Frieden!"[158]

Ergänzend seien Insider zitiert, die feststellten, dass dieses Institut „als vielseitige Forschungseinrichtung für ein breites Spektrum von Aufgaben auf dem Gebiet der Kernforschung und Kerntechnik konzipiert" worden war. „Um die beiden aus der UdSSR bezogenen kerntechnischen Großgeräte, den Rossendorfer Forschungsreaktor RFR und das Festfrequenzzyklotron U 120, gruppierten sich 1960 die sechs Bereiche ‚Atomkernphysik', ‚Radiochemie', ‚Reaktortechnik und Neutronenphysik', ‚Werkstoffe und Festkörper', ‚Theoretische Physik' und ‚Technik' mit zusammen etwa 540 Mitarbeitern, davon zirka 150 Mitarbeiter mit Hochschulausbildung. ‚Technik' war mit knapp 150 Mitarbeitern der größte, ‚Theoretische Physik' mit 22 Mitarbeitern der kleinste Bereich. Die Personalstärke der anderen Bereiche lag jeweils zwischen 70 und 110 Mitarbeitern."[159]

Barwich hatte in seiner Rede zum fünfjährigen Bestehen des Instituts darauf verzichtet, die Namen leitender Mitarbeiter der Aufbauphase und deren Forschungsschwerpunkte zu nennen. Dies sei im Folgenden nachgeholt. Im Bereich „Reaktortechnik und Neutronenphysik" begannen unter Leitung von Karl Schwarz 1959 experimentelle Untersuchungen zum Wärmeübergang und zu den Strömungsverhältnissen an künstlich beheizten simulierten Brennstäben in nicht nuklearen Versuchsständen.[160]

Bereits 1957 wurde der Bereich „Werkstoffe und Festkörper" gegründet. Leiter des Bereichs war Fritz Thümmler, ein Werkstoffwissenschaftler und Fachmann für Pulvermetallurgie, der 1961 die DDR verließ. In dem 1959 in Betrieb genommenen Laborgebäude wurden Forschungen auf dem Gebiet der Reaktorwerkstoffe und Kernbrennstoffe sowie über die Wirkung von Neutronenstrahlung auf Festkörper durchgeführt.[161]

Unter der Leitung von Dieter Naumann startete im Oktober 1957 im Bereich „Radiochemie" die Abteilung „Aufbereitung von Kernbrennstoffen"

---

[158] Vortrag Barwichs zum fünfjährigen Jubiläum des ZfK am 6. Januar 1961, Nachlass Hampe.
[159] Collatz, Siegwart/Falkenberg, Dietrich/Liewers, Peter: Forschungs- und Entwicklungsarbeiten des ZfK Rossendorf zur Kernenergienutzung, in: Liewers u. a., Geschichte der Kernenergie, S. 412.
[160] Vgl. ebd., S. 423.
[161] Vgl. ebd., S. 425.

V. Wissenschaft zwischen Anspruch und Wirklichkeit   129

Laboruntersuchungen zur Kernbrennstoffaufarbeitung und zur Behandlung radioaktiver Abfalllösungen.[162]

Noch unter der persönlichen Leitung von Barwich konzentrierte sich das Institut darauf, einen sogenannten Nullreaktor zu entwickeln und zu bauen, den Rossendorfer Ringzonenreaktor RRR. Vorbild für diesen Reaktor war der amerikanische Argonautreaktor.[163] Im Juli 1960 wurde ein Skizzenentwurf für diesen Reaktor fertiggestellt. Etwa zweieinhalb Jahre später, am

Abb. 24: Der Nullreaktor mit dem Steuerpult im Hintergrund.

---

[162] Vgl. ebd., S. 428.
[163] Der Argonautreaktor ist ein kleiner Forschungsreaktor, dessen Aufbau es ermöglicht, Kernreaktortheorie und Kernphysik zu lehren sowie technische Laborexperimente durchzuführen.

16. Dezember 1962, wurde der Nullreaktor erstmals kritisch. Siegfried Menzel hatte in der Zwischenzeit die Leitung der Arbeitsgemeinschaft zur Realisierung dieses Projekts übernommen. Barwich lebte zu dieser Zeit bereits als Vizedirektor des Vereinigten Instituts für Kernforschung in Dubna. „Wir freuen uns, dass sich Herr Prof. Barwich dieses Null-Reaktors mit großer Tatkraft angenommen hat", hatte ihm der Parteisekretär schon im März 1960 attestiert.[164]

Der Reaktor wurde für reaktorphysikalische Untersuchungen zum Rheinsberger Druckwasserreaktor, für Grundlagenarbeiten zur Erweiterung und Verfeinerung von Untersuchungs- und Messmethoden sowie für experimentelle Grundlagenarbeiten zur Physik des Schnellen Brutreaktors eingesetzt.[165]

9. „Eindrücke über Fortschritte und Rückschritte im ZfK 1962"

Im fernen, aber durchaus idyllischen Dubna verfasste Barwich im Januar 1963 eine Analyse mit dem Titel „Eindrücke über Fortschritte und Rückschritte im ZfK 1962". Während er zwei Jahre früher, in seiner Ansprache anlässlich des fünfjährigen Bestehens seines Instituts, im politischen Teil ein lehrbuchreifes Beispiel opportunistischen Verhaltens in der SED-Diktatur darbot, weist er in dieser Analyse auf systemische Defizite hin, ohne diese allerdings expressis verbis als solche zu benennen. Wegen der Bedeutung dieser „Denkschrift" für das Verständnis der Persönlichkeit sowie Barwichs späteren Handelns seien an dieser Stelle sehr lange Passagen ungekürzt wiedergegeben und nur sparsam kommentiert.

Barwich beginnt mit einer realistischen Beschreibung des „Ist-Zustandes" seines Instituts.

„Ohne Übertreibung kann konstatiert werden, dass auf verschiedenen Gebieten sehr gute Fortschritte erzielt worden sind. Hierzu gehören in erster Linie die Ergebnisse der rein kernphysikalischen Gruppen in den Bereichen Physik der Atomkerne und Neutronenphysik. Sie sind ihrer Natur nach als rein wissenschaftliche Erkenntnisse bescheiden und erheben keinen Anspruch auf laute öffentliche Propaganda. Aber sie zeugen von der wissenschaftlichen Reife der jungen wissenschaftlichen Kollektive, über deren zukünftigen Wert keine Diskussion notwendig ist. Daneben kann auch nicht übersehen werden, dass die rein methodischen Ergebnisse früher oder später von volkswirtschaftlichem Nutzen sein werden, so die Technik der Halbleiterdetektoren, die Nanosekundentechnik oder die Automatisation von experimentellen Anordnungen am Reaktor etc. Unabhängig davon sind auch

---

[164] Hauptstaatsarchiv Dresden 11984, SED-GO Zentralinstitut für Kernforschung Rossendorf IV/7.084. Nr. 3, Rechenschaftsbericht, S. 5.
[165] Vgl. Collatz, Siegwart/Falkenberg, Dietrich/Liewers, Peter: Forschungs- und Entwicklungsarbeiten des ZfK Rossendorf zur Kernenergienutzung, in: Liewers u. a., Geschichte der Kernenergie, S. 432.

einige Aufgaben für die Praxis in Angriff genommen worden (z.B. Neutronenstrukturforschung).

Jedem Besucher, insbesondere aus der Sowjetunion, fällt die ansprechende Ausführung und exakte Wirkungsweise der elektronischen Apparaturen auf, die sowohl vom Bereich Technik als auch von den Laboratorien selbst erstellt worden sind. Man kann tatsächlich vom Abschluss einer entscheidenden Etappe sprechen, in der die methodischen Hilfsmittel im großen Ganzen geschaffen wurden – einer Ausrüstung, die sich überall sehen lassen kann. Nimmt man noch die objektiven Ergebnisse der Bereiche Radiochemie und Werkstoffe und Festkörper hinzu, so kann heute bei einigermaßen geschickter Darstellung ein fast allseitig befriedigendes Bild des ZfK entworfen werden, das kein unwahres Wort zu enthalten braucht."

Dieser zufriedenstellenden Bestandsaufnahme folgt sein Verständnis der Funktion eines Leiters von Forschungseinrichtungen, dargestellt am konkreten Objekt, dem ZfK Rossendorf.

„Bezüglich der Konzeption der Leitung eines Institutes gibt es zwei extreme Auffassungen, zwischen denen in der Praxis ein gesunder Kompromiss notwendig ist. Der eine Extremfall – übrigens seinerzeit in der Diskussion über die Nachfolge im WTBR [Wissenschaftlich-technisches Büro für Reaktorbau, Ba.] von Steenbeck tatsächlich vertreten – sieht sein Heil in einem vorzüglichen eingespielten Schema und verzichtet bewusst auf besondere wissenschaftliche und erst recht schöpferische Eigenschaften der Person des Leiters. Der andere sieht im Wissen und Wollen der Person des Leiters den integrierenden Bestandteil der Leitung überhaupt, ordnet alle anderen Kräfte diesem Prinzip unter und macht damit die Person des Leiters völlig unersetzbar. Beide Extreme haben eine im praktischen Endeffekt gemeinsame, wenn auch durch verschiedene Gründe hervorgerufene, unangenehme Begleiterscheinung: sie schalten die Mitwirkung wertvoller wissenschaftlicher Fachkräfte des Kollektivs weitgehend aus und bedingen objektive und subjektive Misserfolge, die zwar im Allgemeinen erst auf längere Sicht hin wirksam werden, wenn sie nicht überhaupt durch Schönfärberei verdeckt oder mangels direkter Vergleichsmöglichkeiten nicht gesehen werden."

Für die nun folgende Analyse dessen, was er Rückschritte nennt, definiert Barwich drei Kriterien. Diese sind erstens „Technokratie und Wissenschaft", zweitens „Administrativismus" sowie drittens „Überforderte Persönlichkeiten". Administrativismus ist ein Wort, das der Duden nicht kennt, aber der Neigung von Ingenieuren und Naturwissenschaftlern entspricht, komplexere Zusammenhänge durch verknappende Substantivierung „auf den Punkt zu bringen".

„Aus einer Reihe beobachteter Symptome", so fährt er fort,
„ergibt sich für die neuere Entwicklung im ZfK die folgende Feststellung:
1) Technokratie und Wissenschaft
1. Beispiel

Der neue Forschungsreaktor des ZfK dürfte der dritte Reaktor in der Welt sein (von insgesamt 300), bei dessen Inbetriebnahme die wichtigste Größe – der Multiplikationsfaktor $k\infty$[166] – unbekannt war (nach dem Fermireaktor 1942 und dem ersten sowjetischen Reaktor) und dessen Anlassen daher besonders aufregend war. Er wurde weder mit den vorgesehenen 800 neuen Brennelementen mit 20% Anreicherung kritisch, noch wäre er mit den Elementen des WWR-S allein, wie es ebenfalls vorgesehen war, kritisch geworden. Erst der Einsatz der maximal möglichen Brennelementmenge beider Sorten zugleich brachte ihn gerade noch zur Kritikalität. Statt der zu erwartenden kritischen Masse von 4,5 kg wurden 6,5 kg Uran-235 angegeben. Über die Ursache gingen die Meinungen sofort auseinander. Sind es Verunreinigungen des Aluminiums oder des Schweißmaterials? Hat man sich auf ein Vorurteil – es käme auf das Uran-Wasser-Verhältnis wenig an – zu sehr verlassen, oder ist die Masse – sofern sie überhaupt stimmt – gar nicht so falsch? Kurzum, man ist dabei, zu entdecken, dass Physik hier im Spiele ist und beginnt – den Reaktor wieder auseinanderzunehmen und auf Herz und Nieren zu prüfen.

Das ist nicht ganz so peinlich wie es auf den ersten Blick erscheinen mag, da das Auseinandernehmen sowieso eingeplant war. Durch eine unzweckmäßige Trennung der Arbeitsgruppen Technik und Reaktortechnik war nämlich der Kessel nicht in die Obhut der Ingenieure dieser Gruppe gegeben worden. Es stellte sich plötzlich heraus (nachdem er bereits vor 6 Monaten ausgeliefert worden war), dass die Maße nicht stimmten. Eine provisorische Änderung war notwendig geworden, und der Kessel muss nach Inbetriebnahme sowieso ausgewechselt werden.

Wie ist nun also die Rolle der Reaktorphysik bei der Entwicklung des neuen Reaktors einzuschätzen?"

Diese Frage habe der Leiter der Gruppe „Reaktorphysik" auf einem Festkolloquium kurz, knapp und ehrlich mit dem Wort „keine" beantworten müssen. Auch der Bereichsleiter, „für das Gesamtniveau des Kolloquiums verantwortlich, zeigte zumindest keine merklichen Spuren der Einmischung einer wissenschaftlich hoch qualifizierten Kraft", moniert Barwich.

Dazu merkt der Reaktorphysiker Dr. Ulrich Grundmann, der 1967 wissenschaftlicher Mitarbeiter im ZfK wurde, Folgendes an: „Betrachtet man die Berechnungsmethoden für Reaktoren seit den 1960er Jahren, so haben sich diese gewaltig entwickelt. Dies ist durch die rasante Entwicklung der Computer möglich geworden. Damit konnten die gewaltigen Mengen der gemesse-

---

[166] $k\infty$, der Multiplikationsfaktor des als unendlich ausgedehnt vorausgesetzten Brennstoffgitters, ist für die Kritikalität nicht ausschlaggebend, sondern k_{eff}, der effektive Multiplikationsfaktor des endlichen Reaktorsystems, wissen die Reaktortheoretiker heute.

nen Wirkungsquerschnitte der Nuklide immer besser genutzt werden. Die entsprechenden Rechenprogramme auf Basis komplizierter mathematischer Methoden zur Berechnung der Neutronenflussverteilung in realen geometrische Anordnungen, wie sie in Reaktoren vorliegen, konnten geschaffen werden. Vergleicht man dies mit dem damaligen Stand der Rechenmethoden im ZfK, wo mit mechanischen Tischrechnern gearbeitet wurde, so ist es nicht verwunderlich, dass die Kritikalität so ungenau ermittelt wurde."[167]

Barwich fügt ein zweites Beispiel an.

„2. Beispiel:

Ein anderes Beispiel für den freiwilligen ‚Verzicht auf wissenschaftlichen Meinungsstreit' ist die Arbeit der Gruppe ‚Leistungserhöhung des Reaktors WWR-S'. Hierbei ist wieder keine führende wissenschaftliche Kraft zu spüren – der Hauptingenieur Adam lehnte mir gegenüber sogar glatt den Standpunkt ab, dass das Ganze etwas mit Physik zu tun habe (er ist Elektroniker)."

2) Zunehmender „Administrativismus"

„Es gibt eine ganze Reihe von Beispielen dafür, dass ein gewisser Selbstbetrug geübt wird, indem die Fertigstellung eines Gerätes aus Gründen der Propaganda zu einem bestimmten Termin erzwungen wird und nach formeller Erreichung dieses Zieles größerer Zeitverlust und Kostenaufwand entstehen, um die vorherigen Unterlassungssünden und Pfuschereien wieder gutzumachen (Korrosionserscheinungen beim ersten Forschungsreaktor brachten ein ¾ Jahr Zeitverlust – bei den Tschechen war es ähnlich). Man kann ein solches Vorgehen vielleicht hin und wieder rechtfertigen – zur Erziehung junger Mitarbeiter zum sorgfältigen und verantwortungsbewussten Arbeiten, jedoch dürfte es niemals unschädlich sein. Der neue Forschungsreaktor des ZfK ist wieder ein solches Beispiel." […]

„Die ‚administrativische' Leitungsmethode sieht ihr vornehmstes Ziel darin, den Wissenschaftler in seiner diffizilen Arbeit nicht zu stören. Sie tendiert generell zur Überschätzung ihres eigenen Urteilsvermögens und zur mangelhaften Information der Wissenschaftler über die generellen Probleme der Leitung; in den entsprechenden Sitzungen werden die gelösten Fragen mehr oder weniger zackig vorexerziert – ob die Probleme aber richtig gestellt sind, ist eine andere Frage. Prof. Schwabe äußerte z. B. mir gegenüber ausdrücklich, dass sich die Leitung zu sehr auf die reinen Verwaltungskräfte stütze." […]

„Bezüglich der Information in einer sehr wichtigen Frage muss es Befremden hervorrufen, dass zur Zeit meiner Ankunft im ZfK weder Kollege [Name geschwärzt, Ba.] noch [Name geschwärzt, Ba.] über Tatsache und Inhalt des Informationsvortrages Prof. Jemeljanows im RGW informiert waren, der kurz zuvor in Moskau gegeben worden war und bei dem sowohl Dr. Faulstich als auch Doktor Knoll (Parteisekretär) zugegen waren! Hier wurden die sowjetischen Reaktor-Entwicklungspläne erklärt und die Länder aufgefordert, sich zu einer Arbeitstagung im April zusammenzufinden und über die Beteiligung an gewissen Teilen der Entwicklung Beschlüsse zu fassen."

---

[167] Gespräch mit Dr. Grundmann am 3. Januar 2024.

3) Überforderte Persönlichkeiten

„Jeder Fehler und jeder Mangel ist personengebunden. Eindeutig sind die Fähigkeiten der z. Zt. kommissarisch oder hauptamtlich wirkenden Bereichsleiter W u. F [Werkstoffe und Festkörper, Ba.] und R [Radiochemie, Ba.], Dr. [Name geschwärzt, Ba.] und Prof. [Name geschwärzt, Ba.], nicht ausreichend, um den Anforderungen voll gerecht zu werden. Der Letztere ist zweifellos ein hoffnungsvoller Wissenschaftler, doch verfügt er nicht über den Verantwortungssinn, der notwendig ist, um über den eigenen wissenschaftlichen Interessen im Rahmen der eigenen Gruppe das Gesamtinteresse ausreichend zu vertreten. Es wäre notwendig, meine Person auch aus der Ferne mehr zu Rate zu ziehen. (Es wurden bisher keine wissenschaftlichen Berichte o. ä. an mich gesandt). W u. F braucht dringend einen erfahrenen neuen Leiter." [...]

In diesem Teil seiner Analyse räumt Barwich aber auch eigene Fehler ein. „Der amtierende Direktor könnte sein Amt befriedigend ausfüllen", argumentiert er, „wenn nicht immer wieder der Irrtum auftauchen würde, er könne das ZfK als Direktor überall, wo die wissenschaftlichen Belange des ZfK als Ganzes zur Diskussion stehen, ausreichend vertreten. An diesem Irrtum waren bisher zu gleichen Teilen die vorgesetzte Behörde und er selber schuld. Dies zeigen zahlreiche bis zur groben Taktlosigkeit gesteigerte Vorkommnisse, bei denen in meiner Gegenwart ein Verhalten gezeigt wurde, das nur erklärbar ist, wenn man den Satz: ‚Wem Gott ein Amt gibt, gibt er auch Verstand' als unfehlbar richtig anerkennt. Dagegen müsste man sich den tatsächlich richtigen Satz: ‚In der Beschränkung zeigt sich erst der Meister' zur Richtschnur nehmen. Hierbei kommt es natürlich in erster Linie auf das Verhalten der übergeordneten Dienststellen an. (Wenn man z. B. auf Kollegen Rompe hörte, könnte man sich auf das Schlimmste gefasst machen!)."[168] Den Seitenhieb auf Rompe konnte sich Barwich offensichtlich nicht verkneifen.

10. Der Nachfolger und das Erbe

Barwich hatte im September 1964 der DDR den Rücken gekehrt. Bereits 1963 war das ZfK in die am 16. Mai 1957 gegründete Forschungsgemeinschaft der naturwissenschaftlichen, technischen und medizinischen Institute der Deutschen Akademie der Wissenschaften zu Berlin eingegliedert worden. In einem 1964 erschienenen und mit einem auf Januar datierten Vorwort des Vorsitzenden dieser Gemeinschaft versehenen „Wegweiser" durch die Institute taucht der Name Barwich schon nicht mehr auf. Als amtierender Direktor wird Dr.-Ing. Helmuth Faulstich genannt. Stellvertretender Direktor ist Prof. Dr. Klaus Fuchs.[169]

---

[168] MfS-AOP 10660-67, Bd. 5, Bl. 210–216.

[169] Forschungsgemeinschaft der naturwissenschaftlichen, technischen und medizinischen Institute der Deutschen Akademie der Wissenschaften zu Berlin (Hg.): Weg-

In einem Beitrag für die Fachzeitschrift „Kernenergie" nimmt Faulstich die ersten zehn Jahre des ZfK Rossendorf in den Blick und verortet sein Erbe in der Forschungslandschaft der DDR. Der erste Abschnitt der Aufbauphase „ist durch den Bau der Großgeräte, die Einrichtung spezieller Laboratorien und die Qualifizierung von wissenschaftlichen und technischen Kadern gekennzeichnet", stellt er fest. „Er hat etwa die Hälfte dieser Periode in Anspruch genommen, so dass von einer wirksamen wissenschaftlichen Tätigkeit erst in den letzten 5 Jahren gesprochen werden kann." 1962 konnte als „zweiter Forschungs- und Experimentierreaktor kleiner Leistung der Rossendorfer Ringzonenreaktor (RRR)" in Betrieb genommen werden. „Gleichzeitig mit dem Bau und dem Probebetrieb der Großgeräte entstanden Speziallaboratorien, strahlenschutztechnische Anlagen, Entwicklungslaboratorien für mechanische und elektronische Spezialgeräte, zentrale Werkstätten und eine entsprechende Verwaltungsorganisation."[170]

Im Bewusstsein dessen, dass international konkurrenzfähige Spitzenforschung auf einem der modernsten und aktuellsten Forschungsfelder mit den beschränkten Ressourcen der DDR nicht möglich war, fokussierte sich das Institut auf die niederenergetische Kernphysik. Den hohen Aufwand für die Bereicherung des Periodensystems um immer neue Elemente leisteten sich im Wesentlichen nur die Europäische Organisation für Kernforschung (CERN) in der Nähe von Genf und das Vereinigte Institut für Kernforschung (VIK) des Ostblocks im russischen Städtchen Dubna unweit von Moskau. Zu nennen wäre unter dem Aspekt „Spitzenforschung" noch das 1959 gegründete Deutsche Elektronen-Synchrotron (DESY) mit Sitz in Hamburg, ein Forschungszentrum für den Bau und Betrieb von Beschleunigern sowie deren wissenschaftliche Nutzung für die Forschung mit Photonen, vor allem auf den Gebieten der Teilchen- und Astroteilchenphysik.[171]

In Abstimmung mit den Universitäten Leipzig, Jena und Dresden habe man sich darauf verständigt, „die gesamte Forschungsarbeit auf die beiden Themen ‚Untersuchung leichter Kerne' und ‚Einteilchen- und kollektive Eigenschaften und ihr Zusammenhang bei Kernen mittlerer Massenzahl' zu konzentrieren". Rossendorf avancierte zum Leitinstitut für die niederenergetische Kernphysik. Statt den Weg zu immer höheren Energiebereichen einzuschlagen, verfolge man in Rossendorf einen zweiten Weg dauerhafter Aktualität, „der in das Gebiet der Präzisionsmessungen führt".

---

weiser durch die Institute und anderen Einrichtungen der Forschungsgemeinschaft der naturwissenschaftlichen, technischen und medizinischen Institute der Deutschen Akademie der Wissenschaften zu Berlin, Berlin 1964, S. 77.

[170] Faulstich, Helmuth: Zehn Jahre Zentralinstitut für Kernforschung Rossendorf, „Kernenergie" 8. Jahrgang, Heft 12/1965.

[171] Vgl. https://de.wikipedia.org/wiki/Deutsches_Elektronen-Synchrotron#Geschichte.

Neben der „reinen Grundlagenforschung auf dem Gebiet der niederenergetischen Kernphysik" betont Faulstich die „stark praxisbetonten Arbeiten in den Forschungskomplexen Radiochemie und Kernenergetik sowie ausgewählte Probleme der Festkörperphysik und der Dosimetrie". Voraussetzung „für die Entwicklung und den Bau moderner mechanischer und elektronischer Messgeräte und Apparaturen" sei ein leistungsfähiger technischer Sektor im eigenen Haus.

„Die Forschungsthematik auf dem Gebiet der Kernenergetik ist sowohl inhaltlich als auch arbeitsmethodisch im ZfK nicht so klar abgegrenzt wie die Kernphysik oder die Radiochemie", räumt Faulstich ein. Es handele sich um einen heterogenen Komplex, zu dem Aufgaben zur Leistungserhöhung des Forschungsreaktors genauso gezählt werden wie die Eigenentwicklung der Brennelemente für den Ringzonenreaktor sowie die Entwicklung einer Technologie zur Herstellung der Brennelemente für den Kraftwerksreaktor in Rheinsberg oder Probleme der Abfallbeseitigung.

Nach dieser alles in allem erfolgreichen Bilanz spricht der Direktor ein Problem an, das sich in der Zukunft dramatisch verschärfen sollte: „Durch das starke Anwachsen der wissenschaftlich-technischen Erkenntnisse auf dem

Abb. 25: Die 1985 im Eingangsbereich des ZfK errichtete Metallplastik „Gebändigte Kraft" des Berliner Kunstschmiedes Achim Kühn ist auch heute noch ein Symbol für Kernforschung als Einheit von Theorie und Experiment.

Gebiet der Kernforschung wachsen auch ständig die Anforderungen an die Messeinrichtungen, so dass heute trotz umfangreicher Kooperationsbeziehungen vor allem terminlich oft nicht mehr den Forderungen nach rechtzeitiger Bereitstellung der verschiedenartigen Messeinrichtungen, Experimentier-, Test- und Pilotanlagen nachgekommen werden kann."[172]

VI. Kernenergiepolitik zwischen Ideologie und Sachverstand

1. Ein Blick auf die Rahmenbedingungen

In Deutschland, einst Land der Dichter und Denker, wurde die Kernspaltung entdeckt. Berlin war damals die Welthauptstadt der Physik. Es ist also keine Überraschung, dass hier der Einstieg in das Atomzeitalter nicht nur euphorisch bejubelt wurde, sondern praktische Schritte zur Entwicklung dieser Fortschrittstechnologie selbstverständlich waren. Mit der Freisetzung der Spezialisten durch die Sowjetunion waren ausgewiesene und zum Teil hochdekorierte Wissenschaftler und Techniker auf den inzwischen geteilten deutschen Markt gekommen, mit denen die kleine DDR sich im Wettstreit der Systeme schmücken wollte und auch konnte. Die SED-Führung war bereit, für deren spezifische Sachkompetenz einen hohen Preis zu zahlen. Leider besaß die politische Elite keine vergleichbare Kompetenz, die wirtschaftliche Leistungsfähigkeit und die vorhandenen Ressourcen in ihrem Herrschaftsbereich realistisch einzuschätzen. Ein Beispiel dafür ist der Aufbau einer ausschließlich zivilen Luftfahrtindustrie – das erste gescheiterte Prestigeprojekt in der Ulbricht-Ära.[173] Auch im Bereich der Kerntechnik, vor allem in der Kernenergiepolitik der Staatspartei, haben Wunschdenken und mangelnde Sachkompetenz zu Verwerfungen geführt. Ganz zwanglos ergibt sich daraus eine naive Frage: Wer preschte zuerst vor, die Wissenschaft oder die Politik? Für Eckhard Hampe, der 1959 Mitarbeiter des ZfK Rossendorf wurde, ist das Abkommen zwischen der UdSSR und der DDR über Hilfeleistungen auf dem Gebiet der Physik des Atomkerns und die Nutzung der Atomenergie für die Bedürfnisse der Volkswirtschaft vom 28. April 1955 als Startpunkt dessen anzusehen, was man die Kernenergiepolitik der DDR nennen könnte.[174]

---

[172] Faulstich, Helmuth: Zehn Jahre Zentralinstitut für Kernforschung Rossendorf, „Kernenergie" 8. Jahrgang, Heft 12/1965.

[173] Vgl. Barkleit, Gerhard: Die Spezialisten und die Parteibürokratie. Der gescheiterte Versuch des Aufbaus einer Luftfahrtindustrie in der Deutschen Demokratischen Republik, in: Barkleit, Gerhard/Hartlepp, Heinz, Zur Geschichte der Luftfahrtindustrie der DDR 1952–1961, Hannah-Arendt-Institut, Berichte und Studien Nr. 1/1995, S. 5–28.

[174] Hampe, Eckhard: Zur Geschichte der Kerntechnik in der DDR von 1955 bis 1962. Die Politik der Staatspartei zur Nutzung der Kernenergie, Dresden 1996, S. 109.

Als Barwich am 4. April 1955 in der DDR ankam, war der entscheidende Schritt auf dem Weg der DDR zu einer eigenverantwortlichen Kernforschung bereits vollzogen, nämlich der Beschluss des Ministerrates der UdSSR vom 14. Januar 1955 über die „Gewährung wissenschaftlich-technischer und betriebspraktischer Hilfe für andere Staaten", darunter auch für die DDR, „bei der Entwicklung der Forschungen zur Ausnutzung der Atomenergie für friedliche Zwecke".[175] Im Mai 1955 folgte der Vorschlag von Prof. Wilhelm Macke, „ein Institut für technische Kernphysik zu gründen, das direkt mit der Planung und dem Aufbau des Atommeilers beauftragt wird".[176]

Das Faktische wie auch die wirtschaftspolitischen Hintergründe der Kernenergiepolitik der DDR sind durch kompetente Insider und Historiker bereits hinreichend beschrieben worden.[177] In den Fokus zu nehmen heißt vor allem, jene Publikationen zu analysieren, deren Autoren Barwich am Ort seines Wirkens persönlich erlebt haben. Zu erwähnen ist unter diesem Gesichtspunkt die vom Autor dieser Biografie initiierte und auch inhaltlich begleitete Publikation „Zur Geschichte der Kernenergie in der DDR", deren Einzelbeiträge sämtlich von ausgewiesenen Insidern verfasst worden sind.[178] Barwichs Amtszeit „vor Ort" analysiert Eckhard Hampe in der bereits zitierten Studie und nimmt vor allem die Politik der Staatspartei zur Nutzung der Kernenergie im Zeitraum von 1955 bis 1962 in den Blick. Es mag ein Zufall gewesen sein, soll an dieser Stelle aber nicht unerwähnt bleiben, dass nach Barwichs Verlassen der DDR im ZfK Rossendorf das, was man einen Richtungsstreit nennen könnte, in großer Schärfe und mit extremen Auswirkungen entbrannte.

Auf der 3. Parteikonferenz der SED vom 24. bis 30. März 1956 wurde die Bedeutung der Zukunftstechnologie Kerntechnik für die DDR festgeschrieben. Parteichef Ulbricht betonte, dass in der DDR alle Voraussetzungen geschaffen worden seien, „um eine neue, gewaltige Produktivkraft, die Kernenergie, friedlich im Interesse der Werktätigen auszunutzen".[179] Der stellvertretende Leiter des AKK, Bertram Winde, präzisierte Ulbrichts Vorgaben mit den Worten: „Die Partei hat uns die Aufgabe gestellt, im Laufe des nächsten Planjahrfünfts den internationalen Stand auch auf dem Gebiete der Kernphysik und ihrer Anwendungen zu erreichen."[180] Diesem hohen Anspruch galt es,

---

[175] Hampe, Geschichte der Kerntechnik, S. 109.
[176] Ebd., S. 21.
[177] Vgl. z. B. Reichert, Mike: Kernenergiewirtschaft in der DDR: Entwicklungsbedingungen, konzeptioneller Anspruch und Realisierungsgrad (1955–1990), St. Katharinen, 1999; Müller, Wolfgang D.: Geschichte der Kernenergie in der DDR. Kernforschung und Kerntechnik im Schatten des Sozialismus, Stuttgart 2001.
[178] Liewers, Peter/Abele, Johannes/Barkleit, Gerhard: Zur Geschichte der Kernenergie in der DDR, Frankfurt am Main 2000.
[179] Hampe, Geschichte der Kerntechnik, S. 39.
[180] Ebd., S. 40.

VI. Kernenergiepolitik zwischen Ideologie und Sachverstand   139

sowohl in der Forschung als auch bei der Entwicklung einer neuen Technologie zur Erzeugung von Elektroenergie gerecht zu werden.

Zur Vorbereitung der Kernenergienutzung, speziell für den Aufbau des AK-1 bei Rheinsberg, wurde 1958 das Wissenschaftlich-technische Büro für Reaktorbau (WTBR) Berlin gegründet. Bei den Standortuntersuchungen in der zweiten Hälfte des Jahres 1956 wurden der Goldberger See südlich von Güstrow, der Kummerower See nördlich von Stavenhagen und der Tollensesee bei Neubrandenburg ebenso in Betracht gezogen wie die küstennahen Standorte Peenemünde auf Usedom und Kinnbackenhagen an der Grabow in der Nähe von Barth. Für den Stechlinsee in der Nähe von Rheinsberg sprachen neben den günstigen geologischen Bedingungen die geringe Besiedelung der Umgebung, die Isolierbarkeit des Sees im Oberflächenwasser, die gute Wasserqualität und die geringe fischwirtschaftliche Nutzung.[181] Das AK-1 lieferte erstmalig am 6. Mai 1966 elektrischen Strom an das öffentliche Netz.

Abb. 26: Das Atomkraftwerk AK-1 bei Rheinsberg (Mecklenburg-Vorpommern).

---

[181] Vgl. Liewers u. a., Geschichte der Kernenergie, S. 165.

140   D. Privilegierter Wissenschaftler in der DDR: 1955−1964

Hampe hält auf dem Gebiet der Kernenergiepolitik lediglich Barwichs Aktivitäten in den Jahren 1959/60 für besonders erwähnenswert. Er zitiert erstens dessen Papier vom Juni 1959, in dem er „in seinem freimütigen Stil die Maßnahmen in der DDR zum AKW-Bau durchweg als Frühgeburten" bezeichnete, „mit denen man sich noch lange Zeit wird herumplagen müssen, ohne eine wirkliche Freude daran zu haben".[182] Zweitens nennt er Barwichs Kritik am Entwurf des Perspektivplanes des AKK vom September 1959. Seine darin enthaltenen Änderungsvorschläge wurden zwar nicht berücksichtigt[183], mündeten aber dank seiner Hartnäckigkeit in einer für Barwich letzten Endes enttäuschenden Aussprache bei Ulbricht.[184]

In dem von Collatz, Falkenberg und Liewers verfassten Beitrag „Forschungs- und Entwicklungsarbeiten des ZfK Rossendorf zur Kernenergienutzung" der genannten Insider-Studie wird lediglich Barwichs Vorschlag erwähnt, einen Natururan-Konverter-Reaktor zu entwickeln, der vorrangig „zur vermehrten Erzeugung von Sekundärkernbrennstoff, d.h. Plutonium, eingesetzt werden sollte". „Nach Konsultationen in der UdSSR im Frühjahr 1959 wurde jedoch von diesem Vorhaben wieder Abstand genommen."[185] Wie schon Hampe, so gehörten auch die Autoren dieses Kapitels zu den Mitarbeitern des ZfK, die Barwich noch persönlich kennenlernen konnten. Sie wurden zwischen 1957 (Liewers) und 1961 (Falkenberg) eingestellt.

2. Barwich und die Kernenergiepolitik der DDR

Zunächst einmal sollen nur diejenigen, zum Teil sehr ausführlichen, Einlassungen Barwichs zur Kernenergiepolitik der SED tabellarisch aufgelistet werden, die Eingang in seine Stasi-Akte fanden. Diese Dokumente zeigen ihn Ende der 1950er/Anfang der 1960er Jahre als einen engagierten Kämpfer für eine aus seiner Sicht realistische und von Wunschdenken freie Kernenergiepolitik.[186]

---

[182] Hampe, Geschichte der Kerntechnik, S. 56.
[183] Ebd., S. 60 f.
[184] Ebd., S. 65.
[185] Collatz, Siegwart/Falkenberg, Dietrich/Liewers, Peter: Forschungs- und Entwicklungsarbeiten des ZfK Rossendorf zur Kernenergienutzung, in: Liewers u. a., Geschichte der Kernenergie, S. 421.
[186] Bundesarchiv, MfS-AOP 10660-67, Bd. 5.

VI. Kernenergiepolitik zwischen Ideologie und Sachverstand

Tabelle 9
Wesentliche Einlassungen Barwichs zur Kernenergiepolitik der DDR

Datum	Titel
17. Dezember 1955	Kernenergetik oder: Wege der Entwicklung der Kernenergetik (10 Seiten)
13. Juni 1959	Ein Beitrag zum Bericht über die Verhandlungen über die 2. Ausbaustufe des AK-1 in Moskau vom 8.-16.4.1959 (5 Seiten)
14. Juni 1959	Einige Bemerkungen zur Frage der Entwicklungstendenzen der Arbeiten zur Kernenergiepolitik in der DDR auf Grund der Auswertung der Moskauer Besprechungen im April 1959 mit Glawatom und der Beratungen über Zusammenarbeit auf dem Gebiete der Reaktorphysik und Reaktorentwicklung im Mai 1959 in Dubna (14 Seiten)
22. Juni 1959	Bemerkungen zur Frage der Perspektive auf Grund der Auswertung der Besprechungen in Moskau (April 1959) und Dubna (Mai 1959) (16 Seiten)
21. August 1959	Empfehlungen des Zentralinstituts für Kernphysik zum Bau eines 2. Forschungsreaktors (8 Seiten)
9. September 1959	Stellungnahme von Prof. Barwich zur Begründung der 2. Ausbaustufe (4 Seiten)
11. Januar 1960	Memorandum über die Zunahme der Arbeit des Wissenschaftlichen Rates für die friedliche Anwendung der Atomenergie
17. April 1961	Diskussionsmaterial zur Frage der Generalperspektive (6 Seiten)
19. Dezember 1961	Einige Fragen zu der durch Absetzen der 2. Ausbaustufe gegebenen neuen Lage (7 Seiten)
21. Dezember 1961	Stellungnahme zum Memorandum der Kommission Kernenergie vom 5.12.1961 (5 Seiten)
4. Januar 1962	Aktennotiz über den Meinungsaustausch über Kernkraftwerksfragen mit der sowjetischen Delegation (Prof. Jemeljanow, Akad. Alichanow, Akad. Winigradow) am 28. Dezember (7 Seiten)
31. Juli 1962	Stellungnahme zu dem in der 1. Sitzung des Vorstandes des Wissenschaftlichen Rates am 17.7.1962 vorgelegten und in seinen Prinzipien bestätigten Entwurf betreffs Betreibung des Atomkraftwerkes der DDR als industrielles Versuchskraftwerk (11 Seiten)
1. August 1962	Entwurf für einen Ministerratsbeschluss (2 Seiten)

Heinz Barwich wurde in den Wissenschaftlichen Rat für die friedliche Nutzung der Atomenergie berufen, dessen konstituierende Sitzung am 9. Dezember 1955 stattfand. Auf den 17. Dezember 1955 ist sein zehn Seiten umfassendes Positionspapier „Kernenergetik oder: Wege der Entwicklung der Kernenergetik" datiert.[187] Es ist eine populärwissenschaftliche Einführung in die Kernenergetik mit einer Vorstellung unterschiedlicher Reaktortypen zur Erzeugung von Elektroenergie und weist keinen Adressaten auf – möglicherweise nicht für den Wissenschaftlichen Rat, sondern als Antrittsvorlesung zur „Einführung in die Kernenergetik" im Frühjahrssemester 1956/57 an der TH Dresden konzipiert.

Einleitend beurteilt er den Forschungsstand zum „Hauptgegenstand" der Kernenergetik, dem „energieliefernden Kernreaktor". „Was die wissenschaftlichen Probleme hierzu anbetrifft, so kann man feststellen, dass für eine gewisse Klasse von Reaktoren, nämlich für die sogenannten ‚thermischen' Reaktoren, die physikalische Erforschung praktisch abgeschlossen ist und zu ihrer Verwirklichung nur noch spezifisch technische Fragen zu lösen sind. Für andere Klassen von Reaktoren, insbesondere für die sogenannten Brutreaktoren, welche besonders günstige Perspektiven in ökonomischer Hinsicht eröffnen, sind die physikalischen Untersuchungen in theoretischer und experimenteller Richtung noch nicht abgeschlossen, und es wird noch eine gewisse Zeit vergehen, bis der Physiker auf diesem Gebiet dem Ingenieur das Feld allein überlassen wird."

Er zeigt danach, dass es „eine große Zahl von Typen Energie liefernder Reaktoren gibt". Das erste sowjetische Atomkraftwerk sei der vielversprechende „Anfang einer Entwicklung, deren Ende heute noch nicht abzusehen ist". Die Mannigfaltigkeit der technischen Lösungen ergebe sich „aus der Verschiedenheit des zu verwendenden Spaltmaterials, des Kühlmittels, der Bremssubstanz, des geometrischen Aufbaus und der verwendeten Baumaterialien". Bei allem Optimismus bezüglich der Ausnutzung der Kernenergie in der Elektrizitätswirtschaft dürfe jedoch nicht übersehen werden, „dass die Rentabilität eines Atomkraftwerks heute noch ein großes Problem ist". Das hänge „besonders damit zusammen, dass der Kernbrennstoff kein gewöhnlicher Brennstoff ist, den man ohne besonderen Kostenaufwand für die Verwendung im Kraftwerk aufbereiten kann. Der Kernbrennstoff ist nur brauchbar, wenn er in einer außerordentlich großen Reinheit hergestellt wird, sodass seine Herstellung aus dem Erz ein komplizierter und kostspieliger Prozess ist. [...] Weiterhin ist es eine Eigenschaft der Kernbrennstoffe, dass sie nur teilweise ‚abgebrannt' werden können und zu ihrer weiteren Ausnutzung erst ein komplizierter Prozess der chemischen Aufarbeitung notwendig ist." „Trotz allem", zeigte er sich optimistisch, sei „mit der fortschreitenden Vervoll-

---

[187] Ebd., Bl. 224–233.

kommnung dieser Verfahren" zu rechnen, sodass „die aus Kernenergie erzeugte Elektrizität in absehbarer Zeit wenigstens in einigen Ländern nicht mehr teurer sein wird als die aus den chemischen Brennstoffen erzeugte". Bei allem Optimismus verlor er nicht den Sinn für die Realität und fügte hinzu, dass hierbei „zweifellos in der ersten Zeit die Lösung für verschiedene Länder gemäß ihrer verschiedenen wirtschaftlichen, technischen und politischen Gegebenheiten verschieden ausfallen" werde.

1958 schlug Barwich vor, einen leichtwassergekühlten, graphitmoderierten Reaktor mit Natururan als Brennstoff in das Spektrum der für die DDR in Frage kommenden Kernreaktoren aufzunehmen. Nach Konsultationen in der Sowjetunion im Frühjahr 1959 wurde von diesem Vorhaben jedoch Abstand genommen.[188] Nach seinem Verlassen der DDR wurde dieser Vorschlag als spontan und unausgewogen regelrecht abqualifiziert. „Als Fachwissenschaftler wusste er natürlich, welche politischen Konsequenzen die Aufnahme von Plutoniumarbeiten in der DDR gehabt hätte."[189]

3. Denkschrift zur unbefriedigenden Zusammenarbeit mit der Sowjetunion

Nach der zweiten Genfer Konferenz, die vom 1. bis 13. September 1958 stattfand, lud Bruno Leuschner, Vorsitzender der Staatlichen Plankommission, die Herren Barwich, Steenbeck, Weiss, Rexer, Eckardt, Vormum und Winde zu einer Aussprache ein. Die politische Führung zeigte sich besorgt, dass „die Entwicklung der Kernforschung und Kerntechnik in der DDR nicht mit dem Tempo in anderen Ländern, die zum Vergleich herangezogen werden müssten, insbesondere in der Bundesrepublik, in ausreichendem Maße Schritt gehalten hat".

Die Teilnehmer räumten einerseits ein, dass sich hierfür verschiedene objektive Gründe anführen ließen. Andererseits, so betonten sie, „erscheint es notwendig, in diesem Zusammenhang auf die unbefriedigende Zusammenarbeit mit der SU hinzuweisen, die in erster Linie eine der Ursachen für den heute noch bestehenden Widerspruch zwischen der großen Gemeinsamkeit aller sozialistischen Staaten in einer ideologischen Grundlage und ihrer unzureichenden praktischen Zusammenarbeit auf dem hier zur Diskussion stehenden Gebiet darstellt. Eine Lösung, eine weitgehende Liquidierung dieses Widerspruchs, wäre möglich", erklärten sie, „wenn die maßgebenden Stellen sich ernsthaft darum bemühen würden." Unter der Federführung von Barwich

---

[188] Collatz, Siegwart/Falkenberg, Dietrich/Liewers, Peter: Forschungs- und Entwicklungsarbeiten des ZfK Rossendorf zur Kernenergienutzung, in: Liewers u. a., Zur Geschichte der Kernenergie, S. 421.
[189] Bundesarchiv, MfS-AOP 10660-67, Bd. 5, Bl. 20.

und auf den 8. Oktober 1958 datiert, erreichte die elfseitige Denkschrift „Über die Zusammenarbeit mit der Sowjetunion auf dem Gebiet der Kernforschung und Kerntechnik" den SED-Chef Ulbricht, der sie nach Moskau mitnahm, um sie Chruschtschow zur Kenntnis zu geben.

Die Denkschrift beschränkte sich auf Fragen, „welche bei Gegenüberstellung mit den Verhältnissen im kapitalistischen Ausland unbedingt verbesserungsbedürftig erscheinen, soweit sie unsere Beziehungen zur SU betreffen". Folgende Komplexe wurden offen und kritisch angesprochen:

I.) Beschaffung von Materialien und Geräten; Zusammenarbeit bei Planungen und Entwicklungen.

„Die Lieferung von besonderen Materialien, welche für Forschung und Entwicklung, häufig in nur geringen Mengen, dringend benötigt werden, dauert entweder unzulässig lange oder erscheint gänzlich unmöglich."

„Die Inangriffnahme von Uranarbeiten wurde bei uns dadurch sehr stark gehemmt, dass wir keinen Kontakt mit der Wismut AG hatten, und Materialien wie Erz, Konzentrat, Uran usw. nicht bekommen konnten. Die Uranmetallbestellungen bei der SU blieben bis heute ebenfalls unerledigt."

Der Erfahrungsaustausch mit Einrichtungen der Kerntechnik anderer Institute in anderen sozialistischen Ländern sei schwierig und erfordere „einen reibungslosen Ablauf der Besuchsreisen, wie er in unserem Lager völlig unbekannt ist". In die Sowjetunion „konnte bisher noch niemand fahren, ohne beiderseits höhere Dienststellen einzuschalten".

Bei der Uranherstellung habe es einen Erfahrungsaustausch mit Polen gegeben, „mit der auf diesem Gebiet wesentlich erfahreneren Sowjetunion jedoch nicht".

II.) Ausbildung

„Besonders eindrucksvoll sind die hohen Zahlen westdeutscher Wissenschaftler und Techniker, die an Kernreaktoren in den USA und England ausgebildet wurden. [...] Solche Möglichkeiten hat bisher noch kein einziger Wissenschaftler oder Ingenieur aus der DDR in der SU gehabt."

III.) Die persönlichen Kontakte der Wissenschaftler aus beiden Ländern.

„Der Weg über persönliche Kontakte, wie er im Westen möglich ist, war bisher mit der Sowjetunion nicht gangbar, da die Institutsbesuche grundsätzlich nur auf dem Wege über übergeordnete Dienststellen aufgrund von Verträgen möglich sind."

IV.) Psychologische Hemmungen

„Der energische Kampf um bessere Zusammenarbeit auf dem Gebiet der Kerntechnik" werde „durch eine Reihe psychologischer Momente gehemmt". Dazu gehöre auch Schönfärberei durch die Presse, an der die Beteiligten selbst „nicht immer ganz unschuldig" seien. „Die Schönfärberei hat auch dazu geführt, der Sowjetunion Erfolge anzudichten, welche in Wirklichkeit noch gar nicht da sind (Rückkehr des Hundes aus dem Sputnik II u. ä.)." Eine „gewisse Scheu unsererseits" habe dazu geführt, dass „Verhandlungen über Uranbeschaffung in der größeren Perspektive unnötig hinausgezögert" worden seien, „offenbar weil anscheinend das Gefühl mitsprach, man könne der SU nicht noch mehr abverlangen, da sie bereits so viel auf allen möglichen Gebieten für uns und das ganze sozialistische Lager tut".

In die Erarbeitung der schriftlichen Fassung dieser Denkschrift waren die Professoren Rexer und Hartmann sowie Dr. Thümmler eingebunden. Hartmann brachte es auf den Punkt: „In Genf wurde mit aller Deutlichkeit erkannt, dass wir, soweit es das Gebiet der Kernphysik und -technik betrifft, in einer provinziellen Enklave leben und arbeiten."[190]

Es spricht für die Achtung, die SED-Chef Ulbricht dem Stalinpreisträger Barwich zollte, dass er diesem den Rat erteilte, bei einem Empfang im Frühjahr 1959 in Leipzig, zu dem auch Barwich geladen war, „dem Genossen Chruschtschow unsere Probleme der wissenschaftlichen Zusammenarbeit mit der Sowjetunion mitzuteilen". Barwich berichtete seinem Führungsoffizier bei dem Treff am 19. März, dass ihn die Persönlichkeit des sowjetischen Staats- und Parteichefs „tief beeindruckt" habe. Nach Abschluss seiner Kur wolle ihn Ulbricht einladen, „um über die Fragen der wissenschaftlichen Zusammenarbeit mit der Sowjetunion und andere die Wissenschaft betreffende Probleme" zu sprechen.[191]

4. Der sozialistische Leiter und die Zentralplanwirtschaft

Die Erarbeitung des Perspektivplanes für die Entwicklung einer neuen Technologie, in diesem Falle der Kernenergie, bis hinein in die Mitte der 1960er Jahre forderte Barwichs Engagement in zweierlei Hinsicht. Zum einen war er als Direktor der wissenschaftlichen Leiteinrichtung für diese Technologie gezwungen, möglichst realistische Pläne für einen längeren Zeitraum aufzustellen. Zum anderen erwartete die Partei- und Staatsführung vom „Wissenschaftlichen Rat für die friedliche Anwendung der Atomenergie", seiner Bestimmung entsprechend, fundierten Rat für Entscheidungen von großer Tragweite. Beide Aufgaben forderten Barwich auf bislang nicht gekannte Weise.

Im Dritten Reich hatten ihn kriegswichtige Untersuchungen zur Verbesserung der Zündung von Torpedos mit Hilfe von Ultraschall vor der Einberufung zur Wehrmacht bewahrt. In der Sowjetunion Stalins leistete er innerhalb von zehn Jahren einen gewichtigen Beitrag zur Entwicklung der bis dahin gefährlichsten Waffe in der Geschichte der Menschheit. Rund 15 Jahre hatte der Physiker für politisch-militärisch intendierte Ziele gearbeitet. Die Entscheidung für die DDR bedeutete einerseits einen Sprung nach ganz oben auf der Karriereleiter, verbunden mit einem Leben als Privilegierter. Dieser Zugewinn war aber andererseits mit einem Verzicht auf Freiheit verbunden. Wäh-

---

[190] Wissenschaftspolitik im ZfK, 1950er Jahre, Nachlass Hampe.
[191] Bundesarchiv, MfS-AIM 2753-67, A-Akte, Bl. 111.

rend es in Artikel 5, Absatz 3 des Grundgesetzes heißt: „Kunst und Wissenschaft, Forschung und Lehre sind frei", lautete Artikel 17, Absatz 1 der Verfassung der DDR aus dem Jahre 1968: „Wissenschaft und Forschung sowie die Anwendung ihrer Erkenntnisse sind wesentliche Grundlagen der sozialistischen Gesellschaft und werden durch den Staat allseitig gefördert."

Die Unterschiede im politischen System und der Wirtschaftsordnung zwischen der demokratisch verfassten Bundesrepublik und der „Diktatur des Proletariats" in der DDR hatten unterschiedliche Rahmenbedingungen für Wissenschaft und Forschung zur Folge und brachten je eigene Funktionslogiken von Wissenschaft und Politik hervor. Barwich interpretierte seine Doppelrolle als Wissenschaftler und Politikberater selbstbewusst und auf gleichermaßen „eigene" Weise, indem er sich in der Kernenergiepolitik zum maßgeblichen Entscheider berufen fühlte.

5. Barwich contra Rambusch – die Personifizierung eines Dilemmas

Am 16. März 1959 schrieb Karl Rambusch, der Leiter des Amts für Kernforschung und Kerntechnik, einen Brief an Barwich, in dem er diesen aufforderte, den überarbeiteten Forschungs- und Entwicklungsplan für das Jahr 1959 vorzulegen, der in der Sitzung des Wissenschaftlichen Beirats des ZfK am 6. März hätte beraten werden sollen. „Diese Sitzung", so Rambusch, „beschäftigt mich seit Freitag, dem 6. März, ständig. Selten habe ich eine derartig große Depression empfunden wie nach dieser Sitzung." Den ersten Entwurf aus dem Sommer 1958, der natürlich noch Mängel aufwies, habe Professor Hertz sarkastisch als „das Inhaltsverzeichnis eines physikalischen Lehrbuches" bezeichnet. Der Wissenschaftliche Beirat für das ZfK, erinnerte Rambusch, „wurde geschaffen und mit der grundsätzlichen Aufgabe betraut, beratendes Organ für das Institut und das Amt für Kernforschung und Kerntechnik zu sein. Außerdem sollte mit Hilfe dieses Beirates eine gewisse erzieherische Tätigkeit für die wissenschaftlichen Mitarbeiter des Instituts erreicht werden." Infolge der mangelhaften Vorbereitung, so der Vorwurf, „konnte der Wissenschaftliche Beirat seine grundsätzliche Aufgabe nicht erfüllen". Prof. Hertz habe erklärt, dass es „durch die mangelhafte Form der Vorbereitung" dem Beirat unmöglich sei, „eine Stellungnahme abzugeben". Deshalb, so Rambusch, erlaube er sich, Barwich „heute die Rechnung von DM 4.000,– vorzulegen, die allein dieser Arbeitstag an Gehalt für die Beteiligten der Freitagssitzung ausmachen".

Auf eine immer wieder von Barwich vorgebrachte Kritik an der Bildung des Wissenschaftlich-Technischen Büros für Reaktorbau eingehend, erhob Rambusch den Vorwurf, dass „von Seiten des Zentralinstituts für Kernphysik", im Gegensatz zum Wissenschaftlich-Technischen Büro, „für die Perspektivfragen der Reaktorentwicklung bisher noch keine zusammenfassende Darstellung dem Amt für Kernforschung und Kerntechnik vorgelegt worden ist". Rambusch griff darüber hinaus auch Barwichs offenbar häufig vorgebrachten Standpunkt auf, dass dieser nicht genügend qualifizierte Mitarbeiter habe. „Ich möchte Sie daran erinnern", so schrieb er, „dass Sie schon drei Jahre und mehr auf Ihrem Gebiet arbeiten und in dieser Zeit ein Kollektiv aufbauen konnten, welches in der Lage sein müsste, die anfallenden Arbeiten in einem weit umfassenderen Umfang als bisher zu erledigen. Leider sind Ihre Klagen heute genau derselben Art wie im Herbst 1955." Es gebe genügend Beispiele in der Republik, „wo mit Anfangskräften eine Arbeit aufgenommen, durch zielstrebige Aufgabenstellungen und bewusste Bildung von Kollektiven in einem Zeitraum von 3–4 Jahren sehr wertvolle Forschungsergebnisse erarbeitet werden konnten". Um einen versöhnlichen Abschluss zu finden, erklärte Rambusch, dass er sich freuen würde, „wenn diese Zeilen der Grund für eine sehr eingehende Aussprache zwischen uns sein könnten".[192]

Barwich erklärte in seiner Antwort vom 21. März, dass er „selbstverständlich zur Rücksprache über die interessierenden Fragen" bereit sei. Er müsse aber „leider konstatieren", dass dieser Brief „von mir nicht als Diskussionsgrundlage angenommen werden kann, da er weder nach Inhalt noch Form die hierfür notwendigen Voraussetzungen bietet. Ich möchte Sie bitten, Ihr Schreiben noch einmal zu überprüfen, um eine sachliche Grundlage zu schaffen, die sowohl Ihrer Person als Absender als auch meiner als Empfänger angemessen erscheint."[193]

In diesem Zusammenhang erscheint ein Blatt der Personalakte Barwichs als sehr aufschlussreich. Es handelt sich um den Auszug einer Abschrift zur Einschätzung der „Zusammenarbeit ZfK – Amt für Kernforschung – ZK der SED". Darin wird festgestellt: „Im Institut in Rossendorf herrscht allgemein große Unzufriedenheit, dass für das Institut keine klare Perspektive vorliegt. Vor allem die Kollegen der Reaktor-Theorie, Reaktor-Physik und Reaktor-Technik legen sich die Frage vor: Was sollen wir tun? Es hat sich herausgestellt, dass die gesamte Tätigkeit dieser Gruppen von den Wünschen und Vorstellungen des Institutsleiters, Professor Barwich, diktiert wird. Oft geschehen deshalb Dinge, deren Notwendigkeit nicht einzusehen ist." Deshalb sei „mit verantwortlichen Genossen des Amtes für Kernforschung und Kerntechnik gesprochen worden, doch endlich von Professor Barwich bestimmte Dinge zu verlangen, die im Interesse der Entwicklung unserer Republik liegen". Es stelle sich jedoch immer wieder heraus, „dass man beim Amt lieber ausweicht und von Professor Barwich nichts verlangt, einmal um Unannehmlichkeiten aus dem Weg zu gehen, zum anderen vielleicht auch deswegen,

---

[192] Bundesarchiv, MfS-AIM 2753-67, P-Akte, Bl. 114–117.
[193] Ebd., Bl. 113.

weil bekannt ist, dass Professor Barwich sehr gute Beziehungen zum Genossen Walter Ulbricht hat, die er dann ausspielt. Professor Barwich brüstet sich auch bei jeder passenden Gelegenheit ob seines Einflusses auf das Zentralkomitee beziehungsweise auf den Genossen Ulbricht." Unter den dokumentierten Beispielen wird u. a. Rambusch zitiert, dass er in der letzten Zeit „zwei Mal über solche Probleme mit dem Genossen Ulbricht sprechen wollte". Er sei leider nie „vorgedrungen", wisse aber, „dass in dieser Zeit Prof. Barwich dreimal beim Genossen Ulbricht war".[194]

Auch in der Abschrift des Berichtes eines GI der Abteilung XV der BV Dresden des MfS wird die privilegierte Stellung Barwichs thematisiert. Dieser habe Ende April 1959 einem Assistenten gegenüber „sinngemäß" Folgendes geäußert: „Professor B. hätte den Wunsch, wieder in der SU zu arbeiten, weil er dort ein Wissenschaftler unter Wissenschaftlern wäre und auch entsprechend eingestuft würde. Das heißt, dass ihm nicht bedingungslos jeder Wunsch erfüllt würde, sondern dass man ihm dort auch einmal entgegentreten würde. Hier in der DDR gäbe es niemanden, der das tun würde. Er sagte dabei, dass selbst Gen. Ulbricht ihm jeden Wunsch erfülle, wenn er nur mit dem nötigen Nachdruck vorgebracht wurde. Das müsste dazu führen, dass er größenwahnsinnig wird und er selbst fühlt sich dabei nicht wohl. Er äußerte auch, dass man ihn von allen Seiten falsch einschätzt, sowohl die, die B. sehr hoch einschätzen als auch die, die ihn scheel ansehen, seien falsch über seine Person unterrichtet."[195]

6. Verhandlungen mit der UdSSR im Frühjahr 1959

Im Vorfeld von Verhandlungen mit der UdSSR zu einem Kernkraftwerksprogramm der DDR wurden bei einem Treff von Barwich mit Oberleutnant Jahn am 5. Januar 1959 erstmals Zweifel am Kernkraftwerksprogramm der DDR thematisiert – Gedanken, die von Genossen Matern stammten, wie Jahn bemerkte. Ein Kernenergieprogramm könne „für unser Land noch nicht ökonomisch sein". Jahn notierte, dass der GI den Standpunkt vertrat, diese Hinweise hätten „vom AKK kommen müssen".[196]

Am 14. April lieferte Barwich dem MfS „Bemerkungen zur Sitzung bei Glawatom am 13. April 1959", die er, offensichtlich verärgert, mit dem Titel versah: „Hier hilft nur noch Schönfärberei!" Zusammenfassend, so formulierte er, ergebe sich folgendes Bild: Jemeljanow, von 1946 bis 1953 als stellvertretender Leiter der 1. Hauptabteilung beim Ministerrat der UdSSR führend

---

[194] Ebd., Bl. 119.
[195] Ebd., Bl. 120.
[196] Bundesarchiv, MfS-AIM 2753-67, A-Akte, Bl. 116.

in die Entwicklung der Atombombe eingebunden und seit 1955 Mitglied des Wissenschaftlichen Beratenden Ausschusses bei der UNO, male „die Lage der Kernenergie allzu schwarz, mit dem Ziel, uns vom Bau weiterer Kraftwerke und besonders von Plutonium- und Anreicherungsanlagen für Uran abzuhalten. Die Argumente sind nicht immer stichhaltig." Eines stehe jedoch fest: „An eine regelmäßige Stromlieferung durch unser erstes Kraftwerk zu glauben und es als Quelle elektrischer Energie volkswirtschaftlich einzusetzen, scheint allzu rosiger Optimismus."

Die große Bremse, die Jemeljanow stets anziehe, sei „politisch zu verstehen". Für ihn sei klar, dass die Atompolitik der DDR sich „aus den Fesseln der Unselbständigkeit befreien" und „mehr oder weniger nach Unabhängigkeit streben" müsse. Die Frage, „wozu bauen wir eine zweite Ausbaustufe, hat nach wie vor problematischen Charakter", denn „die Entscheidung hierüber fiel seinerzeit tatsächlich wie üblich in so wichtigen Dingen ohne Beratung in einem zuständigen Gremium!!". Offensichtlich auf Rambusch zielend, beklagte Barwich, dass es „noch eine ganze Reihe von *wichtigen* Maßnahmen ähnlicher oder noch größerer Tragweite" gebe, „die auf solche Weise im ‚Ein-Mann-Verfahren' getroffen wurden und die der Republik als Ganzes geschadet haben und weiterhin schaden. Um mit dieser Politik endlich Schluss zu machen, muss Kritik durchgeführt werden."[197] Bei einem Treff schüttete Barwich zehn Tage später Oberleutnant Jahn sein Herz aus. Jahn schrieb in seinem Bericht, dass der GI die Moskauer Verhandlungen als den größten Niederschlag charakterisierte, den „die deutsche Seite einstecken musste", da die Vorstellungen „unreal hoch waren". Ein „Vertrag über die 2. Ausbaustufe wurde noch nicht unterzeichnet, weil seitens der sowj. Plankommission wegen der Kosten und Kapazität Einspruch erhoben wurde".[198]

In seinem Bericht über den Treff am 13. Juni 1959 machte Oberleutnant Jahn darauf aufmerksam, dass der GI „gegenwärtig bemüht" sei, „gegen die Prof. Rambusch und Steenbeck zu arbeiten". Er spüre „die gegenwärtige Perspektivlosigkeit" und möchte deshalb die Aufgaben des WTBR übernehmen. „Seine Argumente sind teilweise überzeugend."[199] Einige Wochen später, am 21. August 1959, schlug Jahn vor, die mit der Einstellung von Klaus Fuchs „entstandene Situation auszunutzen, um in der Atom-Kommission des Zentralkomitees eine grundsätzliche Auseinandersetzung mit Prof. Barwich zu führen".[200]

---

[197] Ebd., Bl. 118f. Hervorhebung im Original [Ba.].
[198] Ebd., Bl. 117.
[199] Ebd., Bl. 120.
[200] Ebd., Bl. 148.

7. Kontroversen um die Errichtung einer zweiten Ausbaustufe des KKW Rheinsberg

Der Ministerrat der DDR hatte am 20. Juli 1956 den Beschluss zum Bau des Kernkraftwerks Rheinsberg (AKW I/1) gefasst und wie folgt begründet: „Die Notwendigkeit des Baus von Kernkraftwerken in unserer Republik ergibt sich aus folgenden Gründen: Der ständig steigende Energiebedarf muss in absehbarer Zeit immer mehr durch Kernenergie gedeckt werden, weil die Vorräte an Kohle nicht unerschöpflich sind und außerdem die Verwendung von Kohle als Chemierohstoff volkswirtschaftlich günstiger ist; andere Energieträger wie Erdöl, Wasser und Erdgas sind in der DDR nur in geringem Umfang vorhanden bzw. können nicht ausreichend importiert werden." Darüber hinaus sollten „die beim Bau von Kernkraftwerken in der DDR gesammelten Erfahrungen – wie die anderer sozialistischer Staaten – einen Beitrag zur Entwicklung von Kernreaktoren innerhalb des sozialistischen Lagers liefern".[201]

Bei der Errichtung des Kernkraftwerkes Rheinsberg (KKR), so Hentschel, „wurde ein hoher Eigenleistungs-Anteil der DDR-Industrie angestrebt. Damit sollten Grundlagen für eine weitgehend eigenständig zu errichtende zweite Ausbaustufe am Standort und für weitere Kernkraftwerksblöcke im Rahmen eines umfassenden Kernenergieprogramms geschaffen werden." Nahezu zeitgleich wurde in der sowjetischen Stadt Nowoworonesch eine Anlage „mit Prototypcharakter und gleicher technischer Konzeption" errichtet. Das habe Vorteile mit sich gebracht, nämlich dass die Erfahrungen beim Bau der sowjetischen Anlage in das Rheinsberger Projekt einfließen konnten. „Zahlreiche von der Sowjetunion veranlasste Änderungen brachten Verbesserungen, u. a. des Sicherheitsniveaus, der Bedienbarkeit und teilweise Senkungen des Montageaufwandes." Sie führten aber auch „zwangsläufig" zu gleitender Projektierung, „was den gesamten Bauablauf und nicht zuletzt die Kosten gravierend beeinflusste".[202]

Für Hentschel ging die ursprünglich für das Jahr 1961 vorgesehene Inbetriebnahme des KKW Rheinsberg, als erster Schritt des Kernenergieprogramms, „offensichtlich von einer nicht realen Einschätzung der vorhandenen eigenen Möglichkeiten und Ressourcen" der DDR aus. Das gelte aber gleichermaßen auch für die UdSSR „als Lieferant des technischen Projekts und der Hauptausrüstungen".[203] Erst am 18. November 1966 erteilte die staatliche

---

[201] Zitiert nach: Hentschel, Günter: Kernkraftwerk Rheinsberg – Rückblick auf Errichtung, Betriebsergebnisse und Aufgaben, in: Liewers u. a., Geschichte der Kernenergie, S. 164.
[202] Ebd., S. 171.
[203] Ebd., S. 216.

VI. Kernenergiepolitik zwischen Ideologie und Sachverstand 151

Genehmigungskommission die „Freigabe zum Dauerbetrieb mit 70 MW und genehmigte eine Leistungserhöhung für Versuchszwecke bis auf 80 MW".[204]

Barwichs schriftliche Stellungnahme zu den Moskauer Verhandlungen

Nicht zuletzt der schleppende Bau des Kernkraftwerkes Rheinsberg und die bisherigen Erfahrungen bei der Zusammenarbeit mit der Sowjetunion ließen Barwich die Überlegungen zum Bau einer zweiten Ausbaustufe bereits zu einem derart frühen Zeitpunkt für eine „Frühgeburt" halten. Nachdem er, wie erwähnt, dem Führungsoffizier sein Herz ausgeschüttet hatte, brauchte er drei Anläufe, um eine fachlich stringente, politisch allerdings nicht immer durchgängig korrekte Argumentation zu entwickeln, die sowohl den materiellen als auch den immateriellen Ressourcen der DDR und darüber hinaus auch den politischen Rahmenbedingungen gerecht wurde. Seine „Bemerkungen" zu den beiden Verhandlungen vom April (Moskau) und Mai (Dubna) ließ er dem Amt für Kernforschung und Kerntechnik am 22. Juni 1959 zustellen. Diese sollen im Folgenden, nur unwesentlich gekürzt sowie unter Beibehaltung der originalen Schreibweise, als ein Schlüsseldokument wiedergegeben werden. Die ausführliche Wiedergabe kann darüber hinaus auch dem Nichtfachmann einen Eindruck von der Komplexität der Erzeugung von elektrischem Strom durch Spaltung von Atomkernen vermitteln.

Bemerkungen zur Frage der Perspektive auf Grund der Auswertung der Besprechungen in Moskau (April 1959) und Dubna (Mai 1959)

1. *Zum Resümee der Besprechungen von Moskau und Dubna*

a) Konkrete Pläne für den weiteren Kraftwerk Bau sind unangebracht, bis Betriebserfahrungen über die bisher konstruierten Kraftwerke vorliegen. (Einzige Ausnahme: 5 MW-Kraftwerke: 5 Jahre Erfahrungen; Betriebssicherheit vorhanden, Wirtschaftlichkeit jedoch wegen Kleinheit und hoher Anreicherung nicht gegeben.)

b) Prof. Jemeljanow verficht leidenschaftlich den Standpunkt, daß nur ein Reaktor des gleichen Typs (Kraftwerk für ausschließlich friedliche Zwecke) gegenwärtig gebaut werden sollte. (Auf beiden Konferenzen eine solche Aussage).

c) Die hohen Kosten der Kernenergie sind hauptsächlich durch die Brennelemente bedingt; diese wiederum sind teuer, da keine Serienproduktion eingeleitet ist, weil noch keine Konstruktion festliegt. Eine wichtige, noch zu lösende Aufgabe ist z.B. auch die Einrichtung einer Fabrikation von Rohren aus nicht rostendem Stahl, die dünnwandig und druckfest und widerstandsfähig sind. Dazu kommen noch eine ganze Reihe technologischer Fragen, für welche heute noch keine Lösung gefunden ist. (,Die Hauptlast liegt auf den Schultern der Techniker'. Allerdings kann erst die Durchführung des Versuchsprogramms für Kraftwerkreaktoren die Grundlegung der Aufgaben für die Reaktorproduktion bringen.)

---

[204] Ebd., S. 175.

d) Besondere Aufmerksamkeit verdienen (trotz der Bemerkungen über die erst in 20–30 Jahren zu erwartende Wirtschaftlichkeit) die Probleme des schnellen Reaktors, da die anderen (regenerativen) Reaktoren im Grunde kein Ausweg auf lange Sicht sind, da sie nur 4% der bekannten klassischen Weltenergievorräte zu ersetzen vermögen. Prof Jemeljanow schlug vor, nach Möglichkeit noch in diesem Jahr eine Konferenz über schnelle Reaktoren durchzuführen, wobei vielleicht eine Übernahme gewisser Teilprobleme durch die Volksdemokratien erfolgen könnte. Bemerkenswert ist, daß bereits eine Konferenz zwischen den englischen und sowjetischen Fachleuten von Cockrofft vorgeschlagen wurde, die auch stattfinden soll und zur gegenseitigen Information führen soll. (‚Die Physiker aus unserem Lager sollen natürlich erst recht Einblick in diese Probleme erhalten.')

e) Studienprojekte zur selbständigen Reaktorentwicklung in Polen und in der CSR sind abgebrochen worden (Beurteilung siehe Anhang). Zur Zeit gibt es nur ernstzunehmende Projekte, welche von der SU erarbeitet worden sind (Kraftwerk DDR und CSR (Endtermin 1964) und Forschungsreaktor Polen).

f) Aus beiden Besprechungen kann entnommen werden, dass die SU jederzeit bereit ist, bei Reaktorentwicklungen, welche der Forschung dienen, wirksame Hilfe zu leisten, insbesondere auch durch Lieferung angereicherten Urans und anderer wertvoller Materialien, da es sich ja hierbei stets nur um relativ geringe Mengen handelt; dagegen bedeuten die Leistungen zur 2. Ausbaustufe (insbes. Reaktorkessel) tatsächlich ein fühlbares Opfer, welches die sowjetische Industrie zu bringen hat.

g) Meinungsäußerungen von Prof Jemeljanow zu den Ausführungen von Barwich hinsichtlich der Perspektivvorstellungen auf den Gebieten: Uranmetallurgie, Schwerwassererzeugung, Plutoniumerzeugung, Uran-Isotopentrennung, Plutoniumerzeugungsreaktor, die bekanntlich zur Mißbilligung der Plutoniumpläne und der Anreicherungspläne, dagegen zur Billigung der uranmetallurgischen Pläne und auch der zur Herstellung von schwerem Wasser führte, waren vielleicht die wichtigsten Aussagen der April-Konferenz (siehe Anlage).

h) Die positiven Ergebnisse der Auswertung von Dubna sind vor allem darin zu sehen, dass voreilige und unüberlegte Festlegungen, wie sie durch ein Dreiländerabkommen DDR, CSR, Polen bezüglich eines Materialprüfreaktors zu befürchten waren, nunmehr durch den Übergang der Initiative an die SU nicht mehr infrage kommen. Hierdurch ist sicherlich viel Leerlauf vermieden worden. Daneben ist die Verbesserung der Material- und Geräteversorgung, welche dringend einer Besserung bedurfte, durch die Schaffung eines Lagers sehr zu begrüßen, wenngleich nicht übersehen werden darf, daß zum Einholen des Westens noch viel geschehen muss und wir uns mit dem Erreichten bzw. Geplanten nicht zufriedengeben dürfen. Ebenfalls ist die Organisierung zahlreicher Fachkonferenzen über hauptsächlich wissenschaftliche Fragen der Arbeiten auf den Gebieten der Neutronenphysik, Reaktorphysik und Reaktorentwicklung zu begrüßen, wenngleich nicht zu übersehen ist, daß die Frage der Maßnahmen zur Verbesserung der unmittelbaren Kontakte zwischen den wissenschaftlichen Mitarbeitern der verschiedenen Institute nicht behandelt werden durfte, da die [sowjetische, Ba.] Hauptverwaltung sich gegen diese Kontakte ausprach und die sowjetischen Wissenschaftler selbst in dieser Richtung nicht aktiv werden, da sie sich offenbar ein solches Vorgehen, wie wir es gewöhnt sind, gar nicht vorstellen können (überflüssig zu sagen, daß die rein menschlichen Beziehungen hiervon in keiner Weise berührt werden).

VI. Kernenergiepolitik zwischen Ideologie und Sachverstand 153

2. *Zu den Aufgaben in den nächsten Jahren bis zum Bau des zweiten Atomkraftwerkes*

a) Heranbildung von zukünftig einsetzbaren Kadern (vgl. hierzu den Anhang).

b) Objekte, über deren Realisierung kurzfristig zu entscheiden wäre:

α) Industrielle Anlage zur Erzeugung von Natururan (Metall oder Oxyd),

β) Industrielle Anlage zur Erzeugung von schwerem Wasser,

γ) Versuchsreaktor.

Sollten die Entscheidungen für alle 3 Objekte positiv ausfallen, so wäre damit ein starkes Entwicklungsprogramm gegeben, welches zusammen mit den Arbeiten zum AK-1 die Möglichkeiten unserer Republik für den Kernenergiesektor m.E. stark beanspruchen würde. Die Entscheidung über diese Objekte sollte aber nicht erst gefällt werden, wenn die ‚Studienprojekte' hierfür vielleicht nach Jahresfrist abgeschlossen sind, zumindest bei den Reaktoren, da hierdurch wieder einmal Fehler eintreten können, wie sie z.B. die Energiekommission 1956 machte.

c) Andere Aufgaben sollten zunächst vorbereitet, aber noch nicht entschieden werden. Hierzu gehören die Fabrikation der Brennelemente für den AK-1 (in Serie), die Fabrikation von Röhren aus nicht rostendem Stahl. Die Laboratoriumsarbeiten hierzu entsprechend den im großen ganzen bereits vorliegenden Forschungsplänen müßten erst zu Ergebnissen führen, welche eine Beurteilung der Wirtschaftlichkeit zulassen.

d) alle Forschungsarbeiten der Kernenergetik sind im Prinzip so durchzuführen, dass sie nicht auf einen speziellen Typ eines Energiereaktors zugeschnitten erscheinen. Es ist stets im Auge zu behalten, daß auch für das nächste Kraftwerk die Sowjetunion wenigstens die Dokumentation und einige spezielle technische Hilfe zur Verfügung stellen wird, daß ein Streben nach Autarkie also zum Misserfolg führt (Beispiel Polnischer Reaktor).

e) Die Studienprojekte über die verschiedenen Kernenergieanlagen sind zügig zu Ende zu führen, insbesondere die, für welche keine technische Verwirklichung vorgesehen ist. Andernfalls werden die Arbeiten hierzu eine unnötige Belastung bringen, je mehr Arbeit hineingesteckt wird, desto größer wird die Gefahr, daß ihre Bedeutung falsch eingeschätzt wird. Vor allen Dingen muß der Schaden, den neue industrielle Investitionen unserer Volkswirtschaft an anderen Stellen bringen würden, berücksichtigt werden, was aber sehr schwierig, wenn nicht überhaupt unmöglich ist. Das Risiko der Kernenergie kann also durch Studienentwürfe nicht beseitigt werden.

f) Aufgabenstellung des WTB-R ist nach der neuen Lage zu überprüfen und entsprechend den ursprünglichen Vorstellungen zu reduzieren.[205]

Im genannten Anhang setzt sich Barwich ausführlich mit der „Heranbildung von zukünftig einsetzbaren Kadern" auseinander, nimmt aber auch die „Mitwirkung bei der weiteren Erarbeitung der technisch-wissenschaftlichen

---

[205] Bundesarchiv, MfS-AOP 10660-67, Bd. 5, Bl. 75–78. Hervorhebungen im Original [Ba].

Grundlagen der Kernenergetik" in den Blick. Es sei notwendig, „sich Klarheit über die Arbeitsteilung bei dem Bau eines Kernkraftwerkes von der ersten bis zur letzten Phase (einen Prozess, den wir in der DDR bisher noch nicht entwickeln konnten, da wir bisher das fertige Projekt und den überwiegenden Teil der Ausrüstungen aus der SU beziehen, sowohl für die erste als auch für die zweite Stufe!) zu verschaffen. Diese Arbeiten lassen sich zweckmäßig in 6 Komplexe aufteilen, welche teils von Arbeitsgruppen in verschiedenen Institutionen, teils von einer Arbeitsgruppe in zeitlich aufeinanderfolgenden Etappen bearbeitet werden. Es sind dies:

I. Das Skizzen-Projekt
II. Konstruktion der Hauptaggregate
III. Vorprojekt
IV. Technisches Projekt
V. Arbeitszeichnungen zum gesamten Projekt
VI. Aufbauleitung und Hauptingenieur."[206]

In die systematische Darstellung dieser Etappen bringt Barwich seine Erfahrungen aus zehn Jahren im Projekt „Atomnaja Bomba" ein, wobei er sich immer wieder einmal auf Jemeljanow beruft.

Schon in den Vorstufen dieses Positionspapieres wird eines sehr deutlich, nämlich die nicht zu erschütternde Autorität Jemeljanows. Scheinbar emotionslos berichtet Barwich, dass seine Hoffnung, durch ihn Unterstützung für die Idee der Entwicklung eines Natururan-Reaktors zu erfahren, leider nicht in Erfüllung ging. Möglicherweise empfand er aber Jemeljanows Bemerkung, dass er selbst bekanntermaßen in Genf in Schwierigkeiten „wegen dieses klugen Reaktors gekommen" sei, als tröstend. Dieser Reaktortyp, ein leichtwassergekühlter Natururan-Reaktor, sei noch immer der „unbekannteste Reaktor der Welt".[207]

Seine fundamentale Kritik an der bisherigen Kernenergiepolitik der SED, wie sie in den beiden Vorstufen sichtbar wird, schwächt Barwich im Laufe der Bearbeitung ab. In der als Exposé 1 bezeichneten Version schrieb er: „Im Zusammenhang mit den z. Zt. durchgeführten Überlegungen zum Perspektivplan erscheint es dringend notwendig, [...] die Frage der weiteren Maßnahmen zur Kernenergieentwicklung bei uns erneut bzw. erstmalig nüchtern zu prüfen, um eine Linie zu beziehen, die die bisherigen Fehler nach Möglichkeit ausgleicht, auf keinen Fall aber durch Verkennung der neuen Situation neue Fehler der alten Art hinzufügen läßt."[208]

---

[206] Ebd., Bl. 87–91.
[207] Ebd., Bl. 60.
[208] Ebd., Bl. 61.

Dazu führt er Folgendes aus: „Seit der Gründung des Zentralinstitutes für Kernphysik im Jahre 1955 ist die Forderung, die Kaderausbildung und sonstige Vorbereitungen für den in Kürze weitgehend selbstständig in Angriff zu nehmenden Bau von Atomkraftwerken und dazugehörigen Anlagen der Kerntechnik in Angriff zu nehmen, von Seiten leitender Partei- und Regierungsstellen ständig nachdrücklich erhoben worden. Im Zuge der Bestrebungen zur Erfüllung dieser Forderungen wurden die Fakultät für Kerntechnik gegründet, der Bau eines ersten Atomkraftwerkes mit 2 Ausbaustufen zu je 70 MW in die Wege geleitet und zuletzt noch das WTB-R gegründet – alles Maßnahmen, die relativ hohe Summen und große Werte an Arbeitskapazität in Anspruch nahmen und nehmen. Von allen diesen Maßnahmen muß leider gesagt werden, daß sie durchweg ‚Frühgeburten' darstellten, mit denen man sich noch lange Zeit wird herumplagen müssen, ohne eine wirkliche Freude daran zu haben. Sie erblickten das Licht der Welt, weil bei ihren Gründern zwei Voraussetzungen für gültig erachtet wurden, die heute nicht mehr als richtig gelten können:

1. Der Kraftwerksbau wird sich in pausenloser Entwicklung bis zum Jahre 1965 zu einem derart hohen technischen Niveau entwickeln, daß bereits mehrere Reaktortypen (einschließlich des fortschrittlichsten, des Brutreaktors) zur Auswahl für die Serienproduktion zur Verfügung stehen werden;
2. alle bis dahin gebauten Kraftwerke sind bereits zuverlässige Stromlieferanten und können als erste Stromlieferanten in die Energiebilanz eingesetzt werden."[209]

Zur Plutonium-Problematik schreibt er über eine „Sondersitzung", die einen inoffiziellen Meinungsaustausch über die Perspektivplanung beinhaltete. Dort habe Steenbeck sehr ausführlich über Arbeiten zum Druckwasserreaktor gesprochen, wobei insbesondere „von der Ausnutzung von Plutonium zum Ersatz der Anreicherung die Rede war". Diese umfangreichen Arbeiten können aber, wie Jemeljanow anmerkte, keine praktische Bedeutung erlangen, da Plutonium heute nicht als Kernbrennstoff, sondern als Kernsprengstoff bezeichnet werden müsse und noch zirka 15 Jahre vergehen werden, bis seine friedliche Anwendung möglich ist. Die Sowjetunion befasse sich, betonte Jemeljanow, „heute noch nicht mit dieser Frage". Geradezu „leidenschaftlich" habe er sich „gegen technische Pläne der Plutoniumerzeugung und der Uran-Isotopentrennung" ausgesprochen. „Die Kosten und besonders die Gefahren beim Plutonium seien außerordentlich groß, die Probleme seien in der ganzen Welt noch nicht ausreichend ausgereift und hier müßte man noch warten."[210]

---

[209] Ebd., Bl. 62.
[210] Ebd., Bl. 59.

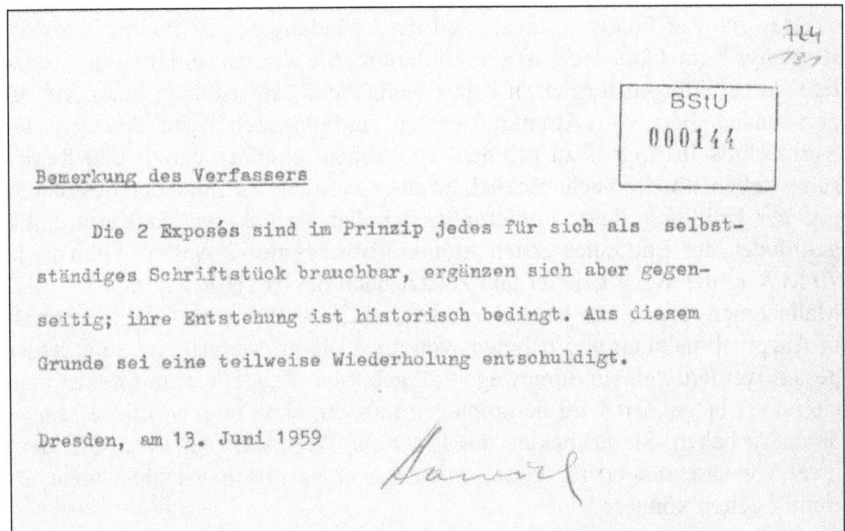

Abb. 27: Barwichs Charakterisierung der Vorstufen seiner „Bemerkungen".

Im Exposé 1 sprach Barwich gleichermaßen deutlich Kaderfragen an und monierte, dass zwar eine Reihe von Ingenieuren in der ursprünglich zusammengestellten Delegation vorgesehen war, die dann aber aus bestimmten Gründen nicht mitfuhren. Das besage weiter nichts, „als daß wir bisher noch keinen Ingenieur haben, welcher an führender Stelle in der Kerntechnik steht". Diese „bedauerliche Tatsache" sei die „Folge einer bisherigen Vernachlässigung der nüchternen Einschätzung der praktischen Belange unserer technischen Entwicklung. […] In der SU sitzen Physiker in den eigentlichen Forschungsstätten und werden von der Verwaltung und den Betrieben und technischen Institutionen nach Bedarf zur Mitarbeit herangezogen. An den entscheidenden technischen Stellen hat man erfahrene Ingenieure, die mit der Entwicklung der Kerntechnik mitgegangen sind."[211]

Barwich contra Rambusch – die Eskalation eines Konflikts

Im September 1959 erklärte Barwich in einem Brief an den IPL-Sekretär Lässig, dass Rambusch offensichtlich versuche, die Institutsparteileitung und den Direktor gegeneinander auszuspielen. Gegen diese „Intrige", wie er es

---

[211] Ebd., Bl. 57.

nannte, setze er sich zur Wehr und sei bereit, „dem Gen. Walter Ulbricht meinen Rücktritt anzubieten".[212]

An einer für den 10. September 1959 anberaumten Sitzung der Atom-Kommission des Zentralkomitees nahm Barwich nicht teil, weil seine Stellungnahme zu den Moskauer Verhandlungen durch das AKK nicht berücksichtigt wurde. Er begründete sein Fernbleiben gegenüber dem Führungsoffizier Jahn darüber hinaus damit, dass die wichtigsten anwesenden Mitglieder, nämlich Steenbeck, Rompe und Rambusch, eine einheitliche Meinung vertreten, gegen die er nicht ankommen könne. Barwich halte keinen der drei genannten Professoren für kompetent und lehne sie „wegen Befangenheit" ab. Nach den Verhandlungen in der Sowjetunion sei „die zweite Ausbaustufe undiskutabel". Er werde „bis zur letzten Konsequenz" seine Meinung vertreten.[213] Die von der SED-Führung geteilte Kritik am AKK gipfelte in dem Satz Kurt Hagers „Das Amt führt nicht – es hat die Dinge nicht im Griff", der Anfang 1960 in einer Sitzung im Büro von Erich Apel fiel, dem späteren Vorsitzenden der Staatlichen Plankommission.[214]

Auch der Institutsparteileitung war der Konflikt zwischen dem Direktor und dem AKK nicht verborgen geblieben und sie suchte, wie sollte es anders sein, nach Mitteln und Möglichkeiten, „Partei für die Partei zu ergreifen". In einem Brief an den Sekretär der Institutsparteileitung vom 24. September 1959 erklärte Barwich deshalb, dass er „dem Genossen Walter Ulbricht seinen Rücktritt anbieten werde, sofern nicht einwandfrei klargestellt wird, dass der Gen. Rambusch in dem vorliegenden Fall einen schweren Fehler gemacht hat".[215]

Die Parteileitung des ZfK stellte sich im Oktober daraufhin einerseits auf die Seite Barwichs, was das Vorgehen von Rambusch betrifft,[216] beklagte sich aber andererseits über dessen Leitungsstil, der sogar dazu führte, dass Prof. Schwabe seinen Rücktritt als 2. Direktor einreichte und sich weigerte, künftig mit Barwich zusammenzuarbeiten.[217] In seiner Schwabe-Biografie stellt Heiner Kaden allerdings fest, dass dieser bis zum 31. März 1969 2. Direktor des ZfK Rossendorf blieb.[218]

---

212 Bundesarchiv, MfS-AIM 2753-67, P-Akte, Bl. 137f.
213 Ebd., 131–133.
214 Vgl. Hampe, Geschichte der Kerntechnik, S. 68.
215 Bundesarchiv, MfS-AIM 2753-67, P-Akte, Bl. 137f.
216 Ebd., Bl. 139f.
217 Ebd., Bl. 141–143.
218 Kaden, Heiner: Kurt Schwabe. Chemiker, Hochschullehrer, Rektor, Akademiepräsident, Unternehmer, Leipzig 2011, S. 159.

Trotz aller Vorbehalte vieler kompetenter Wissenschaftler und in Kenntnis der sowjetischen Weigerung, die benötigten Kraftwerksausrüstungen zu liefern, beschloss das Präsidium des Ministerrates am 10. März 1960 die „Geheime Regierungssache: Perspektivplan zur Entwicklung der Kernenergie in der Deutschen Demokratischen Republik bis zum Jahre 1965", der die 2. Ausbaustufe des AKW 1 als „echte Weiterentwicklung mit umfangreicher DDR-Beteiligung und einem Abschlusstermin 1965" festschrieb.[219] „Derartige Beschlüsse", so Hampe, „wurden durch die ehrgeizigen Pläne der DDR-Führung veranlasst, gingen jedoch völlig an den Realitäten vorbei." Nichts von alledem sei verwirklicht worden. Stattdessen „schuf die DDR-Führung dadurch unnötige Spannungen zwischen den Beteiligten". Es dauerte zwei Jahre, bis der Wissenschaftliche Rat am 9. März 1962 dem Ministerrat vorschlug, „die Arbeiten an der 2. Ausbaustufe einstellen zu lassen".[220]

Auf dem Höhepunkt dieser personifizierten Krise entwarf Barwich am 27. Juni 1960 einen Brief an den Leiter der Abteilung „Maschinenbau" des ZK der SED, den „lieben Genossen Zeiler", in dem er „in aller Form einen *Misstrauensantrag* gegen den Leiter des AKK, Genossen Rambusch, beim Zentralkomitee der SED" stellen wollte. Die am 18. August 1960 handschriftlich hinzugefügte Bemerkung „im Entwurf verblieben, da nicht genügend redigiert", lässt darauf schließen, dass dieser Brief nicht abgesendet wurde.[221]

Bei einer Unterredung mit Oberleutnant Jahn deutete Barwich am 18. Februar 1960 an, „das Zentralinstitut vom Amt für Kernforschung lösen und entweder der DAW oder der Technischen Hochschule Dresden angliedern" zu wollen. Er benutze „hierbei Prof. Schwabe, der an der TH Dresden stark verankert ist, um seine eigene Meinung in dieser Richtung durchzusetzen". Das Motiv bei Schwabe bestehe darin, „sich von der Arbeit auf dem Gebiet der Radiochemie zu lösen, da jede Beschäftigung mit Radiochemie militärisch auszulegen ist". Beide seien sich einig darin, „auf diese Weise einer strengen Kontrolle und Anleitung zu entgehen", unterstellt der MfS-Offizier.[222]

Ein Bericht von Hauptmann Maye, datiert auf den 18. Januar 1962, lässt Barwich wie einen Sieger aussehen, der „ehrlich um die beste Lösung der Kernenergiefrage für die DDR im polit. als auch ökonom. Sinne bemüht" ist. „Die im Ergebnis der letzten Untersuchungen erreichten Veränderungen entgegen den Absichten von RAMBUSCH und STEENBECK und die damit verbundene Korrigierung der Meinungen z. B. bei Prof. HERTZ, ROMPE u. a. zu diesen Fragen beweisen, daß Prof. BARWICH abgesehen von seinem zeit-

---

[219] Vgl. Hampe, Geschichte der Kerntechnik, S. 69.
[220] Ebd., S. 70 f.
[221] Bundesarchiv, MfS-AIM 2753-67, A-Akte, Bl. 219–221. Hervorhebung im Original [Ba.].
[222] Bundesarchiv, MfS-AIM 2753-67, P-Akte, Bl. 148.

weiligen persönlichen Auftreten die Problematik von einem verantwortungsvollen und begründeten Standpunkt aus vertreten und ihre Richtigkeit sich erwiesen hat." Deshalb erscheine es zweckmäßig, „die teilweise Voreingenommenheit gegen Prof. BARWICH zu überwinden und auch staatlicherseits dazu beizutragen", mit einer exakten wissenschaftlichen Meinungsarbeit auf dem Gebiet der Kerntechnik zu „einer sinnvollen Klärung für unsere Republik" zu gelangen.[223]

Dieser positiven Beurteilung durch das MfS soll eine auf den 19. Juli 1960 datierte „Einschätzung des Institutsdirektors des ZfK" folgen, die an der Basis und „im Kollektiv" erarbeitet wurde. Darin heißt es, dass Prof. Barwich „ein ausgeprägtes Geltungsbedürfnis" habe und „in der Öffentlichkeit fortschrittlich und staatsverbunden" auftrete. „Seine Handlungen werden durch individualistische sowie auch durch anarchistische Tendenzen stark beeinflusst." Er sei „unausgeglichen", was „auch in seinen unklaren privaten Verhältnissen zum Ausdruck komme". Zwischen ihm und den anderen leitenden Mitarbeitern bestehe kein „wirkliches Vertrauensverhältnis". In seiner Leitungstätigkeit sei er „wenig zielstrebig und konzentriert". Er anerkenne nicht „die führende Rolle der Partei" und achte nicht „die Prinzipien des demokratischen Zentralismus". „In der wissenschaftlichen Arbeit tritt er nach den Auffassungen der Wissenschaftler unseres Institutes wenig in Erscheinung. Nach seinen eigenen Äußerungen ist er mit den Ergebnissen seiner wissenschaftlichen Arbeit unzufrieden."[224]

Als Konsequenz seiner intimen Einblicke in diese Kontroverse schlug Maye hingegen vor, „die Vorbereitung der Kommissionssitzungen Kernenergie am 9. bzw. 16.2.1962 zu kontrollieren und bei auftretenden Tendenzen umgehend die Parteileitung zu informieren". Über Aussprachen mit den wichtigen Akteuren Prof. Hertz, Prof. Frühauf, Prof. Rompe und Dr. Winde hinaus gelte es, den „GM ‚Liedmann' zur Klärung der Meinung und Stellungnahme der restlichen Mitglieder der Kommission Kernenergie" einzusetzen.[225]

Es ist nicht auszuschließen, dass die Entbindung Rambuschs von seinen Pflichten als Leiter im Januar 1961 und die darauf folgende Abwicklung des Amtes für Kernforschung und Kerntechnik im Jahre 1963 eine Folge von dessen Agieren im Konflikt mit Barwich gewesen ist. Die wechselseitigen Schuldzuweisungen sowie auch Loyalitätsbekundungen der maßgeblichen Akteure und Institutionen beschädigten auch Barwich, der sich bei einem Treff mit Oberleutnant Jahn im Mai 1960 zu „gehässigen Bemerkungen" hinreißen ließ und „die Genossen Apel und Grosse" als „Halbleiter" bezeichnete,

---
[223] Bundesarchiv, MfS-AIM 2753-67, A-Akte, Bl. 225 f. Hervorhebungen im Original [Ba.].
[224] Ebd., Bl. 238.
[225] Ebd., Bl. 226.

weil beide „die Probleme nur oberflächlich sehen" und „nicht in die Tiefe dringen".[226]

8. Die Sicht der „Erben" auf Barwichs Rolle in der Kernenergetik

Nach Barwichs Republikflucht 1964 setzte der Ministerrat eine Kommission ein, die ein „Gutachten über die wissenschaftlich-technische Tätigkeit von Prof. Dr.-Ing. habil. Heinz Barwich" in Auftrag gab. Als federführende Gutachter wurden mit Helmuth Faulstich, Barwichs Nachfolger, und Karl-Friedrich Alexander, Leiter des Bereichs „Reaktortechnik und Neutronenphysik", zwei profilierte Wissenschaftler des ZfK Rossendorf eingesetzt. Die Kommission gab den Gutachtern einen Fragespiegel vor. Dessen dritte Frage lautete: „Wie war die Mitwirkung von Prof. Barwich bei der Entwicklung der Kernenergetik in der DDR und seine Zusammenarbeit mit den hierfür bestehenden Einrichtungen?"

Faulstich und Alexander präsentierten am 25. Juni 1965 das Ergebnis ihrer Bemühungen. Bei der Beantwortung der Frage 3 verließen sie schnell die sachliche Ebene und mischten Fakten mit Spekulationen. Zunächst würdigten sie Barwichs besonderes Engagement bei der Auswahl eines Reaktors für die DDR im Jahre 1956. Innerhalb „der Regierungsdelegation zum Abschluss des Vertrages über die Hilfeleistung der UdSSR beim Aufbau des AKW 1 war Barwich der damals einzige kompetente wissenschaftliche Berater", stellten sie fest. Der Vertrag beinhaltete auch „die Errichtung einer zweiten Ausbaustufe", betonten sie ausdrücklich.

Für die Durchführung des technisch-wissenschaftlichen Teils dieser Arbeiten sei 1958 das Wissenschaftlich-technische Büro für Reaktorbau (WTBR) gegründet worden, das 1963 als Betriebsteil Berlin dem VEB Atomkraftwerk Rheinsberg unterstellt worden war. „Von diesem Zeitpunkt ab", so steht es im Gutachten, „machte Barwich während seiner ganzen Amtszeit keine durchführbaren bzw. durch wissenschaftliche Bearbeitungen begründete Vorschläge für die Entwicklung der Kernenergetik in der DDR."

Mit diesen Behauptungen leiteten Faulstich und Alexander zum polemischen Teil ihrer Antwort auf die Frage 3 über. Sie beurteilten Vorschläge Barwichs, die es, wie bereits gezeigt, durchaus gegeben hat, als „widersprüchlich oder spontan und nicht in den Konsequenzen durchdachte Vorstellungen", die „von ihm selbst dann später wieder abgelehnt" worden seien. Dazu zählten sie Barwichs Auffassung, „man müsse sich in der Perspektive in der DDR auf Isotopentrennungsanlagen für Uran und Schwerwasser, metallurgische Anlagen, Plutoniumanlagen und einen Natururan-Reaktor für Plutoniumerzeu-

---

[226] Ebd., Bl. 154.

gung" konzentrieren. „Die Arbeiten des WTBR", so das Urteil von Faulstich und Alexander, „wurden von Barwich nicht nur nicht unterstützt, sondern durch diese Vorschläge stark behindert, die eine klare Entscheidung für die Entwicklung der Kernenergetik erschwerten".

Der Elektrotechniker Faulstich und der Physiker Alexander folgten mit dieser Art zu argumentieren dem „bewährten Prinzip" der Staatspartei, systemische Dysfunktionalitäten zu personifizieren. Darüber hinaus stehen ihre Behauptungen im Widerspruch zu der o. g. Beurteilung durch das MfS, das 1962 in Barwich einen verantwortungsbewussten Wissenschaftler sah. Doch damit nicht genug. Im Weiteren geraten beide auf das glatte Eis von Spekulationen, wenn sie behaupten, dass „eine der Ursachen für Barwichs Auftreten gegen das WTBR/KPKA [KPKA: VEB Entwicklung und Projektierung kerntechnischer Anlagen, Ba.] und gegen eine 2. Ausbaustufe des AKW in seiner persönlichen Einstellung Prof. Steenbeck gegenüber begründet" sei. „Barwich ist ein Mensch mit ausgeprägtem Geltungsbedürfnis, der danach strebte, als einziger kompetenter Wissenschaftler in der DDR die Fragen der Kernenergetik zu vertreten." Hinzu käme, „dass Prof. Steenbeck bereits aus seiner früheren Tätigkeit in Deutschland und in der UdSSR als Wissenschaftler bekannter und anerkannter war und diese Anerkennung sich auch in einem höheren Gehalt ausdrückte, ein Umstand, mit dem er sich nicht abfinden wollte". Sein „Neid sowie seine Furcht, seine Vorrangstellung in Fragen der Kernenergie zu verlieren oder zumindest teilen zu müssen, äußerte sich bei Barwich weniger in direkten Auseinandersetzungen mit Prof. Steenbeck als vielmehr in Angriffen gegen das WTBR und die 2. Ausbaustufe des AKW. [...] Die durch sein Verhalten bewirkte Desorientierung war deswegen besonders wirksam, weil Barwich seine Auffassungen in zahlreichen persönlichen Schreiben und Gesprächen mit führenden Persönlichkeiten des Regierungs- und Parteiapparates lancierte."[227]

Die Auseinandersetzungen um die 2. Ausbaustufe des AKW 1 einerseits und die Installierung von Fuchs als stellvertretendem Direktor andererseits veranlassten Werner Lässig, den Parteisekretär des Instituts, am 28. Oktober 1960 Barwichs Führungsoffizier Jahn darüber zu informieren, dass im ZK und auch in der Bezirksleitung Dresden der SED die Linie verfolgt werde, „Barwich aus dem Institut zu entfernen und Fuchs als Leiter einzusetzen". In seinem Aktenvermerk vom 31. Oktober stellte sich Jahn gegen diese seiner Ansicht nach gefährliche Tendenz. „Wenn die Ablösung Barwichs durch Fuchs die Linie ist, verlieren wir beide als Wissenschaftler, wobei Fuchs eindeutig wertvoller ist, wenn er Theorie betreiben kann. Vermutlich wird er an der Leitung des Instituts scheitern. Außerdem werden sich die Wissenschaftler der Kernforschung und andere im Falle einer Ablösung mit Barwich solidari-

---

[227] Bundesarchiv, MfS-AOP 10660-67, Bd. 5, Bl. 18–21.

sieren. Sicher wird er zum Märtyrer, ‚weil er seine Meinung sagte und deshalb abgesetzt wird'." Jahn sei überzeugt, dass „Barwich trotz aller Mängel als fortschrittlicher Wissenschaftler eingeschätzt werden muss".[228]

9. Ins Unrecht gesetzt

Barwich fasste Ende 1962 in einem Brief seine Sicht auf die Kontroversen um die 2. Ausbaustufe des AK-1 unter allgemeinen und persönlichen Aspekten zusammen.

„Zur Frage des Gewichtes des Urteils eines Wissenschaftlers:

a) Die Urteilskraft in politischen und damit in allgemein wirtschaftlichen und ökonomischen Fragen ist zumindest stark in Frage zu stellen, wenn der Betreffende als reifer Wissenschaftler mit bereits allen akademischen Graden den Nazis zugelaufen ist. Er ist damit durch das politische Examen vollkommen durchgefallen. Wenn er später zu Einsichten kommt, wenn er später wieder mit den Roten Wölfen heult, dann bedeutet das noch lange nicht, dass er über Voraussicht verfügt, die besser ist als die eines Mannes, der stets den geraden Weg der Wahrheit sucht und der Gewissenhaftigkeit gegangen ist und infolgedessen nicht Nazi sein konnte. (3 Eigenschaften sind nie zusammen vorhanden: intelligent, anständig, Nazi)

b) Die Urteilskraft eines erfahrenen guten Mannes basiert tatsächlich auf Beobachtung im Fachgebiet. Man kann nicht wissen, ob Kraftwerke gebaut werden sollen oder nicht, wenn man nie längere Zeit in Fabriken tätig war, die Technik wirklich an der Basis miterlebt hat! Das ist keine Frage der Intelligenz, sondern des durch Erfahrung gewonnenen Wissens."

Zur Person:

Ich gehöre im Gegensatz zu augenblicklich einflussreicheren Leuten zu den Leuten, die eine ‚einwandfreie' Vergangenheit haben, d. h. seit den 20er Jahren aktiv Agitatoren und später illegale Kämpfer gegen den Faschismus waren.[229] Nur die Prognosen solcher Leute haben sich, wie die Geschichte lehrt, bisher als zutreffend erwiesen, nicht die der Gegner, die auch das technisch-wissenschaftliche und wirtschaftliche Potential des damaligen Deutschland falsch einschätzten, indem sie an den Sieg glaubten. Ich habe daran keine Minute meines Lebens geglaubt, so wahr mir Gott helfe! Warum soll das Urteil der politischen Versager oder der fachlich Ungeschulten richtiger sein als das meine? Warum soll ausgerechnet derjenige, der den Standpunkt der SU teilt, ins Unrecht gesetzt werden?"

---

[228] Bundesarchiv, MfS-AIM 2753-67, A-Akte, Bl. 158 f.

[229] Barwich als illegaler Kämpfer gegen den Faschismus – diese Facette seiner Biografie hatte bislang niemals eine Rolle gespielt.

Er sei fest davon überzeugt, dass „die Geschichte des Zusammenbruchs der zweiten Stufe" ihm „wieder einmal zu weiterem Ansehen verhelfen!" werde.[230]

VII. Zwischen den Stühlen

Ungewöhnlich, aber folgenreich war Barwichs Inkonsequenz im Verhältnis zur Mutter seiner Kinder. Um derentwillen trennte er sich von seiner Geliebten und lebte in Dresden wieder mit Edith und den Kindern zusammen. Rückblickend erinnern sich Schulfreunde der jüngsten Tochter Beate an ihre Einblicke in das Familienleben der Barwichs. Nicolaos Simundt, Niki genannt und ab 1966 als IM „Antonio" auch über die Barwichs berichtend, erklärte seinem Führungsoffizier, dass Mutter Edith „einen geistigen Defekt hatte". Er begründete das vor allem damit, dass diese „mit namhaften Politikern der Welt" korrespondierte und „Friedensschriften" verfasste.[231] So drastisch formuliert es Werner Hartmanns Tochter Sylvelie nicht. Die Ärztin erinnert sich an eine in der Tat ungewöhnliche Frau. Als Schulkind habe sie gesehen, wie Vater Barwich sonntags am Herd stand und das Essen zubereitete, während die Mutter am Schreibtisch saß und „irgendwelche Briefe an Politiker und internationale Organisationen" schrieb – „mit dem Ziel, die Welt zu verbessern". Früher, in Agudseri, „hat sie ihre Kinder in den russischen Kindergarten geschickt, um nicht kochen zu müssen". Die vier Kinder hätten sich später sehr über eine zweite Eheschließung ihrer leiblichen Eltern gefreut und in Dresden nach Kräften dafür gesorgt, dass der Vater sich von seiner Geliebten trennt. „Geheiratet hat er die Mutter aber nicht wieder, sondern stattdessen seine Elfi, die als Dolmetscherin in Rossendorf angestellt war." Ab 1967 lebte Edith Barwich wieder in der Bundesrepublik, „in sehr bescheidenen Verhältnissen", wie sich Sylvelie Schopplich an einen Besuch nach der deutschen Wiedervereinigung erinnert. „Die Zwillinge waren rechtzeitig vor dem Mauerbau zurück in den Westen gegangen."[232]

Anfang 1957 erhielt das MfS Kenntnis von den „abenteuerlichen Gedanken" des Sohnes Peter, „Westdeutschland zu besuchen". Darauf von seinem Führungsoffizier angesprochen, erklärte Barwich, dass er deshalb schon „heftige Auseinandersetzungen mit ihm hatte".[233]

Sichtlich unangenehm war es Barwich, von Major Kairies aufgefordert zu werden, den von Ardenne ins Leben gerufenen Dresdner Klub zu besuchen.

---

[230] Bundesarchiv, MfS-AIM 2753/67, P-Akte, Bl. 288 f. (undatiert, vermutlich Brief an Dr. Winde vom 19.12.1962; Hervorhebungen im Original [Ba.]).
[231] Bundesarchiv, MfS-AIM 2667/90, Bl. 65.
[232] Gespräch mit Sylvelie Schopplich am 4. Juli 2023.
[233] Bundesarchiv, MfS-AIM 2753-67, A-Akte, Bl. 54.

Er selbst, so seine Ausflüchte, komme wegen „Arbeitsüberlastung", wie übrigens auch andere „dem Staat treuergebene Wissenschaftler", kaum dazu, „diesen Club zu besuchen". Außerdem, so argumentierte er weiter, werden lediglich „die weniger belasteten Wissenschaftler Gelegenheit haben, unkontrollierbare Gespräche zu führen".[234]

Ein Jahr später thematisierte er bei einem Treff den Dresdner Klub im Zusammenhang mit seinen Sorgen um Prof. Hartmann, für den „unbedingt etwas getan werden muss". Dieser sei „jetzt ständiger Stammgast im Dresdner Club und geht oft mittags dorthin, um dort zu arbeiten". Auch halte Hartmann „keine Vorlesungen mehr und arbeitet nur, was unbedingt notwendig ist". Auf Nachfragen antworte er mit der Gegenfrage „Für wen und wofür denn?". Barwich verstand den Vorwurf, in dem von ihm geleiteten Betrieb „VEB Vakutronik" eine „parteifeindliche Plattform" gebildet zu haben,[235] als Ursache für Hartmanns Resignation. Er leiste „als Wissenschaftler nichts mehr" und Barwich befürchte, dass „entweder eine Republikflucht oder aber stetiges Abgleiten in Aussicht stehe". In seinem Treffbericht kommt Oberleutnant Jahn zu dem Schluss, der Dresdner Klub könnte sich „zu einer negativen Brutstätte" auswachsen, „zumal durch Partei und MfS kaum Einfluss genommen wird".[236]

Als die beiden Mitarbeiter des MfS, Oberleutnant Jahn und Oberleutnant Switala, ihn am 12. November 1957 auf die Republikflucht des Leiters des Bereiches „Radiochemie", Dr. Hans-Joachim Born, ansprachen, zeigte er sich zwar überrascht, schätzte das Ganze aber als den „vorbereiteten Abzug" eines Wissenschaftlers ein, der an seinem Verantwortungsbereich „Radiochemie" „nicht besonders interessiert ist".[237] In München sah man das ganz anders und berief ihn umgehend als außerordentlichen Professor an das Institut für Radiochemie der Technischen Universität, wo er 1962 zum ordentlichen Professor ernannt worden ist.[238]

Bei einem Treff Anfang Mai 1960 lenkte Oberleutnant Jahn das Gespräch erneut auf Hartmann. Barwich sagte, dass man ihm bei seinem letzten Besuch demonstrativ erklärt habe, „dass sie nicht daran denken, die Republik zu verlassen". Allerdings wies er darauf hin, „dass Hartmann immer in Geldschwierigkeiten ist" und „sich vermutlich in Westberlin oder Westdeutschland ein Konto schafft". Hinweise auf Vorbereitungen einer Republikflucht sehe er allerdings nicht.[239]

---

[234] Ebd., Bl. 53.
[235] Vgl. Barkleit, Werner Hartmann, S. 109–113.
[236] Bundesarchiv, MfS-AIM 2753-67, A-Akte, Bl. 96–99.
[237] Bundesarchiv, MfS-AIM 2753-67, P-Akte, Bl. 79.
[238] Kaden, Kurt Schwabe, S. 153.
[239] Bundesarchiv, MfS-AIM 2753-67, A-Akte, Bl. 154.

Im Dezember 1960 wurde Heinz Barwich zum Vizedirektor des Vereinigten Instituts für Kernforschung in Dubna bei Moskau gewählt. In einem „Auskunftsbericht" vom 28. April 1961 hielt Hauptmann Maye für erwähnenswert, dass Ehefrau Elfriede mit nach Dubna reist. Darüber hinaus wies er auf „bei ihm vorhandene anarchistische Charakterzüge" hin, die „sich im persönlichen Leben als auch in wissenschaftlich technischer Hinsicht ausdrücken". Auf seinem Fachgebiet sei er als „anerkannter und produktiver Wissenschaftler mit einem ausgeprägten wissen.-organisat. Talent einzuschätzen". Er habe „Vertrauen zum MfS und ist bereit, gegebene Hinweise zu respektieren und Aufträge zu erfüllen". Nach seiner Rückkehr aus der SU habe es Hinweise gegeben, „dass sich imp.[erialistische, Ba.] Geheimdienste um ihn bemühen". Gegenwärtig gebe es zu Prof. Barwich „keine op. Hinweise". Führungsoffizier Maye versäumte es auch nicht festzuhalten, dass Barwich im Dezember 1960 an der VI. Pugwash-Konferenz in Moskau teilgenommen habe und dadurch „Kontakt zu amerikanischen Wissenschaftlern erhielt". Durch Lord Bertrand Russell sei er zur Teilnahme an der VII. Pugwash-Konferenz im September 1961 nach den USA eingeladen worden. „Es wird eingeschätzt, dass die Teilnahme von Professor Barwich an dieser Konferenz positiv und politisch wertvoll für die DDR ist."[240]

In Rossendorf wuchsen die Differenzen mit seinem Stellvertreter Klaus Fuchs langsam, aber stetig an. In den Memoiren reflektierte Barwich das Verhältnis zu seinem Stellvertreter ebenso wie seine eigenen überzogenen Erwartungen, die Physik in der DDR zu kontrollieren. Als Fuchs 1959 seine Tätigkeit im ZfK als Leiter der theoretischen Gruppe für Reaktorphysik und stellvertretender Direktor begann, „glaubten beide an eine gute kameradschaftliche Zusammenarbeit", schreibt Barwich. Aber „Fuchs war in keiner Hinsicht der, den ich in ihm sehen wollte", musste er erkennen. Er attestierte ihm, ein Mensch zu sein, „der mehr als andere um seine Prinzipien ringt". Vielleicht gerade deshalb ließ er sich nicht darauf ein, gemeinsam mit Barwich „eine Opposition der Zukunft" zu bilden, die „selbstverständlich im Rahmen der großen Parteilinie" Kernforschung, Kerntechnik und Kernenergieprogramm dominieren würde. Sein damals sicher nicht ausgesprochenes Ziel bestand tatsächlich darin, „praktisch gemeinsam die Physik in der DDR kontrollieren" zu wollen.

Fuchs, so Barwich, erwies sich als ungeeignet, weil dieser „erstens ein schlechter Menschenkenner" und zweitens „kein echter Kommunist" war. Er war „ein typischer kommunistischer Intellektueller, ein kommunistischer Philosoph und Prophet, aber er hatte bei allem guten Willen kein Gespür für kommunistisches und sozialistisches Handeln in der realen Welt von heute". Barwich war vor allem auch deshalb so enttäuscht, weil er glaubte, dass ihm

---

[240] Bundesarchiv, MfS-AIM 2753-67, P-Akte, Bl. 161 f.

mit Prof. Hertz bisher „ein solches Bündnis bis zu einem gewissen Grade gelungen war".[241] Was „bis zu einem gewissen Grade gelungen" bedeuten könnte, illustriert Elfi mit der Schilderung einer Szene während des Empfangs des sowjetischen Botschafters Perwuchin anlässlich des 43. Jahrestages der Großen Sozialistischen Oktoberrevolution in Berlin. „Der damalige Vorsitzende der Plankommission, Erich Apel, ein Duzfreund von Heinz, und Staatssekretär Grosse, beide enge Mitarbeiter von Walter Ulbricht, beschwerten sich bei mir, dass immer alle nach der Pfeife meines Mannes zu tanzen hätten. Es mache ihm sichtlich Spaß, seine Mitmenschen – bis in die Regierung hinauf – zu tyrannisieren. Was blieb mir anderes übrig, als zu bemerken, dass das wohl an den Mitmenschen liegen müsse, denn ich käme recht gut mit ihm aus."[242]

An dieser Stelle sei an die bereits zitierte Bemerkung eines seiner Assistenten erinnert, dass er angesichts seiner äußeren Umstände und Privilegien durchaus die Gefahr sehe, größenwahnsinnig zu werden. Auf der fachlichen Ebene verdichteten sich die Anzeichen, dass Fuchs sich mit seinen Vorstellungen durchsetzen könnte, das ZfK konsequent auf die Forschung zum Schnellen Brutreaktor auszurichten, einem Reaktortyp, zu dem dieser in England bis zu seiner Verhaftung im Jahre 1950 gearbeitet hatte.[243]

Nach einem gewissen Hype um die Kernforschung und den führenden Protagonisten Ende der 1950er Jahre scheint das Interesse öffentlicher Institutionen an Barwichs Mitwirkung deutlich nachzulassen. Einige wenige Vorträge zu politischen oder gesellschaftlichen Anlässen hat Hampe dokumentiert: Reden auf einer Kundgebung anlässlich des 40. Jahrestages der Großen Sozialistischen Oktoberrevolution sowie zum 9. Jahrestag der DDR, einen Vortrag für den Berliner Rundfunk zur Inbetriebnahme des Forschungsreaktors (gesendet am Sonntag, dem 22. Dezember 1957) und eine Ansprache anlässlich der Abiturientenfeier am 6. Juli 1958 in der Martin-Andersen-Nexö-Oberschule Dresden.[244] Auf der III. Polytechnischen Tagung der TH Dresden referierte Barwich im November 1960 zu „Grundlagen und Perspektiven der Kernkraftwerke".[245]

Der Physiker Barwich wurde in den ersten Jahren seines Wirkens in der DDR mehrfach ausgezeichnet. Den Nationalpreis II. Klasse konnte er am 6. Oktober 1959 in China entgegennehmen. Darüber hinaus erhielt er einige Ehrenmedaillen nichtstaatlicher Organisationen für sein Engagement um die

---

241 Barwich/Barwich, Rotes Atom, S. 141 f.
242 Ebd., S. 144.
243 Vgl. Collatz, Siegwart/Falkenberg, Dietrich/Liewers, Peter: Forschungs- und Entwicklungsarbeiten des ZfK Rossendorf zur Kernenergienutzung, in: Liewers u. a., Geschichte der Kernenergie, S. 433.
244 Nachlass Hampe.
245 Bundesarchiv, MfS-AIM 2753-67, A-Akte, Bl. 169 ff.

Sicherung des Friedens. Am 10. Dezember 1957 erhielt er die „Ernst-Moritz-Arndt-Medaille" und am 21. April 1959 die „Silberne Friedensmedaille" des Nationalrates der Nationalen Front sowie im Mai 1959 die „Erinnerungsmedaille des Weltfriedensrates", die er in Stockholm entgegennahm.

VIII. Richtungskämpfe im ZfK nach 1964

Nach „der staatlichen Entscheidung, keine eigene Reaktorentwicklung zu betreiben, brach in der DDR ein scharfer Richtungsstreit bezüglich der Kernenergie aus, der im ZfK besonders extreme Ausmaße annahm", stellen Collatz u. a. fest.[246] Auf Drängen von Fuchs wurden Arbeiten zum Schnellen Brutreaktor (SBR) für das ZfK zum Forschungsschwerpunkt erklärt. Fuchs favorisierte einen „Schnellen Pastenreaktor", bei dem die Paste, eine Suspension aus Uranoxid und Natrium, in Rohren durch den Reaktortank geführt wird. Dagegen formierte sich aber erheblicher Widerstand, vor allem von Kurt Schwabe, Bereichsleiter der „Radiochemie", Karl-Friedrich Alexander, Bereichsleiter „Reaktortechnik und Neutronenphysik", Institutsdirektor Helmuth Faulstich sowie den Abteilungsleitern Ernst Adam (Reaktorbetrieb), Peter Liewers (Reaktorphysik), Karl Schwarz (Wärmetechnik) und Horst Steinkopff (Brennelementtechnologie).[247] Angesichts dieser Entwicklung drängt sich die Frage auf, ob in den wissenschaftspolitischen Auseinandersetzungen eine Barwich-Schule erkennbar wird, ob Barwichs Art zu denken und zu handeln jüngere Physiker geprägt hat. Das scheint nicht der Fall zu sein, wie auch die knappe Pressemitteilung im Umfang von 20 Zeilen belegt, die von der Nachfolgeeinrichtung, dem Helmholtz-Zentrum Dresden-Rossendorf, anlässlich seines 100. Geburtstages veröffentlicht wurde.[248]

---

[246] Collatz, Siegwart/Falkenberg, Dietrich/Liewers, Peter: Forschungs- und Entwicklungsarbeiten des ZfK Rossendorf zur Kernenergienutzung, in: Liewers u. a., Geschichte der Kernenergie, S. 415.
[247] Ebd., S. 434.
[248] https://www.hzdr.de/db/Cms?pOid=33973&pNid=0&pLang=de.

E. Vizedirektor des Vereinigten Instituts für Kernforschung in Dubna: 1961–1964

Mag der erste dokumentierte Gedanke Barwichs, wieder in der Sowjetunion zu arbeiten – wie bereits erwähnt Ende April 1959 einem Assistenten gegenüber geäußert –, auch nicht sonderlich ernst gemeint gewesen sein, so spricht er doch für ein gewisses Unbehagen mit seiner damaligen Situation.

Für die „Flucht" nach Dubna könnte es zwei Gründe gegeben haben:

1. Mit Klaus Fuchs erhielt er einen fachlich herausragenden Stellvertreter, der als Mitglied der SED die politische Führung hinter sich wusste, was nicht nur für das Institut galt.

2. Wie schon in Agudseri war das Zusammenleben mit Edith für ihn sehr belastend und Elfi besaß gute sprachliche Voraussetzungen für ein Leben in der Sowjetunion.

Das Kapitel im „Roten Atom" über die Zeit in Dubna hat Ehefrau Elfi verfasst, da es keine schriftlichen Aufzeichnungen ihres Mannes darüber gibt. Elfi zeichnet ein Bild ihres Mannes, das diesen nicht als Physiker zeigt, der, nachsichtig formuliert, eine fachliche Aufgabe sucht, sondern als leutseligen homo politicus und gibt vor allem „die Stimmung wieder, in der wir uns zur Flucht in den Westen entschlossen".[1]

I. Das Vereinigte Institut für Kernforschung in Dubna

Angesichts der Erfahrungen, dass „eine erfolgreiche Entwicklung der modernen Kernphysik ohne enge Zusammenarbeit der Wissenschaftler, ohne ständigen Austausch von Erfahrungen und wissenschaftlichen Ergebnissen undenkbar" sei, „schlug die Sowjetregierung die Gründung eines Internationalen Forschungszentrums vor", schrieben Birjukow u. a. in einer 1960 auch in deutscher Sprache erschienenen Eigendarstellung des Vereinigten Instituts für Kernforschung in Dubna (VIK).

Auf das Angebot der Moskauer Führung, in der Nähe der Hauptstadt ein gemeinsam finanziertes und genutztes internationales Forschungsinstitut zu gründen, reagierten die Staaten des Ostblocks positiv. An der später gern „CERN des Ostblocks" genannten und 1956 gegründeten internationalen For-

---

[1] Barwich/Barwich, Rotes Atom, S. 143.

schungseinrichtung beteiligten sich neben der Sowjetunion die Länder Albanien, Bulgarien, China, DDR, Nordkorea, Kuba, Mongolei, Polen, Rumänien, Ungarn und Vietnam.

Von seiner Gründung an war das VIK Dubna wissenschaftlicher Leuchtturm und Politikum gleichermaßen. In der genannten Eigendarstellung werden im Kapitel „Entstehungsgeschichte" nur zehn von insgesamt zwölf beteiligten Staaten namentlich genannt. China wird nur deshalb, und auch nur am Rande, erwähnt, weil 1958 mit Prof. Wang Kang-ch'ang ein Chinese zum Vizedirektor gewählt wurde.

Artikel 6 des Statuts sichert die „völlige Gleichberechtigung aller Mitgliedstaaten in den Fragen der Leitung des Instituts und der Beteiligung an den Forschungsarbeiten, unabhängig von der Höhe der Mitgliedsbeiträge". „Der Anteil an den Ausgaben für den Bau und die Unterhaltung des Instituts entspricht den Möglichkeiten eines jeden Staates", die sehr unterschiedlich seien. Heinz Barwich gehörte zu den „bekannten Wissenschaftlern der Mitgliedstaaten", die den Wissenschaftlichen Rat des VIK bildeten.[2]

In einer 1975 in Moskau erschienenen weiteren Selbstdarstellung des VIK wurden nur noch zehn Mitgliedsländer namentlich genannt. Während der 1960er Jahre hatte sich das politische Klima zwischen Peking und Moskau zunehmend verschlechtert. Der Streit um die ideologische Vormachtstellung führte zu Spannungen an der chinesisch-sowjetischen Grenze, die 1969 in zahlreiche bewaffnete Zusammenstöße mündeten und zum Austritt Chinas aus dem VIK führten. Kuba war in wissenschaftlicher Hinsicht offenbar nicht erwähnenswert.[3]

Das folgende Organigramm weist die in den 1950er Jahren bereits institutionalisierten Forschungsfelder und die forschungsleitenden und begleitenden Gremien aus, die international besetzt waren.

Die Kosten für den Aufbau und den Unterhalt des Instituts teilten sich die Mitgliedstaaten in folgender Weise auf: Albanien 0,05%, Bulgarien 3,6%, Ungarn 4%, DDR 6,75%, China 20%, Koreanische VDR 0,05%, Mongolische VR 0,05%, Polen 6,75%, Rumänien 5,75%, UdSSR 47,25%, ČSSR 5,75%.[4]

Zum Institut gehörten Ende der 1950er Jahre fünf Teilinstitute, Laboratorien genannt, die sämtlich von sowjetischen Spitzenwissenschaftlern geleitet wurden.

---

[2] Vgl. Birkjukow, W. A./Lebedenko, M. M./Ryshow, A. M.: Das Vereinigte Institut für Kernforschung in Dubna, Leipzig 1960, S. 18.

[3] Vgl. Birjukow, W. A. u.a.: Meschdunarodnyi Zentr w Dubne, Fotoalbum, Moskwa 1975.

[4] Barwich/Barwich, Rotes Atom, S. 148.

170 E. Vizedirektor des Vereinigten Instituts für Kernforschung in Dubna

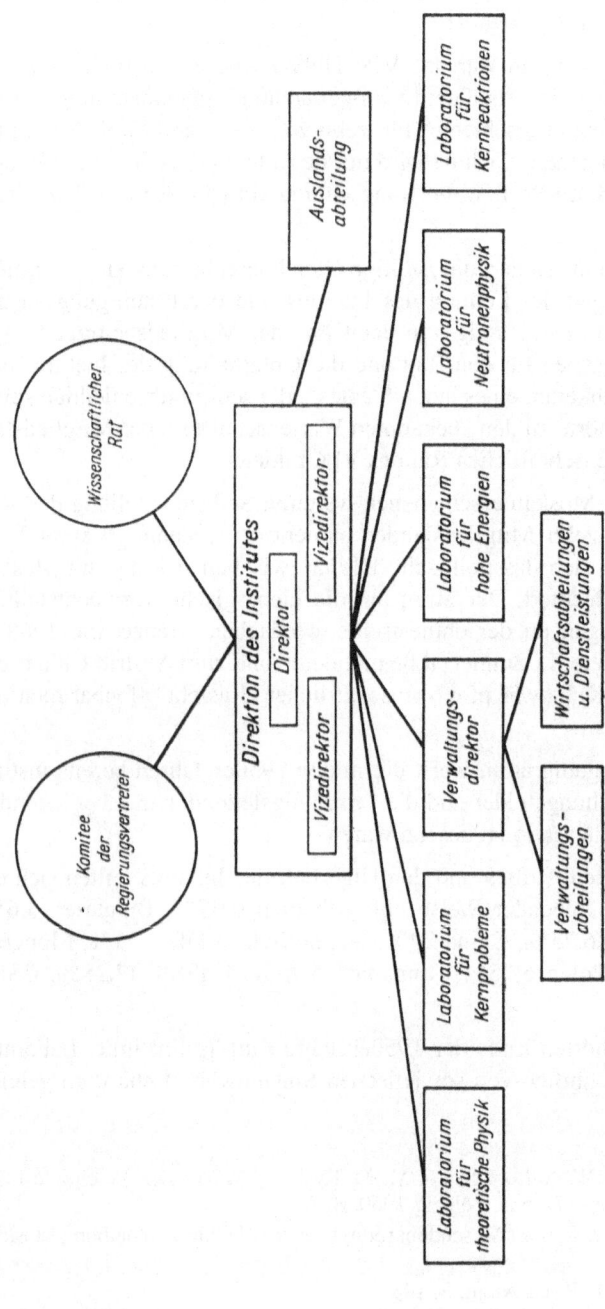

Abb. 28: Das VIK Dubna mit seinen Laboratorien und den Gremien in den 1950er Jahren.[5]

---

[5] Birkjukow u. a., Dubna, S. 23.

I. Das Vereinigte Institut für Kernforschung in Dubna 171

Das Laboratorium für Theoretische Physik leitete das Akademiemitglied N. N. Bogoljubow. Es verfügte über ein mit modernster Technik ausgestattetes Rechenzentrum. Neben der elektronischen Rechenmaschine „Ural" waren zwei weitere, noch leistungsfähigere Maschinen im Bau.

Das Laboratorium für Kernprobleme wurde von W. P. Dshelepow geleitet. Die bedeutendste Versuchsanlage war das Synchrozyklotron, das Protonen auf 680 MeV, Deuteronen auf 420 MeV und Alphateilchen auf 840 MeV beschleunigen konnte. Dieser Beschleuniger war einer der größten seiner Art weltweit.

Das Laboratorium für hohe Energien leitete mit W. I. Weksler ebenfalls ein Mitglied der Akademie der Wissenschaften. Zur experimentellen Grundausstattung dieses Labors gehörte ein Synchrophasotron, mit dem Protonen auf eine Energie von 10 GeV beschleunigt werden konnten. Mit einer Masse von 36.000 Tonnen und einem Durchmesser von fast 60 Metern war es einer der größten Beschleuniger der Welt.

Anfang der 1960er Jahre standen zwei weitere Laboratorien kurz vor ihrer Fertigstellung, das Labor für Neutronenphysik, das mit einem Impulsreaktor zur periodischen Erzeugung schneller Neutronen ausgestattet und von I. M. Frank, einem Mitglied der Akademie der Wissenschaften der UdSSR und Nobelpreisträger von 1958, geleitet wurde, sowie das vom korrespondierenden Akademiemitglied G. N. Fljorow geleitete Labor für Kernreaktionen. Forschungsschwerpunkt dort war die Herstellung bislang noch nicht bekann-

Abb. 29: Vortrag vor Botschaftern anlässlich des Amtsantritts als Vizedirektor 1961.

ter chemischer Elemente mit Hilfe eines zyklischen Beschleunigers für mehrfach geladene Ionen.[6]

II. Privates Glück

Zumindest im Privaten wurde die Zeit in Dubna eine glückliche Episode im Leben von Heinz und Elfi Barwich. Sie durften sofort eine von drei „sehr hübschen kleinen Villen" beziehen, umgeben von hohen Kiefern und Birken in einem kleinen Park gegenüber der Promenade am Ufer der Wolga. Diese mit Fernwärme versorgte „Datscha" wurde ihr Zuhause, das auch noch bei vierzig Grad Minus behaglich warm war.[7]

Bereits in ihrer ersten Woche in Dubna wurden Barwich und seine Frau zu einem Festessen eingeladen, das zu Ehren von Niels Bohr, Nobelpreisträger für Physik des Jahres 1922, gegeben wurde, der mit seinem Sohn das Institut besuchte. „Ich war stolz, einen Mann wie Niels Bohr persönlich kennenzulernen", schrieb sie. „Er saß mir gegenüber, und es war bewegend, wie dieser greise Mann mit leiser vibrierender Stimme einen Toast ausbrachte auf die freundschaftliche Zusammenarbeit unter den Wissenschaftlern in der ganzen Welt, die weder Zensur noch Tyrannei in ihrer Suche nach der Wahrheit behindern dürften."[8]

Abb. 30: Schneeschieben im Garten des Landhauses.

---

[6] Birjukow u. a., Dubna, S. 51.
[7] Barwich/Barwich, Rotes Atom, S. 146 f.
[8] Ebd., S. 151.

II. Privates Glück

Abb. 31: Der Vizedirektor fühlt sich auch in der Küche wohl.

Abb. 32: Dshelepow, Barwich und Niels Bohr 1961 in Dubna.

III. Der 50. Geburtstag in neuer Umgebung

Am 22. Juli 1961 feierte Barwich seinen 50. und Gustav Hertz seinen 74. Geburtstag. „Barwichs Jubiläum", schreibt die Ehefrau, „begann mit einem Gratulationsbesuch der Institutsleitung und von Wissenschaftlern aus den Laboratorien." „Neben einem großen Stapel von Gratulationsbriefen, besonders aus der DDR, waren auch die persönlichen Wünsche Walter Ulbrichts eingetroffen." Für Elfi „ein Beweis dafür, dass man Heinz stets im Auge behielt".[9] Einen längeren Glückwunsch übermittelte Klaus Fuchs.[10] Die gegenseitigen Glückwünsche von Barwich und Hertz, jeweils ausführliche Schreiben, zeigen einen sich hochgradig intellektuell gebenden Barwich und, im scheinbaren Gegensatz dazu, einen schreibfaulen Hertz.

Heinz Barwich an Gustav Hertz:

„Lieber Herr Hertz!

Wenn auch meine Widersacher behaupten, ich könnte die Tinte nicht halten, und damit mein schriftstellerisches Talent, das ihnen schon oft zu schaffen machte, madig machen wollen, so muss ich hingegen feststellen, dass sich dem freien Lauf der Tinte im Falle der Verfassung eines originellen Geburtstagsbriefes für Sie gewisse Widerstände entgegen stellten: Wollte ich mich doch aus diesem besonderen Anlass – im Gegensatz zu meiner bekannten Gepflogenheit – ausnahmsweise einmal nicht über Unzulänglichkeiten von Administrationen und Administratoren, sondern über Zulänglichkeiten, wie sie sich nach meiner Meinung aus unserer langjährigen Wechselwirkung ergeben zu haben scheinen, auslassen."

Nach diesem durchaus brillanten Einstieg ließ er sich historisch-dialektisch anhand der Begriffe „Zulänglichkeit" und „Unzulänglichkeit" über eines seiner Lieblingsthemen aus, und zwar die Weltverbesserungstheorie.[11]

Hertz griff den Begriff „Unzulänglichkeit" geschickt auf und konterte inhaltlich mit der Weigerung, eine Laudatio zu schreiben, was er indirekt und charmant verpackt mit der Aufforderung verband, Barwich möge darangehen, sein Potential als Physiker auszuschöpfen.

Gustav Hertz an Heinz Barwich:

„Lieber Herr Barwich!

Wenn es noch eines Beweises meiner Unzulänglichkeit bedurft hätte, so wäre er durch die Tatsache erbracht, dass ich ihnen erst jetzt auf Ihren inhaltsreichen Geburtstagsbrief antworte. Er hat mir viel Vergnügen gemacht, und mündlich hätte ich auch allerhand darauf zu antworten. Leider bin ich im Schreiben sehr unbeholfen,

---

[9] Ebd., S. 159f.
[10] Ebd., S. 164.
[11] Ebd., S. 160–162.

weil ich bei jedem Satz möchte, dass er genau das ausdrückt, was ich gerade denke, und da er das nie tut, komme ich nicht weiter.

[...]

Als die Redaktion der Zeitschrift Kernenergie mit der Bitte zu mir kam, zu Ihrem 50. Geburtstag einen Artikel zu schreiben, habe ich zugesagt, weil ich mich freute, bei dieser Gelegenheit einmal öffentlich meiner freundschaftlichen Verbundenheit mit ihnen als Physiker und als Mensch Ausdruck geben zu können. Als ich aber daran gehen wollte, den Artikel zu schreiben, sind auch mir Bedenken gekommen, ob ich Ihnen damit wirklich einen Dienst erweisen würde.

[...]

Im Falle eines Fünfzigjährigen, welcher sich auf der Höhe seiner Leistungsfähigkeit befindet, ist eigentlich noch kein Anlass zur Rückschau, und ich bin ebenso wie Sie zu der Überzeugung gekommen, dass es besser ist, es bei der guten Absicht zu belassen, und die zusammenfassende Darstellung ihrer Arbeiten einem späteren Zeitpunkt und damit einem anderen Verfasser zu überlassen."[12]

Mit einiger Verspätung, die er mit Wort- und Zahlenspielen entschuldigte, erreichten Barwich auch Glückwünsche von Klaus Fuchs:

„Lieber Herr Kollege!

Spät kommt er, doch er kommt, so werden Sie wohl denken. [...] Ich habe keine Sorge, dass Sie allen Grund haben, mit Ihren ersten 50 Jahren zufrieden zu sein. Manchmal denkt man ja, wenn man doch nur später im Kommunismus geboren wäre, würde alles so viel einfacher und schöner sein. Aber es gibt doch eine große Befriedigung, in dieser Zeit zu leben und an der Umgestaltung der menschlichen Beziehungen mitmachen zu können. Und wenn man außerdem, wie Sie, auf eine erfolgreiche wissenschaftliche Tätigkeit zurückblicken kann und solch ein gesundes lebendiges Kind wie das ZfK (Zentralinstitut für Kernphysik) in die Welt gebracht hat, so bleibt kein Raum zum Rechnen."[13]

IV. Der homo politicus

Als Sohn eines nicht unbekannten Anarchosyndikalisten interessierte sich Barwich natürlich auch, vielleicht sogar besonders, für russische Vertreter dieser Ideologie. In Dmitrow, einer Stadt mit etwa 35.000 Einwohnern und an der Straße von Moskau nach Dubna gelegen, lebte einst Fürst Kropotkin, „der bedeutendste Vertreter des kommunistischen Anarchismus". „Nach seiner Rückkehr aus der Emigration im Jahre 1917 bewohnte er ein Holzhaus, in dem heute ein Kindergarten eingerichtet und an dessen Vorderfront eine Gedenktafel für Kropotkin angebracht ist." Um diese fotografieren zu dürfen,

---

[12] Ebd., S. 162f.
[13] Ebd., S. 164.

„musste die Leiterin des Kindergartens die Genehmigung des Bürgermeisters und Parteisekretärs einholen".[14]

Major Ribbecke, Leiter der Abteilung 6 der Hauptabteilung III/6/S, brachte Barwichs Interesse an namhaften Anarchisten in seinem Bericht vom 20. März 1963 folgendermaßen auf den Punkt: „Prof. Barwich befasst sich gegenwärtig mit dem Studium anarchistischer Schriften. Bereits im Elternhaus wurde er durch die anarchistischen Auffassungen seines Vaters in dieser Richtung beeinflusst. Während seines gegenwärtigen Aufenthaltes in Dubna beschaffte er sich aus der Lenin-Bibliothek in Moskau die Fotokopie einer anarchistischen Schrift seines Vaters sowie in Westdeutschland die antimarxistische Schrift Thenew-Class, die der Jugoslawe Salies verfasste* und studiert zurzeit ein englisches Buch über Justizirrtümer der letzten 10 Jahre, das im Prinzip gegen den Staat gerichtet ist. Er interessiert sich für den klassischen Anarchisten Kropotkin, dessen ehemaligen Aufenthaltsort in der Nähe von Dubna Prof. Barwich in Begleitung sowjetischer Mitarbeiter aufsuchte."[15]

Wenige Tage nach dem Bau der Berliner Mauer am 13. August 1961 sprach der Parteisekretär der Deutschen Wissenschaftlergruppe, Viktor Bredel, bei Barwich vor, um ihn aufzufordern, eine Resolution zu unterschreiben und auf diese Weise zu bekräftigen, dass diese Maßnahme zum Schutz des Friedens getroffen worden sei, „ein Schutz für die Bevölkerung der DDR vor westdeutschen Aggressoren, Spionen, Kriegsbrandstiftern und Menschenhändlern". Barwich weigerte sich zu unterschreiben.[16] Dr. Bredel berichtete am 26. September schriftlich und sehr ausführlich an Dr. Winde, Bereichsleiter „Forschung und Entwicklung" im AKK, über ein Gespräch mit Barwich, in dem dieser offen und selbstbewusst begründete, warum er nicht unterschrieben habe. „Würde ich unterschreiben, so müsste ich mich ja mit der gesamten Politik der DDR einverstanden erklären. Ich habe aber in manchen Fragen meine eigene Meinung, die von der offiziellen Meinung abweicht." Er habe in den Zeitungen bereits einige Erklärungen von Wissenschaftlern gelesen, wisse aber nicht, „wie hoch der Wert dieser Erklärungen einzuschätzen ist". Die Stellungnahmen „der früheren Nazis Pose und Thießen" habe er sehr wohl zur Kenntnis genommen. Seine Vergangenheit gebe ihm die Möglichkeit, „auch ohne solche öffentlichen Erklärungen auszukommen". In Gesprächen mit Kollegen aus dem Westen mache es stets einen guten Eindruck, „wenn ich als DDR-Wissenschaftler meine eigenen Ansichten offen ausspreche. Würde ich jetzt diesen Brief unterschreiben, würde mich ja niemand mehr ernst nehmen."

---

[14] Ebd., S. 146.
[15] Bundesarchiv, MfS-AOP 10660-67, Bd. 1, Bl. 21. (*Wahrscheinlich handelte es sich um die 1957 erschienene Schrift „The New Class: An Analysis of the Communist System" des Jugoslawen Milovan Dilas).
[16] Barwich/Barwich, Rotes Atom, S. 152.

Bredel berichtet detailliert über Barwichs Ausführungen zu den politischen Schwerpunktthemen und Aufregern des Jahres 1961:

– Auf den Mauerbau zu sprechen gekommen, meinte Barwich, dass „gewisse Maßnahmen innerhalb der DDR" die Republikflucht hätten eindämmen können. „Nun hat man das Problem durch die Maßnahmen des 13. August gelöst. Natürlich musste etwas geschehen, man muss aber auch sehen, dass die Ursachen, die zur Westflucht geführt haben, in der DDR weiter bestehen."

– Er sei auch nicht damit einverstanden, dass ein separater Friedensvertrag mit der DDR abgeschlossen wird. Ein solcher Vertrag berge Gefahren für den Frieden in sich. Er sei der Meinung, „dass die Anerkennung der DDR durch die Westmächte nicht einen Weltkrieg wert ist". Seiner Meinung nach liege „der Schlüssel für Krieg und Frieden heute ausschließlich in den Händen der Sowjetunion".

– Was das Verteidigungsgesetz der DDR betrifft, so gefalle es ihm nicht, „weil manche Sachen sehr unklar formuliert sind". Das betreffe insbesondere den Paragraf 3. „Bedeutet das nun die Wehrpflicht? Und wie ist es dann mit denjenigen Leuten, die aus religiösen oder pazifistischen Gründen diese Pflicht ablehnen? Es ist nicht festgelegt, wie mit solchen Leuten verfahren wird." Mit seinem Sohn habe er schon mehrfach darüber gesprochen, ob er sich vorstellen könnte, freiwillig in die Armee einzutreten. „Er ist ja auch gar nicht abgeneigt. Aber wissen Sie, solange das eine freiwillige Angelegenheit ist, gibt es da gewisse Kreise, von denen man dann schief angesehen wird."

Am Schluss seines Berichtes bemerkte Bredel, „dass wir trotz des harten Aufeinandertreffens vollkommen verschiedener Meinungen freundschaftlich und sichtlich befriedigt über die offene Aussprache auseinandergingen".[17]

Wenig später, anlässlich einer Dienstreise in die DDR, bei der Elfi ihren Mann begleitete, standen beide „vor diesem Betongebilde mit Stacheldraht und konnten es nicht fassen: eine richtige massive Mauer mitten durch Berlin. Heinz – ein Urberliner – war empört. Er konnte und wollte seine Erregung nicht verbergen." Elfi ergänzte ihre Schilderung mit der Behauptung, dass ihr Heinz „der einzige Mann in der DDR-Prominenz war, der diese Mauer-Resolution nicht unterschrieben hatte". Es war, so bilanzierte sie, „wieder einmal eine schwere Enttäuschung für ihn, dass er völlig allein stand, während die Mehrzahl seiner Kollegen genauso dachte er wie er, die Unterschrift jedoch ohne Widerstand leistete". Sie erwähnte nicht, ob ihr Mann sofort begriff, dass er nunmehr seine Zwillinge ein weiteres Mal verloren hatte, die, wie bereits erwähnt, noch vor dem Mauerbau in die Bundesrepublik zurückgekehrt

---

[17] Bundesarchiv, MfS-AIM 2753-67, P-Akte, Bl. 168–170.

waren. Wieder in Moskau, ergab sich für Elfi rein zufällig die Gelegenheit, mit einem russischen Auslandskorrespondenten ins Gespräch zu kommen. Den Bau der Berliner Mauer kommentierte er mit den Worten, dass dergleichen in Moskau unvorstellbar wäre und wohl eine Revolution ausgelöst hätte. Daraufhin habe sie erklärt, dass der DDR-Intellektuelle entscheiden müsse, entweder Gott oder dem Mammon zu dienen und er wähle im Allgemeinen den bequemeren Weg. „Zum Teil sind es ehemalige Faschisten, die alles gutheißen, nur um fest im Sattel zu bleiben und ihre ehemalige Gesinnung zu vertuschen (der jetzige Nachfolger meines Mannes im Zentralinstitut für Kernphysik ist ein solches Beispiel)." Darüber hinaus sei sie überzeugt, dass der Sozialismus nicht frei sein könne, „solange Ulbricht an der Mauer Menschen erschießen lässt".[18]

Als weiteres Beispiel für die Entfremdung Barwichs von der SED-Politik beschreibt Elfi in den Memoiren einen Auftritt ihres Mannes am Rande des Vortrages von Robert Jungk im Februar 1962 in Dubna. Der Journalist, Publizist und Zukunftsforscher sprach über „Die Wissenschaftler und die Staatsmacht". Der Saal war brechend voll und bei der anschließenden Diskussion habe „Heinz als einer der Ersten das Wort ergriffen". Jungk schrieb später über diesen Abend: „Mit seiner schönen Posaunenstimme – sein Hobby ist der Gesang großer Arien – rief er in die Versammlung: ‚Freunde, ich war niemals

Abb. 33: Robert Jungk (rechts) 1962 im Gespräch mit dem Direktor Blochinzew und den Vizedirektoren Barwich (DDR) und Zizeika (Rumänien).

---

[18] Barwich/Barwich, Rotes Atom, S. 153 f.

in einer politischen Partei, ich bin auch heute noch in keiner politischen Partei, und ich werde niemals in eine politische Partei eintreten'. Eine Schrecksekunde lang war alles still. Dann aber brach ein wahrer Beifallssturm los, der sich erst legte, als der Herr Vizedirektor, nun wieder ganz der hohe Funktionär, durch Handzeichen ein Ende der Demonstration verfügte. [...] Jedes Zeichen, dass die Diktatur sich ein wenig lockerte, begrüßte der sozialistische Veteran Barwich mit Freude."[19]

Auf dem XXII. Parteitag der KPdSU, der vom 17. bis 31. Oktober 1961 unter dem Vorsitz von Nikita Chruschtschow in Moskau stattfand, wurden vor mehr als 4.000 Delegierten wie üblich viele lange Reden gehalten und Beschlüsse gefasst, darunter ein weniger bedeutsamer und ein spektakulärer Beschluss. Der erste betraf den Aufbau des Kommunismus in der Sowjetunion bis 1980, der zweite die Entfernung der sterblichen Überreste Stalins aus dem Lenin-Mausoleum. Letzterer führte zu aufgeregten Diskussionen auch in Dubna. Barwich machte seine Frau auf diese Sensation aufmerksam: „Elfi, komm schnell ans Radio, man zieht über den toten Stalin her wie noch nie. Er ist nicht mehr im Mausoleum." Wenige Tage später seien „dumpfe Detonationen" zu hören gewesen. Die Haushälterin klärte Elfi auf: „Sie haben die schöne große Stalinstatue am Moskauer Meer gesprengt! Das ist doch wirklich sehr schade, ein so teures, wertvolles Denkmal. [...] Ein Jammer um das viele Geld." Die Meinung ihres Mannes verschweigt die Ehefrau. „Ein Stalinbild", so Elfi, „sahen wir erst wieder, als wir im Sommer nach Grusinien fuhren."[20] Das Lenin-Monument am gegenüberliegenden Ufer des Moskwa-Wolga-Kanals ist auch heute noch ein beliebter Ort für Fotosessions nach Hochzeiten.

---

[19] Ebd., S. 154.
[20] Ebd., S. 157–159.

180 E. Vizedirektor des Vereinigten Instituts für Kernforschung in Dubna

Abb. 34: Mit einer Höhe von 26 Metern ist dieses Lenin-Denkmal nahe Dubna das größte in Russland.

V. Weltfriedensrat und Pugwash-Konferenzen

Im Jahr 1957 organisierte und finanzierte Cyrus S. Eaton, ein kanadischer Investment-Banker, Geschäftsmann und Philanthrop in den USA, die erste „Pugwash Conference on Science and World Affairs" in Pugwash, einem kleinen Fischerdorf in Kanada. Seither kommen bei diesen Konferenzen einflussreiche internationale Wissenschaftler zu Sitzungen und Workshops zusammen, um einen Beitrag zu Fragen der atomaren Bedrohung, von bewaffneten Konflikten und Problemen der globalen Sicherheit zu leisten.

Der Weltfriedensrat ist eine internationale Organisation, die schon im November 1950 auf dem 2. Weltfriedenskongress in Warschau zur Förderung der friedlichen Koexistenz und der nuklearen Abrüstung gegründet wurde. Gründungspräsident war Frédéric Joliot-Curie, Generalsekretär Jean Laffitte und Vizepräsident Ilja Ehrenburg. Nicht zuletzt deshalb galt diese Organisation als von kommunistischen Intellektuellen dominiert. Der Friedensrat der DDR war Mitglied dieses Weltfriedensrats. Heinz Barwich wollte durch Teilnahme auch an den Pugwash-Konferenzen scheinbar Unvereinbares miteinander verbinden.

Im Dezember 1960 fand in Moskau die VI. Pugwash-Konferenz statt, erstmals in einem Land des Ostblocks. Barwich nahm daran als einziger Vertreter der DDR teil. Erst verspätet und nach einer Aufforderung sandte er einen Bericht über diese Tagung an das Außenministerium. Sein Säumen entschuldigte er mit dem Hinweis auf einen längeren Krankenhausaufenthalt. Angesichts der Tatsache, dass umfangreiches Vortragsmaterial bereits in schriftlicher Form vorliege, wolle er sich in seinem Bericht darauf beschränken, „persönliche Eindrücke aus dem Gedächtnis" wiederzugeben, insbesondere über „das Auftreten der amerikanischen Wissenschaftler, was ja für uns tatsächlich am interessantesten sein dürfte". Zur Zeit der Moskauer Konferenz wartete, wie er anmerkte, „alle Welt mit Spannung auf den Amtsantritt des neuen Präsidenten Kennedy".

Die Atmosphäre, sowohl der offiziellen wie auch der inoffiziellen Gespräche, sei „tatsächlich besonders freundlich-mild" gewesen. Im Laufe der Konferenz habe sich seine Meinung über die Amerikaner und Engländer verbessert. Er sei zu der Überzeugung gelangt, dass sie „wirklich ehrliche Gegner des Krieges und Anhänger der vollständigen Abrüstung seien". „Gewisse Verständigungsschwierigkeiten" erwuchsen vor allem durch gegensätzliche Auffassungen der Schlagworte „Kontrolle der Rüstungen (Westen) oder Kontrolle der Abrüstungen (Osten)". Die Amerikaner schätzten die „Aussichten des Abschlusses eines Abkommens über den Versuchsstopp" positiv ein. Er selbst sei weniger optimistisch gewesen, „worin mir die Zwischenzeit leider recht gegeben hat". Als er das schrieb, bewegte sich die Kubakrise auf ihren Höhepunkt zu.

In der offiziellen Diskussion habe er zweimal das Wort ergriffen, einmal zum Thema „Überraschungsangriff" und zum anderen zum Thema „Schaffung einer Atmosphäre des Vertrauens als Voraussetzung der Abrüstung". Er habe den Eindruck, dass viele Kollegen aus dem Westen „mit anderen, besseren Meinungen über den Osten nach Hause fuhren als sie gekommen waren". Was die Vertreter der Sowjetunion betreffe, erschien ihnen das Angebot eines bekannten amerikanischen Professors, „für ca. 2.000 Studenten des Ostens auf privater Basis Einladungen für längere Studienaufenthalte in Amerika zu erwirken", derzeit offenbar „noch etwas gewagt", vor allem deshalb, weil „der Wissenschaftleraustausch USA-SU zurzeit noch in den Kinderschuhen steckt".[21]

Barwich erhielt von Lord Bertrand Russell auch eine Einladung zur Teilnahme an der VII. Pugwash-Konferenz, die vom 5. bis 17. September 1961 in Colorado (USA) stattfinden sollte. Diese Einladung veranlasste Hauptmann Maye am 25. April 1961 zu einer Stellungnahme, denn wiederum wurde Barwich als einziger Wissenschaftler der DDR eingeladen. „Soweit bekannt", schrieb Maye, „sind etwa 15 Wissenschaftler aus der Sowjetunion, 15 aus den USA, 8 aus den englischen Commonwealth-Ländern und 17 aus den übrigen Ländern der Welt eingeladen." „Es wird eingeschätzt", so Maye, „dass sich Prof. Barwich nach entsprechender Konsultation an die gegebene Linie hält und deshalb einer Teilnahme zugestimmt werden sollte. Prof. Barwich hat die Absicht, die Reise evtl. selbst zu finanzieren und mit der sowjetischen Wissenschaftlerdelegation zu reisen."[22]

Zur VII. und VIII. Pugwash-Konferenz im Herbst 1961 erhielt Barwich keine Einreiseerlaubnis durch die USA-Behörden, „offensichtlich als Regressmaßnahme gegen die Sicherungsmaßnahmen der DDR vom 13.8.1961", wie es Hauptmann Maye formulierte.[23] Trotz großen Interesses und intensiver Bemühungen gelang es der DDR-Führung nicht, die Teilnahme von Barwich an der IX. Konferenz zu ermöglichen, die vom 25. bis 30. August 1962 in Cambridge stattfand. Das galt auch für die Professoren Günther Rienäcker und Heinz Pose, die zur anschließenden X. Konferenz vom 3. bis 7. September in London eingeladen worden waren.[24]

Als die XI. Konferenz im September 1963 im jugoslawischen Dubrovnik eröffnet wurde, war auch Barwich unter den Teilnehmern. Eher widerwillig berichtete er seinem Führungsoffizier bei einer von ihm selbst gewünschten Aussprache am 5. Februar 1964 über die dort behandelten Probleme „der

---

[21] Bundesarchiv, MfS-AIM 2753-67, A-Akte, Bl. 266–269.
[22] Ebd., Bl. 157f.
[23] Ebd., Bl. 256.
[24] Ebd., Bl. 254–256.

Atomabrüstung und des Teststopps". Es habe sich gezeigt, „dass die Wissenschaftler versuchten, die politischen Interessen ihres Landes zu vertreten und ihre Auffassungen durchzusetzen". Für erwähnenswert hielt Barwich, dass Prof. Steenbeck bereits vorbereitende Gespräche mit Prof. Burkhardt aus Hannover geführt hat, um auf dieser Konferenz eine gemeinsame deutsche Konzeption vorzulegen. Das sei aber „durch unterschiedliche Auffassungen" nicht zustande gekommen.[25]

VI. Auflösung der Fakultät für Kerntechnik und Spekulationen um das ZfK Rossendorf

Im Jahre 1961 entschloss sich das Politbüro der SED, mit der „Umstellung" der Flugzeugindustrie das 1954 begonnene erste wirtschaftliche Prestigevorhaben in der Geschichte der DDR zu beenden. In der Beschlussvorlage für die entscheidende Sitzung am 28. Februar 1961 hieß es: „Ein Aufholen des technischen Rückstandes würde einen nicht vertretbaren hohen Aufwand erfordern, da hierfür die Grundlagen in der Forschung fehlen."[26]

Bereits im August 1961 wurde die Fakultät für Luftfahrtwesen an der TH Dresden aufgelöst. Das gleiche Schicksal ereilte die Fakultät für Kerntechnik ein Jahr später, ebenfalls im August. Die Institute wechselten an die Fakultät für Mathematik und Naturwissenschaften.[27] Heinz Barwich, neben Wilhelm Macke und Heinz Pose einer der drei Direktoren des Instituts für allgemeine Kerntechnik, lebte und arbeitete da bereits in Dubna. Im Vorfeld dieses Prozesses forderte Hauptmann Maye Barwich, seinen GI „Hahn", dazu auf, sich während seines Aufenthaltes in der DDR „um die gegenwärtige Situation bei der Auflösung der Kernfakultät in Dresden" zu kümmern und über die „sich daraus ergebenden politischen und personellen Probleme" zu berichten.[28]

Gerüchten, die sowjetische Seite sei daran interessiert, die Kernforschung in der DDR völlig zum Erliegen zu bringen, trat Barwich entschieden entge-

---

[25] Ebd., Bl. 290–293.
[26] Vgl. Barkleit, Gerhard: Die Spezialisten und die Parteibürokratie. Der gescheiterte Versuch des Aufbaus einer Luftfahrtindustrie in der Deutschen Demokratischen Republik, in: Barkleit, Gerhard/Hartlepp, Heinz, Zur Geschichte der Luftfahrtindustrie der DDR 1952–1961, Hannah-Arendt-Institut, Berichte und Studien Nr. 1/1995, S. 22.
[27] Der Autor dieser Biografie wurde 1961 an der Fakultät für Kerntechnik vorimmatrikuliert. Als er nach Absolvierung eines sogenannten praktischen Jahres im VEB Edelstahlwerk Freital im Wintersemester 1962/63 sein Studium begann, war er in die Fachrichtung Physik der Fakultät für Mathematik und Naturwissenschaften umgeschrieben worden.
[28] Bundesarchiv, MfS-AIM 2753-67, A-Akte, Bl. 252.

gen. Entsprechenden Wunschträumen, z.B. des Chemikers Prof. Eberhard Leibnitz, seit 1961 Direktor des Instituts für Dokumentation der DAW in Berlin, „das Zentralinstitut für Kernphysik Rossendorf dem Gesamtkomplex Chemie nutzbar zu machen", stellte er im Gespräch mit Maye seine Auffassung entgegen, dass es niemals dazu kommen wird, „die Basis der Kernforschung in der DDR zu liquidieren".[29]

Allerdings gab es auch weitere Begehrlichkeiten. Während eines Dresden-Aufenthaltes Anfang Mai 1963 unterrichteten ihn Schwabe und Hertz darüber, „dass bei der Forschungsgemeinschaft der Akademie das ZFK Rossendorf nicht mehr als Einheit geführt, sondern in einen Institutskomplex zerlegt werden soll". Diese Überlegungen gingen, teilte Barwich Hauptmann Maye mit, „von Rompe, Klare und Schwabe aus". Er, Barwich, halte es für zweckmäßig, „dass mit ihm diese Fragen auch besprochen werden, obwohl er den Eindruck habe, dass hier in ihm nicht bekannten Personenkreisen über seinen evtl. Einsatz an der TU Dresden gesprochen wurde".[30]

Im August 1964 informierte Barwich seinen Führungsoffizier darüber, „dass in der Leitung des ZfK Rossendorf, insbesondere bei Dr. Faulstich und Prof. Schintlmeister, Unruhe darüber herrscht, dass die Richtungen Kernphysik und Kerntechnik sich nicht in den Hauptrichtungen von Wissenschaft und Forschung widerspiegeln". Beide stünden auf dem Standpunkt, dass „unter solchen Gesichtspunkten entweder die Kernphysik in die Hauptrichtungen aufgenommen wird oder aber die Einstellung der Forschung verfügt werden müsse". Er, Barwich, teile diese Auffassungen keineswegs, sondern verwies darauf, dass die Verhandlungen zwischen der SU und der DDR „zu einer gemeinsamen Auffassung hinsichtlich der Energiefragen und der zweckmäßigsten Koordinierung der Forschung auf dem Sektor Kernenergie und Kernphysik" geführt werden müssten.[31]

VII. Misstrauen statt Sympathie

Erweckten die Treffberichte der Jahre 1955 bis 1961 gelegentlich den Eindruck, dass insbesondere Hauptmann Johannes Maye[32] zunehmend Sympathie für seinen prominenten Informator entwickelte, so sind in diesen Berichten ab etwa Anfang des Jahres 1963 deutliche Anzeichen eines sich verstärkenden Misstrauens unübersehbar. So versuchte das MfS Ende Januar 1963,

---

[29] Ebd., Bl. 303.
[30] Ebd., Bl. 284 f.
[31] Ebd., Bl. 295.
[32] Oberstleutnant Johannes Maye wurde im Februar 1979 an der Juristischen Hochschule des MfS zum Dr. jur. promoviert. [Vgl. http://www.argus.bstu.bundesarchiv.de/BStU_MfS_JHS-Dissertationen].

Barwichs Rückreise von einer Tagung in Wien im September 1962 zu rekonstruieren. Statt die geplante und gebuchte Route zu nehmen, flog Barwich über Frankfurt am Main und Westberlin. Führungsoffizier Maye musste einräumen, dass auch die Ausnutzung eines „guten Kontaktes der Hauptabteilung III/6 zu Genossen Prof. Fuchs" im Hinblick auf Prof. Barwich und die Fragen zu den Gründen des geänderten Rückfluges „nicht erfolgversprechend" war. Die „charakterliche Verschiedenheit" beider habe bislang auch „zu keiner näheren persönlichen Bekanntschaft, auch nicht familiär, geführt".[33] Anfang Februar entschied die Leitung der Hauptabteilung III, „alle Maßnahmen zu ergreifen, damit B. in absehbarer Zeit nicht in das kapitalistische Ausland fahren kann". Dazu seien Gespräche mit der Sicherheitsabteilung des ZK zu führen.[34]

Wie bereits erwähnt, legte das MfS am 18. Januar 1964 einen Operativ-Vorgang „wegen Verdacht der Spionage" an. Statt Belege dafür zu finden, musste die Stasi sich mit der Dokumentierung eher belangloser Ereignisse und Begebenheiten begnügen. So konnte festgehalten werden, dass der Vizedirektor auch anderen als rein physikalischen Interessen nachging. Das in die IM-Akte aufgenommene und im Kapitel E. IV schon erwähnte Interesse Barwichs am Anarchismus, das Hauptmann Maye bereits in der P-Akte festgehalten hatte, übernahm Major Ribbecke mangels neuer Erkenntnisse und ohne den Sachverhalt kritisch zu hinterfragen, in die Akte des Operativen Vorgangs. Die Sympathie Barwichs für den Anarchismus erweist sich in der Tat als ein Alleinstellungsmerkmal dieses Physikers in herausgehobener Position. Die Formulierung Mayes soll deshalb an dieser Stelle noch einmal wiederholt werden: „Während seines gegenwärtigen Aufenthaltes in Dubna beschaffte er sich aus der Lenin-Bibliothek in Moskau die Fotokopie einer anarchistischen Schrift seines Vaters, in Westdeutschland die antimarxistische Schrift Thenew-Class, die der Jugoslawe Salies verfasste und studiert zurzeit ein englisches Buch über Justizirrtümer der letzten 10 Jahre, das im Prinzip gegen den Staat gerichtet ist. Er interessiert sich für den klassischen Anarchisten Kropotkin, dessen ehemaligen Aufenthaltsort in der Nähe von Dubna Prof. Barwich in Begleitung sowjetischer Mitarbeiter aufsuchte."[35]

Dennoch wurde Barwich ein reichliches Jahr später zum Leiter der inoffiziellen Beobachtergruppe der DDR (10 Teilnehmer) an der 3. Internationalen Konferenz für die friedliche Nutzung der Atomenergie in Genf bestimmt. Im Anschluss an diese Konferenz sollte Barwich, in Abstimmung mit dem Außenministerium der DDR und dem VIK Dubna, an einer Tagung der Internationalen Atomenergie-Organisation IAEO vom 12. September bis zum 20. September 1964 in Wien teilnehmen. Barwich war Mitglied des Gelehrtenrates

---
33 Bundesarchiv, MfS-AIM 2753-67, P-Akte, Bl. 219 f.
34 Ebd., Bl. 221.
35 Bundesarchiv, MfS-AOP 10660-67, Bd. 1, Bl. 21.

des VIK und nahm „in seiner Eigenschaft als Vizedirektor" an Beratungen der IAEO teil.

Im Juni 1964 endete Barwichs Amtszeit als Vizedirektor. Festzustellen ist, dass der Kernphysiker Barwich, trotz der in Dubna vorhandenen und für den Ostblock einzigartigen experimentellen Möglichkeiten, kein wissenschaftliches Thema fand, das ihn zu fesseln vermochte. Zwar bemühte er sich, wie der Leiter der Dienststelle Dubna im Juli 1963 berichtete, „als Vizedirektor an vielen wissenschaftlichen und wirtschaftlichen Problemen des Instituts mitzuarbeiten". Es sei einerseits „charakteristisch, dass er sich um Kontakte und Gesellschaften am Institut bemüht". Andererseits stehe dem „sein teilweise überhebliches und hochmütiges Auftreten" gegenüber sowie seine Versuche, „viele Arbeiten selbstständig durchzuführen".[36]

Nach der Wiederaufnahme seines Direktorats in Rossendorf am 18. Juli 1964 wolle er weiterhin die Bereiche „Reaktorphysik" und „Reaktortechnik" anleiten sowie sich mit Fragen der Automatisierung und kybernetischen Steuerung von Reaktoren beschäftigen. Diese wissenschaftliche Forschungsrichtung, erklärte er Hauptmann Maye am 8. Februar 1964, habe nicht nur Bedeutung für kernphysikalische Prozesse, „sondern kann analog auch in anderen Zweigen der Volkswirtschaft bei entsprechend technischem Reifegrad eingesetzt werden".[37]

Allerdings hatte sich im Wissenschaftlichen Rat des ZfK inzwischen bereits Widerstand gegen die Wiederaufnahme der Amtsgeschäfte durch den „alten" Direktor formiert. Auf einer Sitzung der Parteigruppe des Vorstandes dieses Gremiums wurde am 11. Oktober 1962 auf Vorschlag von Rompe über eine Ablösung Barwichs diskutiert. Das Protokoll dieser Sitzung weist als Mitglieder der Parteigruppe die Genossen Ackermann, Prof. Fuchs, Prof. Rambusch, Prof. Rompe, Dr. Schumann, Dr. Winde und Quasdorf (Leiter) aus. Barwichs „Duzfreund" Erich Apel, der für ihn „noch der liebste" von den Spitzenpolitikern war,[38] nahm nicht teil, sondern ließ sich entschuldigen. Das tat auch der Genosse Grosse. Als Gäste waren die Genossen Feldmann, Hoffmann und Dr. Rau geladen. Die Parteigruppe vertrat die Ansicht, dass „ein Einsatz von Prof. Barwich in seiner alten Funktion als Direktor des ZfK nicht zweckmäßig" sei, da sich während seiner Abwesenheit „deutlich gezeigt hat, dass seine Leitungsmethoden nicht den Erfordernissen entsprechen". Rompe schlug vor, Barwich „in eine geeignete Funktion auf seinem ursprünglichen Arbeitsgebiet, chemische Verfahrenstechnik, einzusetzen". Er wurde beauftragt, „sondierende Gespräche mit Prof. Thiessen und Prof. Hertz zu führen".[39]

---

[36] Ebd., Bl. 34.
[37] Bundesarchiv, MfS-AIM 2753-67, A-Akte, Bl. 290.
[38] Barwich/Barwich, Rotes Atom, S. 145.
[39] Bundesarchiv, SAPMO DY 30, IV 2/6.07/26.

VII. Misstrauen statt Sympathie

Wenige Monate vor der Wiederaufnahme des Direktorats in Rossendorf suchte Barwich einen Gedankenaustausch mit seinem Führungsoffizier, der am 9. Februar 1964 stattfand. Im Beisein des Leiters der HA III, Major Horst Ribbecke, den Maye hinzugezogen hatte, gewannen beide den Eindruck, „dass Prof. Barwich die Aussprache nutzen wollte, um seine Gedankengänge über einige Fragen der Perspektive der Kernenergie und seiner persönlichen weiteren Tätigkeit in der DDR darzulegen. Im Gegensatz zu früheren Aussprachen wurden von seiner Seite keine detaillierten Angaben zu interessierenden politischen oder operativen Fragen vorgetragen."

Im Unterschied zu seiner früheren Haltung, „die Anwendung von Kernreaktoren überwiegend energieseitig zu sehen, vertrat er die Auffassung, dass es zweckmäßig sei, in der DDR Wärmereaktoren aufzustellen, die geeignet seien, die Braunkohlenvorräte in der DDR und besonders die notwendigen Transporte von den Braunkohlengruben in die klassischen Kraftwerke einzuschränken".

Die Vorstellungen von Prof. Klaus Fuchs, „Forschungsarbeiten auf dem Gebiet der schnellen Reaktoren großzügig im ZfK Rossendorf zu entwickeln, hält Prof. Barwich für nicht exakt, da grundlegende Forschungsarbeiten notwendig sind und diese in Abstimmung mit der Sowjetunion bisher noch nicht erfolgten". Er teile die Auffassung des Volkswirtschaftsrates, das Projekt schneller Reaktoren in Rossendorf „für vorerst ein Jahr" weiter zu bearbeiten, „ohne größere personelle und finanzielle Kapazitäten zu binden".[40]

Wenn nicht davon auszugehen wäre, dass Barwich zum Zeitpunkt dieses Gesprächs bereits fest entschlossen war, die DDR zu verlassen, könnten seine Überlegungen wohl auch als eine Kampfansage an Klaus Fuchs interpretiert werden. Stattdessen handelte es sich zweifellos um einen taktischen Schachzug, durch solcherart Engagement seine Fluchtabsichten zu verschleiern.

Elfi beschrieb ihre letzten Tage in Dubna vor dem 15. Juli 1964, dem Abreisetermin. Sie gaben ein Abschiedsfest, „zu dem wir vor allem die leitenden Wissenschaftler eingeladen hatten. Die Stimmung wurde – wie immer – durch geistreiche Anekdoten und Toaste auf dem Höhepunkt gehalten. Heinz' letzter Trinkspruch auf die Russen lautete: ‚Goldene Hände, goldene Herzen, aber zu goldene Ruhe. Deutsche Nervosität und russische Ruhe = eine geniale Mischung!'" Es sei ihnen nicht leichtgefallen, „mit diesen Menschen Theater zu spielen; schließlich wussten nur wir, dass wir uns auf Nimmerwiedersehen verabschiedeten". Nicht die Russen waren es, „die uns zur Flucht nach dem Westen trieben; es war die uns bevorstehende kranke Atmosphäre in der DDR,

---

[40] Bundesarchiv, MfS-AIM 2753-67, A-Akte, Bl. 290–293.

besonders in Dresden – bei den Mitarbeitern des Instituts in Rossendorf, von denen sich immer mehr als Heuchler erwiesen hatten".[41]

Das Dubna-Kapitel des Buches „Das rote Atom", das sei abschließend und keineswegs nur am Rande erwähnt, ist in den 2020er Jahren ins Russische übersetzt worden und seitdem Teil der offiziellen Geschichte des Vereinigten Instituts für Kernforschung.[42]

---

[41] Barwich/Barwich, Rotes Atom, S. 177.
[42] Objedinjonnyi institut jadernych issledowanii, jeschenedelnik, Elektronnaja Wersija Nomer 43–45, 2020.

F. Flucht in den Westen im September 1964

I. Die Vorbereitung

Vom 31. August bis zum 9. September 1964 fand in Genf die dritte sogenannte Atomkonferenz statt. Heinz Barwich leitete die Delegation von DDR-Wissenschaftlern mit Beobachterstatus. Er kehrte nicht in die DDR zurück. Darüber hinaus gelang gleichzeitig seiner Ehefrau die Flucht in die Bundesrepublik. In Anbetracht des Aufwandes zur Überwachung Barwichs, wie er im Abschnitt D. IV. beschrieben wurde, stellt sich die Frage: Konnte oder wollte das MfS die Flucht des Ehe- und IM-Paares in den Westen nicht verhindern? Vielleicht muss man die Frage aber auch anders stellen: Warum ließ man die Barwichs ziehen? In ihren Memoiren verschweigen beide Autoren sehr viel mehr als sie offenbaren.

Heinz und Elfi entschlossen sich, so schreiben sie, die DDR zu verlassen, jedoch nicht ohne die beiden noch in der DDR lebenden Kinder. Seine geschiedene Frau habe „die Möglichkeit zu einer legalen Ausreise vor einiger Zeit abgelehnt". Ohne diese beiden Kinder „hätten wir bereits bei einem Kongressbesuch in Wien im September 1962 oder während einer Reise durch Jugoslawien 1963 nach dem Westen gehen können". Die nun in Angriff zu nehmenden Vorbereitungen haben lange gedauert, „weil es schwierig war, verschiedene, aber gleichzeitige Wege für uns alle zu finden". Die aussichtsreichste Möglichkeit bot sich, so heißt es im Buch „Das rote Atom", „während der Genfer Atomkonferenz vom 31. August bis zum 9. September 1964". Einzelheiten der Vorbereitung und Durchführung der Flucht werden nicht mitgeteilt. Nur so viel, dass Heinz erst nach dem „entscheidenden Telefonanruf" von Elfriede aus Westdeutschland am Sonntag, dem 6. September, in einen bereitgehaltenen Wagen stieg und in die Bundesrepublik gefahren worden sei.[1]

Die Akten des MfS erlauben einen tieferen Einblick in das Geschehen und dessen Planung. Am 10. August 1964 habe Barwich einen Vertrauten, der vermutlich ein IM des MfS war, „näher in seine zum amerikanischen Geheimdienst bestehende Funkverbindung" eingeweiht und „den Zeitpunkt des ungesetzlichen Verlassens der DDR durch seine Ehefrau und seine beiden Kinder" festgelegt, und zwar „im Zusammenhang mit seiner Reise nach Genf". Elfriede

---

[1] Barwich/Barwich, Rotes Atom, S. 181 ff.

und der Verlobten des Sohnes gelang am 6. September 1964 um 12:15 Uhr das „ungesetzliche Verlassen der DDR" über den Kontrollpassierpunkt Gutenfürst. Eine Stunde später wurden Sohn Peter und Tochter Beate am Kontrollpassierpunkt Oebisfelde festgenommen. Am 23. Oktober 1965 verurteilte der 1. Strafsenat des Bezirksgerichts Dresden Peter zu einer Zuchthausstrafe von sechs Jahren und sechs Monaten. Beate kam mit einer Gefängnisstrafe von einem Jahr und sechs Monaten vergleichsweise glimpflich davon.[2]

Während der Vernehmungen hatte Peter Barwich eingeräumt, die großen Bedenken seiner Verlobten „zerstreut" zu haben. Denn diese stand ein Jahr vor dem Abschluss ihres Studiums an der TU Dresden und ihre in Gotha lebenden Eltern „waren alt, kränklich und wenig bemittelt". In Westdeutschland lebende Verwandte verfügten gleichfalls über keine günstige Wirtschaftslage.[3] Viele weitere Details dieses gescheiterten Fluchtversuchs finden sich in einer Publikation des Bundesarchivs.[4]

Bereits am 7. September fertigte Hauptmann Maye von der für die Volkswirtschaft zuständigen Hauptabteilung XVIII/5 ein Dossier im Umfang von fünf Seiten über Barwich an, dem er Vorschläge für „erste Maßnahmen" hinzufügte.[5] Zunächst jedoch wies er darauf hin, dass es einen „begründeten Verdacht" gegeben habe, dass Barwich im September 1962 in Wien „durch den amerikanischen Geheimdienst kontaktiert wurde".[6] Die bisher eingeleiteten Maßnahmen, musste er einräumen, hätten allerdings keine Bestätigung über eine feindliche Verbindung erbracht.[7] Der britische Historiker und Spezialist für Sicherheit, Geheimdienste und das Nachkriegsdeutschland John Paul Maddrell sieht es als erwiesen an, dass der „angesehene ostdeutsche Physiker Heinz Barwich in den frühen 1960er Jahren" in Dubna „tatsächlich für die Central Intelligence Agency (CIA) spionierte".[8]

Im September 1962, so Maye, habe Barwich erstmals die Absicht geäußert, die DDR zu verlassen und seine Kinder aufgefordert, es gleichfalls zu tun.[9] Als bekannter Wissenschaftler, heißt es weiter, „ist Prof. Barwich von politischem Wert für die DDR durch seine offizielle Funktion als Vizedirektor des

---

[2] Bundesarchiv, MfS-SAA 10660/67, Bl. 3.

[3] Bundesarchiv, MfS-AOP 10660-67, Bd. 1, Bl. 220.

[4] https://www.ddr-im-blick.de/jahrgaenge/jahrgang-1964/report/versuchte-flucht-der-angehoerigen-von-professor-barwich/.

[5] Bundesarchiv, MfS-AOP 10660-67, Bd. 1, Bl. 206–213.

[6] Bundesarchiv, MfS-SAA 10660-67, Bl. 2.

[7] Bundesarchiv, MfS-AOP 10660-67, Bd. 1, Bl. 208.

[8] Maddrell, John Paul: Der Wissenschaftler, der aus der Kälte kam. Heinz Barwichs Flucht aus der DDR, Intelligence and National Security, Vol. 20, Nr. 4 (2005), S. 608–630.

[9] Bundesarchiv, MfS-SAA 10660-67, Bl. 2.

I. Die Vorbereitung

Vereinigten Instituts für Kernforschung Dubna von 1961–1964".[10] Er habe u.a. Verdienste um den Aufbau des Zentralinstituts für Kernforschung, aber „seit Jahren keine größeren wissenschaftlichen Arbeiten" vorgelegt. „Seine vor Jahren geäußerten Auffassungen zur Kernenergieperspektive haben sich im Wesentlichen bestätigt." Es sei erkennbar, dass „Prof. Barwich im Suchen nach einer wissenschaftlich schöpferischen Tätigkeit begriffen ist".[11]

Zu Mayes Vorschlägen für Sofortmaßnahmen gehörte der Versuch, „den Präsidenten der 3. Internationalen Konferenz für die friedliche Nutzung der Atomenergie, Prof. W. S. Jemeljanow (UdSSR), im Hinblick auf eine mögliche Einflussnahme bzw. Klärung der Situation bei Prof. Barwich zu gewinnen".[12] Gleichermaßen unter dem Terminus „Einflussnahme" verlief eine „Aussprache" mit Staatssekretär Dr. Weiz, der „Prof. Rompe für die Persönlichkeit hält, die vom wissenschaftlichen Standpunkt geeignet wäre, Einfluss auf Prof. Barwich auszuüben". Ein Einsatz von Prof. Rompe müsste allerdings „mit der HV A abgestimmt werden, da Prof. Rompe seit 1955 keinerlei Reisen mehr ins nicht-sozialistische Ausland unternommen hat".[13]

Am Tag darauf, am 8. September, wurde der Begriff „Einflussnahme" konkretisiert. Das MfS setzte sich jetzt für eine Rückkehr Barwichs in die DDR ein und entwickelte folgenden Plan:

„Der Stellvertreter des Vorsitzenden des Ständigen Komitees des Rates für Gegenseitige Wirtschaftshilfe, Genosse Gregor (DDR), nimmt am 9.9.1964 als Beobachter an der Tagung der Internationalen Atomenergieorganisation in Wien teil. Genosse Gregor wird von der Inhaftierung des Sohnes Peter Barwich und der Tochter Beate Barwich beim Versuch, die DDR illegal zu verlassen, in Kenntnis gesetzt. Genosse Gregor wird durch den Stellvertreter des Vorsitzenden des Ministerrates Genossen Bruno Leuschner beauftragt, auf der Grundlage dieser Information bei Anwesenheit von Prof. Barwich in Wien mit ihm darüber ein Gespräch zu führen. Ziel ist es, dass Genosse Gregor seine Persönlichkeit nutzt, um Prof. Barwich zur Klärung seiner Haltung und unter Hinweis auf die bestehende familiäre Lage zur Rückkehr in die DDR zu veranlassen. Die DDR ist bereit, unter den Umständen einer Rückkehr von strafrechtlichen Maßnahmen gegen den Sohn und die Tochter von Prof. Barwich Abstand zu nehmen."[14] Dass eine solche Offerte ihren auf dem Weg in die USA befindlichen Adressaten erreichen konnte, darf bezweifelt werden.

---

10 Bundesarchiv, MfS-AOP 10660-67, Bd. 1, Bl. 210.
11 Ebd., Bl. 210.
12 Ebd., Bl. 212.
13 Ebd., Bl. 214.
14 Ebd., Bl. 215.

II. Warum ließ man Heinz und Elfriede Barwich ziehen?

Diese Frage bewegte unmittelbar nach der gelungenen Flucht des Ehepaares Barwich nicht nur mit der Überwachung befasste Geheime Informatoren, sondern auch Kollegen. Bei einem Treff am 20. September 1964 erklärte „Irene" ihrem Führungsoffizier, dass Professor Hartke in einem Gespräch mit ihr äußerte, das MfS habe „sich in dieser Sache sehr passiv verhalten, die Dinge treiben lassen und nichts getan". Und das, „obwohl es seit Sonntag, 6.9.1964, genug Signale über ein Verlassen der DDR durch Barwich" gegeben habe. Andere zweifelten an der These von einer Abwerbung, sondern hielten die Flucht Barwichs für ein „Ergebnis der Unzufriedenheit".[15]

Das MfS musste damit rechnen, dass die Barwichs die DDR bei passender Gelegenheit und auf „ungesetzlichem" Wege, wie Republikflucht im offiziellen Sprachgebrauch hieß, verlassen würden. „Schild und Schwert der Partei" verfügte jederzeit über die Mittel, das zu verhindern. Setzten die Genossen des Mielke-Ministeriums diese Mittel deshalb nicht ein, weil nach ihrer Auffassung mit Barwichs Abgang die Probleme um dessen Rückkehr an die Spitze des Rossendorfer Instituts gelöst wären? Immerhin hatte der Geheime Informator, mit dem sich anfangs auch die Führungsoffiziere schmücken konnten, seine Sympathie für den Staat der Arbeiter und Bauern längst verloren. Dennoch deuten die Reaktionen des MfS darauf hin, dass es keine einheitliche Linie für diesen Tag X gegeben hat.

Ein mit der Aktenlage konfrontierter ranghoher Insider, Absolvent der Juristischen Hochschule des MfS (JHS),[16] wies auf Rivalitäten zwischen Auslands- und Inlandsgeheimdienst hin. Der Auslandsgeheimdienst (HVA) agierte, trotz der formalen Zugehörigkeit zum Ministerium für Staatssicherheit, relativ unabhängig und mit eigenen Inoffiziellen Mitarbeitern.[17] Während Mielke vor allem den Imageverlust durch die Flucht eines auch international bekannten Wissenschaftlers fürchtete, könnte die von Markus Wolf geleitete HVA ganz eigene Ziele mit einem Ehepaar Barwich im Westen verfolgt haben. Zumal Elfi bereits Kontakte zum britischen Geheimdienst gepflegt hatte. Sie hätte nicht nur als Agentin arbeiten, sondern darüber hinaus auch ihren Mann beeinflussen und kontrollieren können. Letzteres hatte sie bei einem

---

[15] Bundesarchiv, MfS-AIM 12386-67, Bd. 6, Bl. 117.

[16] Die an der JHS studierenden Offiziere des MfS erwarben den Abschluss eines Diplom-Juristen. Vgl. Herbst, Andreas/Ranke, Winfried/Winkler, Jürgen: So funktionierte die DDR, Reinbek bei Hamburg 1994, Bd. 2, S. 698.

[17] Vgl. Wolf, Markus: Spionagechef im geheimen Krieg. Erinnerungen, München 1997, S. 55 ff.

Treff im September 1963 in Dresden bereits Hauptmann Maye und Major Ribbecke versichert.[18]

Durchsetzen konnten sich offenbar jene, die das Echo fürchteten, das Barwichs Flucht vor allem in den bundesrepublikanischen Medien sowie in der wissenschaftlichen Community auslöste. Um den damit einhergehenden Imageverlust des SED-Staates zu minimieren, wollte man Barwich einen Deal anbieten, nämlich Straffreiheit für Sohn Peter und Tochter Beate bei seiner Rückkehr in die DDR. Die Frage, ob der Vater dieses Opfer für das älteste und das jüngste seiner Kinder gebracht hätte, kann gestellt, nicht aber beantwortet werden. Belegt ist, dass Barwich sich am 9. Juli 1965 in einem persönlichen Brief an Apel wandte, den Vorsitzenden der Staatlichen Plankommission, auf den dieser jedoch nicht reagierte. In diesem Brief „identifizierte sich Barwich mit dem inhaltlichen Auftreten von Havemann und ‚appellierte' an die moralischen Grundauffassungen der sozialistischen Gesellschaft, im Hinblick auf seine inhaftierten Kinder ‚kein Unrecht' zu begehen". Im Mai 1967 wurde nach der Haftentlassung der Kinder sowohl diesen als auch der geschiedenen Frau erlaubt, die DDR legal zu verlassen.[19] Was diese auch taten.

III. Reaktionen von Kollegen und der politischen Führung

Das „Neue Deutschland", Zentralorgan der SED, begnügte sich am 15. September 1964 mit einer einspaltigen ADN-Meldung von 14 Zeilen auf Seite 4 mit dem Titel: „Vom USA-Geheimdienst gekauft." Darin hieß es: „Der bisherige Direktor des Zentralinstituts für Kernforschung in Rossendorf, Prof. Barwich, hat seine Teilnahme an einer in Genf stattfindenden Konferenz benutzt, um sich vom USA-Geheimdienst kaufen zu lassen. Prof. Barwich hatte während seiner Tätigkeit in der Deutschen Demokratischen Republik alle Möglichkeiten, wissenschaftlich an der Nutzung der Atomenergie für friedliche Zwecke mitzuarbeiten. Sein schändlicher Verrat wird besonders von den Wissenschaftlern unserer Republik entschieden verurteilt."

Sein Freund und Kollege Werner Hartmann, der ihn so gut wie kaum ein anderer kannte, kommentierte die Republikflucht Barwichs knapp und emotionslos. „Wir waren gut befreundet", erklärte er diese seit der Schulzeit bestehende Freundschaft. „Er hatte in Berlin-Steglitz die gleiche Schule wie ich besucht", einen Jahrgang über ihm. Später habe auch er „Physik an der TH

---

[18] Bundesarchiv, MfS-AIM 2794-67, Bd. 2, S. 244.
[19] Bundesarchiv, MfS-SAA 10660-67, Bl. 5.

Charlottenburg bei Hertz" studiert.[20] Im Dezember 1964 schrieb Barwich einen Brief an Manfred von Ardenne und erklärte darin, dass es ihm nicht möglich sei, „in einer reaktionären Despotie vom Typ der SU oder der DDR, die jeden freien Gedanken brutal unterdrückt", zu leben. Das, und nicht „private oder gesundheitliche Probleme", sei der Grund für seine „Emigration".[21]

Gustav Hertz kam bei einem Festkolloquium anlässlich seines 80. Geburtstages am 29. Juli 1967 auch auf Barwich zu sprechen. Dieser habe „zwar ihn und alle durch sein Verhalten in letzter Zeit schwer enttäuscht". Dennoch behalte er „den früheren Barwich gern in Erinnerung", denn „er sei ja derjenige gewesen, mit dem er sich wissenschaftlich am besten verstanden habe". Die Analyse des Schriftwechsels von Barwich mit Hertz vom Februar 1960 führte Reinhard Buthmann zu der Überzeugung, dass Barwich „weit vor Hartmann bereits ausgegrenzt worden ist und ihm letztlich keine andere Wahl blieb als zu fliehen" und er Hertz auch mitteilte, „dass die Flucht eine Option sei".[22] Nachdem Barwich diese Option wahrgenommen hatte, kochte nicht nur Hertz, sondern auch Rambusch „geradezu über vor Wut", schreibt Buthmann, da Barwich „ein Kenner auch ihrer Seelen und ihres Geistes, ihrer ‚Geschichten' par excellence war". Rambusch „plädierte indirekt für Mord".[23]

Der Ministerrat beauftragte gemäß § 60 Abs. 1 und 3 der Strafprozessordnung der DDR eine Kommission, in dem Ermittlungsverfahren gegen Barwich ein Gutachten zu erstellen. Ihr gehörten Dr. Faulstich und Prof. Alexander sowie Prof. Rambusch, Prof. Steenbeck und Dr. Schumann an.[24] Die damals gültige Strafprozessordnung erlaubte es staatlichen Dienststellen, in einem Ermittlungsverfahren Gutachter zu beauftragen, die zur Erstellung eines Gutachtens verpflichtet waren.[25] Die Frage, was die Staatsanwaltschaft veranlasste, mit Hilfe des MfS ein Ermittlungsverfahren gegen Barwich einzuleiten, muss unbeantwortet bleiben. Anzumerken ist lediglich, dass der Verdächtige die DDR verlassen hatte und die Bundesrepublik grundsätzlich keine Republikflüchtlinge auslieferte.[26]

---

[20] Nachlass Hartmann, Technische Sammlungen Dresden, 1961–1974, Teil H (AMD), S. H 68 f.
[21] Nachlass Ardenne, Ordner Wichtige Briefe.
[22] Buthmann, Versagtes Vertrauen, S. 962.
[23] Ebd., S. 994.
[24] Bundesarchiv, MfS-AOP 10660-67, Bd. 5, Bl. 12–31.
[25] https://www.gvoon.de/gesetzblatt-gbl-ddr-1952/seite-997-276259.html.
[26] Bundesarchiv, MfS-AIM 15363-69, Bd. 3, Bl. 223.

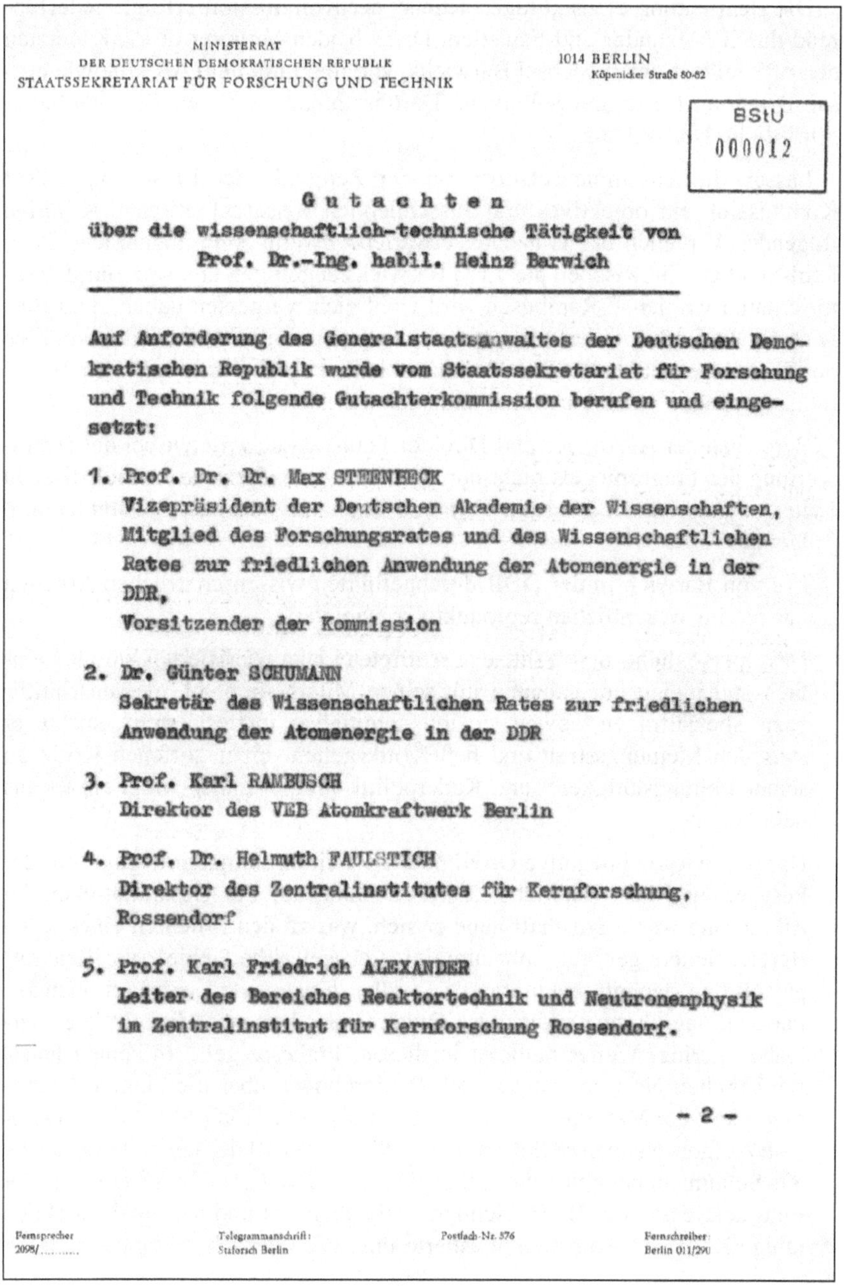

III. Reaktionen von Kollegen und der politischen Führung

MINISTERRAT
DER DEUTSCHEN DEMOKRATISCHEN REPUBLIK
STAATSSEKRETARIAT FÜR FORSCHUNG UND TECHNIK

1014 BERLIN
Köpenicker Straße 80-82

BStU
000012

Gutachten
über die wissenschaftlich-technische Tätigkeit von
Prof. Dr.-Ing. habil. Heinz Barwich

Auf Anforderung des Generalstaatsanwaltes der Deutschen Demokratischen Republik wurde vom Staatssekretariat für Forschung und Technik folgende Gutachterkommission berufen und eingesetzt:

1. Prof. Dr. Dr. Max STEENBECK
   Vizepräsident der Deutschen Akademie der Wissenschaften, Mitglied des Forschungsrates und des Wissenschaftlichen Rates zur friedlichen Anwendung der Atomenergie in der DDR,
   Vorsitzender der Kommission

2. Dr. Günter SCHUMANN
   Sekretär des Wissenschaftlichen Rates zur friedlichen Anwendung der Atomenergie in der DDR

3. Prof. Karl RAMBUSCH
   Direktor des VEB Atomkraftwerk Berlin

4. Prof. Dr. Helmuth FAULSTICH
   Direktor des Zentralinstitutes für Kernforschung, Rossendorf

5. Prof. Karl Friedrich ALEXANDER
   Leiter des Bereiches Reaktortechnik und Neutronenphysik im Zentralinstitut für Kernforschung Rossendorf.

- 2 -

Abb. 35: Die Gutachter in dem Ermittlungsverfahren gegen Barwich.

Die Bearbeitung eines „Fragespiegels" der Kommission erfolgte federführend durch Alexander und Faulstich. Diese beiden Vertreter des ZfK nutzten den offiziellen Schriftwechsel Barwichs, vor allem mit dem AKK, sowie dessen Briefe an Hertz und Selbmann. Darüber hinaus werteten sie auch handschriftliche Notizen aus.

Lassen die Zusammensetzung und der Zeitpunkt der Einsetzung dieser Kommission ein objektives und ausschließlich wissenschaftlichen Kriterien folgendes Vorgehen der Gutachter erwarten? Zweifel sind angebracht, denn Faulstich hatte inzwischen das Erbe Barwichs angetreten und war zum Direktor ernannt worden.[27] Rambusch wird wohl nicht vergessen haben, dass Barwich im Juni 1960 einen Misstrauensantrag gegen ihn beim Zentralkomitee der SED angestrebt hatte. Das Verhältnis zu Steenbeck dürfte mit dem Adjektiv „angespannt" noch zurückhaltend charakterisiert sein.

Bereichsleiter Alexander und Direktor Faulstich bewerteten bei der Beantwortung des Fragespiegels nicht nur den Wissenschaftler und „sozialistischen Leiter", sondern auch den Menschen und den homo politicus. Sie stellten u. a. Folgendes fest:

− Die von Barwich in der DDR durchgeführten wissenschaftlichen Arbeiten „waren im Wesentlichen reproduktiver Natur".

− Das „persönliche und politische Auftreten" charakterisierten sie als „einfach und jovial" im Umgang mit seinen Mitarbeitern. In „wissenschaftlichen Spezialfragen, soweit sie ihn unmittelbar interessierten", suchte er stets den Meinungsstreit und ließ Kritik gelten. Einer „offenen Kritik an seiner Leitungstätigkeit" und Kaderpolitik ging er „nach Möglichkeit aus dem Wege".

− Das überwiegend negative Urteil über die Leitungstätigkeit beginnt mit der Feststellung, dass Barwichs „Einflussnahme auf die Gesamttätigkeit im ZfK gering war". Ernsthaft habe er sich, was zu den Pflichten eines jeden Bereichsleiters gehörte, „nur um einige ausgewählte Gebiete der Reaktorphysik und -technik gekümmert". Darüber hinaus war „sein Vertrauen zur Parteileitung als unterstützendes Organ in der Leitungstätigkeit" gleichermaßen gering. Weiter heißt es in diesem Fragespiegel: „In seinen handschriftlichen Notizen" finden sich Bemerkungen über die „innere Unaufrichtigkeit der Methoden der Partei", mit den drei Trümpfen „Mittelmäßigkeit, Aufgeblasenheit, Schönfärberei", die er im Fall des neuen Parteisekretärs Schumann noch um „Selbstherrlichkeit" erweitert sieht. Es entstehe der Eindruck, dass „nur B. die richtige Linie übersieht und der einzig wirklich fähige Kopf ist". Faulstich attestierte ihm, nach der Übergabe der Leitung

---

[27] Mitte 1961 wurde Faulstich als amtierender Direktor des ZfK eingesetzt. 1965 wurde er zum Direktor des Zentralinstituts berufen und zum Professor ernannt.

III. Reaktionen von Kollegen und der politischen Führung   197

des Instituts an den amtierenden Direktor seinen Einfluss auf das Institutsgeschehen praktisch auf null gefahren zu haben. Unter Verweis auf Fehler bei der Entwicklung des Nullreaktors formulierte Faulstich seine These, dass es Barwichs Prinzip gewesen sei, „andere etwas falsch machen zu lassen, um dann als der große Mann dazustehen, der natürlich alles vorher gewusst hat". Es ist unübersehbar, dass die federführenden Autoren bestrebt waren, Barwich möglichst schlecht aussehen zu lassen. Zu diesem Zweck verweisen sie vor allem auf Kontroversen, die Ende der 1950er Jahre zwischen Barwich und den Gremien, vor allem dem AKK, sowie dem Parteisekretär des Instituts ausgetragen wurden. Unstrittig scheint die Feststellung zu sein, dass Barwich zugeschaut hat, wie ihm „die Leitung des ZfK aus den Händen gleitet". Die Dinge entwickeln sich „auch ohne ihn", stellten Alexander und Faulstich klar, „und nicht schlechter, wenn auch bezüglich der Kernenergie kaum besser".[28]

Im Jahre 2000 bilanzieren Collatz, Falkenberg und Liewers, alle drei Insider und Zeitzeugen gleichermaßen, Wirken und Bedeutung Barwichs für das ZfK Rossendorf und dessen kernenergetische Forschung zurückhaltend als Gestaltung der Anfangsphase. Diese umfasste den „Aufbau der Arbeitsgruppen, ihre Einarbeitung in die grundlegenden Methoden ihres Arbeitsgebiets und die Entwicklung der erforderlichen Geräte und Apparaturen". Die Forschungsschwerpunkte „waren darauf ausgerichtet, mit Unterstützung durch die UdSSR die Voraussetzungen für eine eigene Reaktorentwicklung in der DDR zu schaffen. Sie waren zunächst schwerpunktmäßig auf Natururanreaktoren orientiert, nach 1960 verlagerte sich der Schwerpunkt zunehmend auf Arbeiten zum Druckwasserreaktor (DWR). Des Weiteren wurden ab 1962 Grundlagenarbeiten zum Schnellen Brutreaktor (SBR) aufgenommen."[29]

---

[28] Entwurf des Fragespiegels für die Untersuchungskommission, undatiert, Nachlass Hampe (ZfK-Archiv).
[29] Collatz, Siegwart/Falkenberg, Dietrich/Liewers, Peter: Forschungs- und Entwicklungsarbeiten des ZfK Rossendorf zur Kernenergienutzung, in: Liewers u. a., Geschichte der Kernenergie, S. 414 f.

IV. Öffentliche Reaktionen zu Barwichs „Republikflucht"

Tabelle 10
Das MfS nahm diese Meldungen bundesdeutscher Medien zu den Akten[30]

Datum	Medium	Titel
12. September	Tagesspiegel	Kernphysiker aus Dresden geflüchtet. In USA politisches Asyl erhalten
12. September	Telegraf	Ost-Atomforscher floh in den Westen
12. September	Welt	Siehe Tagesspiegel
12. September	BZ	Er ist ein Ass der Atomphysik
12. September	Berliner Morgenpost	Zone verlor Starforscher Prof. Barwich
12. September	Nacht Depesche	Atomforscher flüchtete aus der Sowjetzone. Er besaß den Stalinpreis
14. September	Welt	Eine mutige Tischrede. Warum floh der Atomforscher Heinz Barwich in den Westen?
18. September	ZEIT	Er nahm niemals ein Blatt vor den Mund. Ein Kernphysiker, der die Freiheit suchte / Von Robert Jungk
22. September	Der Spiegel	Barwich-Flucht. Verrat in acht Zeilen

Datiert auf den 13. September 1964 zitiert Oberleutnant Hartmann aus dem Bericht des „Telegraf" die folgende Passage: „Zonenpresse schweigt. Die Ostberliner Presse und die Sowjetzonen-Nachrichtenagentur ADN gingen am Sonnabend mit keinem Wort auf die Flucht des bekannten Dresdner Atomwissenschaftlers Prof. Dr. Heinz BARWICH ein."

Im November 1965 veröffentlichte die „Zeit" ein Interview mit Barwich. Breiten Raum nahm eine detaillierte Aufzählung von Privilegien ein, über die aus der sowjetischen Internierung in die DDR gegangene Wissenschaftler verfügten. Barwich erklärte in diesem Interview aber auch, wie Wissenschaft in der DDR funktioniert und wies vor allem auf die Rolle von Parteisekretären hin, die ein Direktor nicht entlassen könne, weil die Partei sie bezahlt. Sie haben „keine fachliche Funktion", aber redeten „selbstverständlich auch in die Forschung hinein". Als Direktor musste er dem Parteisekretär beweisen, dass sein Vorhaben, einen Forschungsreaktor zu bauen, ebenso dem Aufbau des Sozialismus diene wie ein Atomkraftwerk – „wenn auch nur indirekt".

---

[30] Bundesarchiv, MfS-AOP 10660-67, Bd. 2, Bl. 37–57.

Auf die Frage, wie die Wissenschaftler die Chancen einer Wiedervereinigung beurteilen, erklärte Barwich, dass die „alten guten Bürger" unter den Wissenschaftlern, „die den Sozialismus nie haben an sich herankommen lassen", sich eine „Wiedervereinigung nach westlichen Vorstellungen" wünschen. Eine zweite Gruppe bilden die Opportunisten, die meinen, es sei wichtiger, „für die Liberalisierung der DDR zu arbeiten als für die Wiedervereinigung". Eine dritte Gruppe schließlich seien die „sturen Parteifunktionäre, die sich eine Wiedervereinigung nur unter der roten Fahne vorstellen". Die jungen Menschen „glauben nicht daran, aber sie würden sie gern sehen".[31]

Im Herbst 1965 mündete ein Briefwechsel der „Physikalischen Blätter" mit Heinz Barwich in einen Schriftsatz, den die Redaktion unter dem Titel „Trotz Erfolges Entscheidung für den Westen. Gespräch mit Prof. Dr. Heinz Barwich" erst nach dessen Tod veröffentlichte.[32] Eine Kopie dieses Interviews, eingeleitet durch einen Nachruf mit dem Titel „Heinz Barwichs Schicksal und Bekenntnis", wurde in die Akten des Untersuchungsvorganges aufgenommen. Es zeige „den inneren Kampf eines Physikers, der in der ersten Reihe der Großen des DDR-Staates stand und sich in erfolglosem Ringen um ein Arrangement mit dem Regime und dessen Anschauungen aufrieb". In seiner Antwort auf eine Frage des Redakteurs brachte Barwich die Gründe für seine Flucht aus der DDR in folgender Weise auf den Punkt:

Physikalische Blätter: „Ich bewundere, Herr Barwich, was sie alles in den zwei Jahrzehnten erreicht haben. Ich verstehe nicht recht, warum Sie dann trotzdem glaubten, den Westen vorziehen zu müssen."

Barwich: „Aus Ihrer Frage entnehme ich, dass Sie mich zur Rasse des bürgerlich-materialistischen Typus rechnen (dessen Vorkommen natürlich nicht auf den Westen beschränkt ist). Es gibt aber auch noch eine Minderheit vereinzelter Exemplare einer Rasse der ‚unruhigen Weltverbesserer', denen es darum geht, ihrer Überzeugung gemäß zu handeln."[33]

Festzustellen bleibt, dass die Rossendorfer Kollegen Alexander und Faulstich in ihrem Urteil versuchten, Barwich nicht besonders gut aussehen zu lassen. Dieser hingegen stellte im Westen „Pleiten, Pech und Pannen" beim Bau des Forschungsreaktors in den Vordergrund.[34]

Im August 1966 zitierte das MfS in einem Bericht Prof. Schintlmeister, der erfahren hatte, dass Barwich sechs Wochen vor seinem Tod einen sechs Seiten

---

[31] Vacek, Egon: Forschen für Ulbricht? Bericht des geflohenen Atom-Wissenschaftlers Heinz Barwich, in: Die Zeit, Nr. 45/1965, 5.11.1965.
[32] O.A.: Heinz Barwichs Schicksal und Bekenntnis, in: Physikalische Blätter, Jhg. 22, Heft 6, Juni 1966, S. 267–272.
[33] Bundesarchiv, MfS-AOP 10660-67, Bd. 1, Bl. 260–264.
[34] Barwich/Barwich, Rotes Atom, S. 136f.

langen Brief an einen Berliner Freund und ehemaligen Kollegen in Agudseri geschrieben hatte. In diesem Brief erklärte Barwich, wie es ihm gelang „republikflüchtig" zu werden. Im September 1963, am Rande der Pugwash-Konferenz in Jugoslawien (Dubrovnik), habe er erstmals Kontakt zu den Amerikanern aufgenommen. Zurück in Dubna sei Elfi, die als DDR-Bürgerin in der Sowjetunion als Ausländerin galt, in die amerikanische Botschaft nach Moskau gefahren. Dort besorgte man die „zur Republikflucht notwendigen Ausweise". Ein Jahr später, in Bonn angekommen, händigten die Amerikaner ihm 10.000 Dollar aus. Er gab ein Fernsehinterview und bestieg mit Elfi ein Flugzeug, das beide in die USA brachte.[35]

---

[35] Bundesarchiv, MfS-AOP 10660-67, Bd. 11, Bl. 23 f.

G. Im freiheitlichen Westen: 1964–1965

I. Zwischenaufenthalt in den USA

In dem Interview für die „Physikalischen Blätter", das, wie bereits erwähnt, erst nach seinem Tod veröffentlicht wurde, erklärte Barwich in bemerkenswerter Kürze seinen Weg in die USA: „Es war am Sonntag, dem 6. September, als ich aus Westdeutschland den Anruf bekam, dass meiner Frau die Flucht gelungen sei. Ich fuhr anschließend über die deutsche Grenze, verhandelte mit Vertretern der USA, die mir vorschlugen, in die USA zu kommen. So flogen wir direkt nach den USA und kehrten später dann nach Westdeutschland zurück."[1]

1. Befragung durch den Untersuchungsausschuss

In den Memoiren gibt er nur wenig mehr preis. „Auf den Rat eines Freundes melde ich mich bei einer amerikanischen Behörde und bat um politisches Asyl in den Vereinigten Staaten. Drei Monate nach meiner Flucht wurde ich in Washington von einem Untersuchungsausschuss des amerikanischen Senats über meine Erfahrungen und den Stand der Atomforschung an Ostblock-Instituten vernommen. Dieses Hearing vor den US-Senatoren blieb einige Zeit geheim." Auf die Frage, ob er Kommunist sei, habe er geantwortet: „Ich war niemals Kommunist, ich bin als freier Sozialist erzogen." Er bekannte, es früher für richtig gehalten zu haben, das kommunistische Regime zu unterstützen. Ein System, das ihm besser zugesagt hätte, habe er nicht finden können. Dennoch empfinde er jedoch auch Sympathie für die sogenannte westliche Demokratie. Die Frage, ob er jemals einer Gehirnwäsche unterzogen worden sei, habe er mit nein beantworten können.

„Dann sollte ich den Wert der wissenschaftlichen Informationen abschätzen, die Klaus Fuchs, mein späterer Stellvertreter in Rossendorf, nach seiner Entlassung aus dem Westen mitgebracht habe." Für den Westen hätten sie keinerlei Wert mehr gehabt. „Ich konnte bestätigen, dass die Sowjets durch Klaus Fuchs mindestens zwei Jahre gewonnen hatten, und zwar sehr entscheidende Jahre." Auf die Unterstützung Chinas durch die Sowjetunion angesprochen, verwies Barwich darauf, dass ihn deren „früher Erfolg" sehr verwun-

---

[1] Bundesarchiv, MfS-AIM 2753-67, P-Akte, Bl. 263.

derte, aber er hätte „natürlich nur das chinesische Kernforschungsinstitut (nicht die Bombenentwicklung) kennengelernt". Die Fähigkeit der Chinesen, „komplizierte technische Geräte zu kopieren", habe er sehr bewundert."[2]

In einem undatierten streng geheimen „Auskunftsbericht" der Hauptabteilung XVIII des MfS, abgelegt als schriftliche Archivauskunft (SAA), steht dazu Folgendes: „Im Dezember 1964 machte er vor einem Untersuchungsausschuss des amerikanischen Senats umfangreiche Aussagen über seine wissenschaftliche und politische Tätigkeit nach 1945 in der UdSSR und in der DDR, welche auszugsweise in der Hamburger Zeitschrift ,Der Spiegel' Nummer 44/1965 wiedergegeben wurde. Aus dieser Veröffentlichung ist ersichtlich, dass er vorbehaltlos sämtliche Kenntnisse preisgegeben und durch eine politische tendenziöse Darstellung dem Ansehen der DDR und der UdSSR geschadet hat. Weiterhin konnte nachgewiesen werden, dass B. und seine Ehefrau seit Anfang 1963 einseitige Funk-Sprechverbindung und postalische Verbindungen zum amerikanischen Geheimdienst unterhielten. Im Mai/Juni 1965 kehrte er aus den USA zurück und nahm in Köln seinen Wohnsitz."[3] Die Aussagen Barwichs vor den US-Senatoren blieben lange Zeit geheim. Unter der Überschrift „Jedes Blatt Papier war nummeriert" veröffentlichte „Der Spiegel" am 26. Oktober 1965 Auszüge aus dem Protokoll. Wie James O. Eastland als Vorsitzender des Senatsausschusses erklärte, lieferte Barwich den Amerikanern „bemerkenswerte Aufschlüsse über das Elitekorps der Atomwissenschaftler im Ostblock".[4]

Elfi fügte den sparsamen Aussagen ihres Mannes gleichermaßen sparsame Andeutungen hinzu, die äußeren Lebensumstände betreffend: „Einige seiner alten Freunde, die schon zu Beginn der Nazizeit in die USA emigriert waren, wurden durch die Nachrichten über seine Flucht und seinen Aufenthalt in den USA auf ihn aufmerksam und nahmen sofort Kontakt auf." Ein ehemaliger Kommilitone, inzwischen Professor an der Pennsylvania University, „verabredete einige Vorträge, die mein Mann vor seinen Studenten halten sollte". „Heinz referierte so über physikalische wie über politische Themen und wurde bald auch von anderen Universitäten zu Vorträgen eingeladen." Dankbar habe ihr Mann auch das Angebot des amerikanischen Verlegers Frederick A. Praeger angenommen, „ein Buch über seine Erlebnisse in den Ostblockstaaten zu schreiben". „Wir gingen zurück nach Washington, um für dieses Buch Material in der Library of Congress zu suchen." Kurze Zeit später habe sich Barwich entschlossen, die ihm von der University of North Carolina angebotene Gastprofessur anzunehmen. „Er sollte Anfang 1966, nach Fertigstellung sei-

---

2 Barwich/Barwich, Rotes Atom, S. 184 f.
3 Bundesarchiv, MfS-AOP SAA 10660-67, Bl. 1–5.
4 Vgl. Der Spiegel, Nr. 44/1965.

nes Buches, die Tätigkeit beginnen."[5] Trotz der erwähnten „Starthilfe" in Höhe von 10.000 Dollar musste Barwich wohl erkennen, dass die CIA keine caritative Institution ist und das alte Sprichwort, dass man zwar den Verrat liebt, nicht aber den Verräter, zu Recht weltweite Gültigkeit beanspruchen darf.

2. Die Akten der CIA

Bereits 2005 veröffentlichte John Paul Maddrell, wie bereits zitiert, Beweise dafür, dass Barwich in Dubna für die CIA spionierte. Am 6. April 2018 wurden vom National Security Archive der George Washington University Unterlagen über geheime CIA-Interviews mit Wissenschaftlern und Technikern des Ostblocks von Mitte der 1950er Jahre freigegeben. In der dazu veröffentlichten Meldung wird auf Berichte über Interviews mit gut platzierten Quellen hingewiesen, von denen einige Ziel einer gemeinsamen britisch-amerikanischen Geheimdienstaktion mit dem Codenamen „Operation DRAGON" waren, die darauf abzielte, Schlüsselpersonen zum Überlaufen in den Westen zu bewegen.

Alle diese Dokumente sind das Ergebnis intensiver Bemühungen des amerikanischen und des britischen Geheimdienstes, Überläufer und andere Quellen zu befragen, um das Wissen über den Fortschritt und die Richtung des Kernwaffenprogramms der Sowjetunion zu erweitern. Zu den am 6. April 2018 veröffentlichten Dokumenten gehörte als Nummer 06 der folgende Bericht über die gezielte Kontaktierung Barwichs auf der Amsterdamer Konferenz im April 1957:

> Office of Naval Intelligence Information Report, „Discussion of Soviet Isotope Separation Program with DRAGON at AMSTERDAM Conference", 30. April 1957, Geheim, ausgeschnittene Kopie.[6]
>
> Eine Konferenz über Isotopentrennung in Amsterdam gab amerikanischen Nuklearexperten und einem Beamten des U.S. Naval Intelligence die Gelegenheit, mit Heinz Barwich, dem Direktor des Instituts für Kernphysik in der ehemaligen Deutschen Demokratischen Republik, zu Abend zu essen. Barwich, der bis zu seiner Ausreise in die DDR im Jahr 1955 am sowjetischen Atomprogramm mitgearbeitet hatte, wurde in dem Bericht als ein „DRAGON" bezeichnet, also als jemand, dessen Wissen der US-Geheimdienst anzapfen und den er möglicherweise zum Überlaufen bewegen wollte. Der Autor dieses Berichts, Oswald F. Schuette, war wissenschaftlicher Verbindungsoffizier in Westdeutschland für den US-Marinegeheimdienst.

---

[5] Barwich/Barwich, Rotes Atom, S. 185.
[6] https://nsarchive.gwu.edu/briefing-book/nuclear-vault/2018-04-06/cia-debriefed-soviet-h-bomb-eye-witness-1957.

Das Dokument 06 dieser Materialsammlung beschreibt in gebotener Kürze Barwichs Tätigkeit im Projekt „Atomnaja Bomba", und zwar so weit, wie es für eine versuchte Abwerbung erforderlich war.

Barwich hätte der deutschen Gruppe in Swerdlowsk-44 [Nowouralsk, Ba.] angehört, die das sowjetische Gasdiffusionsprojekt unterstützte, und für seinen Beitrag sei er 1951 mit dem Stalinpreis ausgezeichnet worden. Während des Treffens in Amsterdam drehte sich die Diskussion um einen Aspekt der Gasdiffusionstechnologie, der vom US-Energieministerium nach wie vor geheim gehalten wird, mit dem Barwich aber vertraut war. Er hatte zuvor in dem Gespräch gesagt, dass er „mit den Sowjets vereinbart hatte, sein Wissen geheim zu halten", so dass, als die Amerikaner versuchten, herauszufinden, was er wusste, „es notwendig war, das Thema zu wechseln, um die Spannung abzubauen".

Weiter heißt es:

„Als überzeugter Sozialist stand Barwich der DDR-Version des Sozialismus sehr kritisch gegenüber. Vielleicht war er 1957 noch nicht bereit, überzulaufen, aber nach dem Bau der Berliner Mauer 1961 hatte er offenbar die Nase voll. Im September 1964 liefen Barwich und seine Frau getrennt, aber gleichzeitig in den Westen über; er war in Genf, Schweiz, auf einer Konferenz von Atoms for Peace, und sie benutzte gefälschte westdeutsche Ausweispapiere, um nach West-Berlin zu gelangen. Zwei Jahre zuvor war Barwich stellvertretender Direktor des Gemeinsamen Instituts für Kernforschung in Dubna in der Sowjetunion geworden. Wie der ostdeutsche Geheimdienst später feststellte, stand er zu diesem Zeitpunkt bereits in Kontakt mit der CIA. Ob der DDR-Geheimdienst oder der sowjetische Geheimdienst jemals erfahren haben, dass Barwich 1957 mit amerikanischen Nuklearexperten, darunter auch ein Beamter des militärischen Geheimdienstes, zu Abend gegessen hat (zweifellos unter Ausschluss der Öffentlichkeit), bleibt abzuwarten. Möglicherweise fand das Ereignis unter dem Radarschirm statt, obwohl es möglich ist, dass die Geheimdienste des Ostblocks von Schuettes Rolle als Geheimdienstoffizier wussten. Sicherlich hat sich eine Eminenz wie Barwich durch ein Treffen mit einer solchen Gruppe selbst in Gefahr gebracht, obwohl der Kontakt vielleicht als nachrichtendienstliche Aktivität genehmigt war."

In den freigegebenen Unterlagen finden sich auch Dossiers über Hans Born und Heinz Pose, die beide zu den langjährigen Kollegen Barwichs gehörten und für Amerikaner und Engländer gleichermaßen interessant waren. Das Dokument 04 befasste sich mit Hans Born, einer Schlüsselfigur der Gruppe von Radiochemikern. Born sei mit dem Kaiser-Wilhelm-Institut in Berlin verbunden gewesen. Dem Bericht zufolge war die Gruppe „wahrscheinlich maßgeblich an der Initiierung, Entwicklung und schließlich Einrichtung eines umfassenden biologischen und medizinischen Programms innerhalb des sowjetischen Atomenergiekomplexes beteiligt". Born verließ 1957 die DDR und ging in die Bundesrepublik, nicht in die USA. Zentrale Figur des Dokumentes 05 war Heinz Pose, der in Obninsk an der Entwicklung eines funktionsfähigen

Kernreaktors arbeitete, „wobei der deutsche Beitrag nach Einschätzung der CIA ‚erheblich' war. Der Atomphysiker Heinz Pose, designierter Leiter der dort tätigen deutschen Wissenschaftler, hatte an dem Uranprojekt des nationalsozialistischen Deutschlands während des Krieges mitgearbeitet, einschließlich der Bemühungen zur Entwicklung eines Kernreaktors."[7]

II. Rückkehr in die Bundesrepublik

Im Frühjahr 1965 kam das Ehepaar Barwich in die Bundesrepublik zurück, um von dort aus die Freilassung seiner beiden inhaftierten Kinder zu betreiben. „Die Entlassung aus dem Gefängnis ist dann nach großen Mühen gelungen", schreibt Elfi, „allerdings zunächst nur die der Tochter." Leider teilt sie keinerlei Einzelheiten dieser „großen Mühen" mit. Der Gedanke an die Haft seines Sohnes Peter habe ihren Mann bis zuletzt gequält. „Bereits im Spätherbst", so die knappe Information Elfriede Barwichs über den Gesundheitszustand ihres Mannes, „zeigte sich bei Heinz eine akute Herzmuskelschwäche, die ihn für mehrere Wochen ans Bett fesselte. Auf Anraten der Ärzte trug er sich mit dem Gedanken, die Professur North Carolina nicht anzutreten und vorerst in Deutschland zu bleiben." Auch eine berufliche Perspektive tat sich „durch das Angebot eines Ordinariats an der Neuen Universität in Bochum" auf. „Kurz vor Beginn der dortigen Tätigkeit musste er wieder das Krankenhaus aufsuchen. Er starb am 10. April 1966 in Köln."[8]

Unabhängig davon, ob er nicht bereit oder nicht in der Lage war, sich so weit mit der DDR-Diktatur zu arrangieren, dass er die Chance ergreifen konnte, eine Großforschungseinrichtung aufzubauen und profilbestimmend zu prägen, nötigt es Respekt ab, dass er Privilegien, Ansehen und materiellen Wohlstand opferte, um dort zu leben, wo er ein Maximum an Freiheit und Unabhängigkeit erhoffte. Diesen Weg ist sein Kollege Werner Hartmann nicht gegangen, obwohl diesem so übel mitgespielt wurde wie wohl keinem anderen Spitzenwissenschaftler der DDR.[9]

Über die materiellen Lebensumstände in der freien Welt verliert Elfi Barwich kein Wort. Möglicherweise erlaubte die bereits erwähnte Starthilfe der CIA in Höhe von 10.000 Dollar ein sorgenfreies Leben während der wenigen Monate des Aufenthalts in den Vereinigten Staaten. In der Bundesrepublik hingegen galten für ihn die gleichen Regeln wie für alle aus der DDR Geflohenen. Diese erhielten einen bundesdeutschen Pass und hatten Anspruch auf Arbeitslosengeld, Sozialhilfe und Rentenleistungen. Ob Heinz Barwich darü-

---

[7] Ebd.
[8] Barwich/Barwich, Rotes Atom, S. 185.
[9] Vgl. Barkleit, Werner Hartmann.

ber hinaus gehende materielle Zuwendungen erfuhr, ist nicht überliefert. In der DDR verfügte er über ein monatliches Einkommen in der Höhe des Verkehrswertes eines Einfamilienhäuschens in sächsischen Kleinstädten – zehn solcher Häuschen hätte er sich jedes Jahr kaufen können. Es sei an Barwichs Ausspruch erinnert, dass die Bankkonten von Wissenschaftlern im Ergebnis des in der Sowjetunion praktizierten „Sparens für Deutschland" Kontostände zwischen 100.000 bis 200.000 DM auswiesen. Stalinpreisträger, wie er, erreichten wohl die genannte Obergrenze. Gemäß einer Verordnung vom 17. Juli 1952 wurde das Vermögen von Personen beschlagnahmt, die die DDR illegal verlassen oder Vorbereitungen zu einer „Republikflucht" getroffen hatten. Das betraf sämtliche Vermögenswerte, also nicht nur Grundstücke und Unternehmen, sondern auch Bankguthaben.[10]

---

10 Vgl. Williams, Elena: „Republikflüchtlinge" und ihr Vermögen [https://www.sparkassengeschichtsblog.de/republikfluechtlinge-und-ihr-vermoegen/].

H. Nachhall und Bekenntnis

I. Der Mensch mit den Augen eines Bewunderers gesehen

Am 18. September 1964, kurz nachdem Barwich die DDR in Richtung USA verlassen hatte, erschien in der „Zeit" ein Beitrag von Robert Jungk mit dem Titel „Er nahm niemals ein Blatt vor den Mund. Professor Barwich: Ein Kernphysiker, der die Freiheit suchte". Elfi Barwich gab im Buch „Das rote Atom", wie bereits zitiert, eine Episode aus diesem Zeitungsartikel wieder, einem Bericht über den drei Wochen dauernden Aufenthalt des namhaften deutsch-österreichischen Wissenschaftsjournalisten im Februar 1962 in Dubna. Die Abteilung „Presse und Berichtswesen" der Deutschen Akademie der Wissenschaften zu Berlin verteilte diese Reportage am 30. September an ausgewählte Adressaten, zu denen auch Max Steenbeck gehörte. Jungk zeichnete in seinem glorifizierenden Text das Bild eines „mächtigen, etwas dicklichen Mannes", dessen Charisma er sich offensichtlich nicht entziehen konnte.

Im Februar 1962 habe Barwich, so Jungk, seiner Rückkehr nach Dresden „mit Unbehagen" entgegengesehen. „Der ‚Kasernenbetrieb' in Rossendorf, die Humorlosigkeit der Funktionäre, der Fanatismus seines nächsten Untergebenen Klaus Fuchs (von dem er mir sagte: ‚Der ist nun mal ein unverbesserlicher Pastorensohn, und statt des lieben Gottes betet er den Diamat [Dialektischen Materialismus, Ba.] an') – all das erfüllte ihn mit dunklen Vorgefühlen. Dennoch hat Barwich nie von ‚Flucht' gesprochen. ‚Die nehmen einen doch nur, pressen einen aus und werfen dich dann weg!', sagte er mir, als er über Radio gerade damals im Februar von dem Absprung eines Sowjetdelegierten in Genf gehört hatte." Wenn Barwich nun doch gegangen ist, „dann vor allem wohl deshalb, weil er das Sich-Verstellen, das Schönreden, die Unaufrichtigkeit, die in Dresden nun von ihm verlangt wurde, nicht mehr ertragen konnte". Jungk, von jenseits des Eisernen Vorhangs für drei Wochen in einen Ausnahmeort der Hegemonialmacht des Ostblocks gekommen, jener Gruppe von Staaten, die sein Protagonist „totalitär" nannte. Im Schlusssatz seines Textes stellte er fest, dass Barwich „nicht der Einzige in der östlichen Elite" sei, „der so fühlt, und er ist nicht der letzte Sozialist, nicht der letzte Russophile, den die Administratoren des ostdeutschen Staatssozialismus zu etwas zwingen, das er im Grunde fast ebenso sehr verabscheut wie das Bleiben und Weitermachen".[1]

---

[1] Jungk, Robert: Er nahm niemals ein Blatt vor den Mund, in: Die Zeit, Nr. 38/ 1964, 18.9.1964.

Zumindest die Behauptung, dass von den „Administratoren" Zwang ausgeübt wurde, sollte nicht unwidersprochen stehen gelassen werden. Es gibt zahlreiche Beispiele dafür, dass der freiwillige Verzicht auf eine Karriere und Privilegien in der DDR immer möglich war. Robert Havemann sei hier stellvertretend genannt. Der Physikochemiker und Kommunist war zeitlebens Naturwissenschaftler und Homo politicus. Der Professor an der Humboldt-Universität Berlin, Nationalpreisträger und Inoffizieller Mitarbeiter „Leitz" des MfS, wurde in den 1960er Jahren vom SED-Mitglied zum bedeutendsten und bekanntesten Kritiker des SED-Regimes.[2]

Professoral habe er sich nicht gegeben, der Herr Professor, attestierte ihm Jungk. „Sein ganzes Auftreten in Dubna [...] war von einer Unbekümmertheit, die nicht nur leisetreterische Funktionäre schockierte. Immer wieder sagten ihm seine Freunde, er solle sich doch ein wenig vorsehen – und er hatte mehr Freunde dort unter den Forschern aus einem Dutzend Ländern als sonst einer. ‚Die sagen, ich rede mich noch um meinen Kopf.' Aber das ist nur, weil sie meinen Kopf nicht kennen. Der rutscht nicht so leicht in eine Schlinge. Und im Übrigen – ich habe hier Narrenfreiheit. Die brauchen mich einfach."

„In der Wissenschaftlerstadt Dubna, wo ein freierer Ton herrscht als sonst im Ostblock, war das offene Auftreten Barwichs geduldet, ja, insgeheim vielleicht von dem toleranten Direktor Blochinzew, der um einen neuen Ton bemüht war, sogar begrüßt worden." Von der Großzügigkeit und der Herzlichkeit der Russen sei dieser „eher zur Boheme als zum Honoratiorentum hingezogene Deutsche" und Spross einer „linksradikalen Familie" ganz besonders angetan gewesen.[3]

Es stellt sich die Frage, ob Jungk ein anderes Bild vom Menschen namens Barwich gezeichnet hätte, wenn der frühe Tod dieses charmanten Dissidenten absehbar gewesen wäre, oder ob er sich dann erst recht durch die Selbstdarstellung eines erfolgreichen Selbstgefälligen hätte täuschen lassen.

II. Das Bekenntnis des Wissenschaftlers

Es ist ein deutsches Phänomen, dass von Mitte der 1930er Jahre bis in die Gegenwart hinein immer wieder Phasen zu beobachten sind, in denen Ideologie den gesunden Menschenverstand besiegt. Zwei dieser Phasen, nationalso-

---

[2] Vgl. Müller-Enbergs, Helmut/Wielgohs, Jan/Hoffmann, Dieter/Herbst, Andreas/Kirschey-Feix, Ingrid (Hg.): Wer war wer in der DDR? Ein Lexikon ostdeutscher Biografien, Berlin 2010, S. 498.

[3] Jungk, Er nahm niemals, in: Die Zeit, Nr. 38/1964, 18.9.1964, Kopie: Nachlass Hampe.

zialistische und kommunistische Herrschaft unter zwei verschiedenen Bannern, erlebte Barwich, eine dritte droht gerade Deutschland zu zerreißen.

Es scheint konsequent, dass die Autoren an das Ende der Selbstdarstellung eines „unruhigen Weltverbesserers" und dessen Erfahrungen „am Rande des großen Weltdramas der Gegenwart" seine Analyse über die Herausforderungen der friedlichen Koexistenz stellten. Darin habe er sich um eine möglichst objektive Darstellung bemüht und versucht, „einen Ausweg aus dem Dilemma zu finden und die Aufgaben der Wissenschaft dabei zu definieren".[4] Seine Schlussfolgerungen bieten die Gelegenheit, seine Entwicklung vom infantilen „utopischen Edelkommunisten" zu einem gestandenen Mann zu verfolgen, der „niemals sein Glück außerhalb der Gemeinschaft findet" und begriffen hat, dass man zwar „gegen Gesellschaftsordnungen rebellieren kann, nicht aber gegen die menschliche Gesellschaft selbst".[5]

1. Friedliche Koexistenz

In dem Lehrbuch „Wissenschaftlicher Kommunismus" für das marxistische Grundlagenstudium an den Universitäten, Hoch- und Fachschulen der DDR wurde die friedliche Koexistenz als eine Form des Klassenkampfes verstanden. „Von den Interessen der siegreichen Arbeiterklasse und dem ihr wesenseigenen Humanismus ausgehend, erklärte Lenin ein friedliches Zusammenleben der Völker für die wünschenswerteste und zweckmäßigste Form der unvermeidlichen Koexistenz der sozialistischen Staaten mit den kapitalistischen Staaten."[6]

Der Terminus „friedliche Koexistenz" fand auch Eingang in Meyers Universallexikon, das in Leipzig erschien, und wurde dort ausführlich erläutert. Dort heißt es u. a.: „Die friedliche Koexistenz ist keine Absage an den Kampf der Arbeiterklasse um ihre soziale Befreiung in imperialistischen Staaten oder an den imperialistischen nationalen Befreiungskampf unterdrückter Völker und dessen Unterstützung. Sie ist auch nicht anwendbar auf das Gebiet der Ideologie; zwischen sozialistischer und bürgerlicher Ideologie gibt es keine Versöhnung."[7]

Barwich stellt seinen Überlegungen zur „Herausforderung der friedlichen Koexistenz" ein Zitat von Dostojewski voran: „Wenn die Gesellschaft richtig

---

[4] Barwich/Barwich, Rotes Atom, S. 188.

[5] Ebd., S. 10.

[6] Groß, Günther (Hg.), Wissenschaftlicher Kommunismus, anerkanntes Lehrbuch für die Ausbildung an den Universitäten, Hoch- und Fachschulen der DDR, Berlin 1978, S. 148.

[7] Meyers Universallexikon, Leipzig 1981, Bd. 2, S. 61.

ausgerichtet ist, dann gibt es keine Verbrechen mehr, weil es keine Zustände geben wird, gegen die man protestieren müsste, und alle werden auf einmal gerecht und ohne Fehler sein." Als Motiv für seine Überlegungen nennt er eine „grundsätzlich neue Situation für die Zukunft". Noch vor etwa 25 Jahren sei das Überleben der menschlichen Rasse kaum ernsthaft diskutiert worden, „da ihr Bestand für eine geschichtlich voraussehbare Zeit gesichert schien". Heute hingegen sei dieses Problem „zur Schicksalsfrage geworden". „Die Wissenschaftler haben nicht nur die Voraussetzung dafür geschaffen, dass die großen Mächte über ein Arsenal von Kernwaffen verfügen, das theoretisch ausreichend wäre, die gesamte Menschheit mehr als einmal auszurotten, sie haben auch die Kybernetik so weit entwickelt, dass sie mit elektronischen Rechenautomaten einen weltweiten nuklearen Vernichtungskrieg im Laboratorium durchspielen könnten, um dabei die Überlebenschancen auf dieser und jener Seite als mathematische Größe herauszubekommen. [...] Im Gegensatz dazu fehlt es vorerst noch völlig an den entsprechenden theoretischen und praktischen Grundlagen für eine Welt ohne Krieg."[8]

Im August 1965 veröffentlichte „Der Spiegel" unter der Überschrift „Droht der Atomkrieg, weil Mao die Bombe nicht versteht?" eine Analyse der chinesischen und sowjetischen Einschätzung der Folgen einer solchen Auseinandersetzung. Die gravierenden Unterschiede wurden deutlich, als sich 1963 die Sowjetunion und China öffentlich über die Einstellung der Atombombenversuche stritten. Der chinesische Partei- und Staatschef Mao Tse-tung schloss nicht aus, so sein sowjetisches Pendant Chruschtschow, dass „vielleicht ein Drittel der gesamten Weltbevölkerung von 2,7 Milliarden Menschen zugrunde" gehen würde. Aber: „Wenn die Hälfte der Menschheit untergeht, wird immer noch eine Hälfte überleben, aber der Imperialismus wird ausgerottet sein, und auf der ganzen Welt wird es nur noch den Sozialismus geben."[9] Es ist anzunehmen, dass Barwich dieser redaktionelle Beitrag des Nachrichtenmagazins nicht entgangen ist. Ohne einen kausalen Zusammenhang herstellen zu wollen, sei angemerkt, dass zur gleichen Zeit die amerikanische Atomenergie-Kommission ein Bildungsprogramm mit dem Titel „Das Atom verstehen" startete, in dem zwischen 1963 und 1969 etwa 50 Broschüren erschienen. Zu diesen technischen Informationen gehörte auch eine Übersicht über Kernreaktoren im zivilen und militärischen Bereich.[10]

Ziel von Barwichs Überlegungen in der ersten Hälfte der 1960er Jahre war es, „einen Ausweg aus dem Dilemma zu finden und die Aufgaben der Wissenschaft dabei zu definieren". Es komme darauf an, dem Vorschlag des zweifa-

---

[8] Barwich/Barwich, Rotes Atom, S. 187.
[9] https://www.spiegel.de/politik/droht-der-atomkrieg-weil-mao-die-bombe-nicht-versteht-a-0e50b3db-0002-0001-0000-000046273576.
[10] Hogerton, John: Nuclear Reactors, Oak Ridge 1969.

chen Nobelpreisträgers Linus Pauling zu folgen und unverzüglich mit einer „internationalen wissenschaftlichen Friedensforschung zu beginnen. [...] Dieser Vorschlag fand bei den führenden Politikern des Ostblocks begreiflicherweise keine begeisterte Aufnahme, da eine solche Einrichtung natürlich die politischen Dogmen nicht tolerieren und damit die Bedingungen des Ostens: ‚Friedliche Koexistenz unter Ausschluss der ideologischen Koexistenz' verletzen würde."[11]

Die Wirkungslosigkeit akademischer Friedensforschung zeigt sich immer wieder, wie die kriegerischen Auseinandersetzungen sowie individueller und institutioneller Terrorismus noch im 21. Jahrhundert in ihrer bestürzenden Brutalität belegen. Nur scheinbar weit entfernt von diesem Bereich versagender akademischer Forschung ist die Pädagogik, ein weiteres Beispiel für die Grenzen der Wirksamkeit von Wissenschaft. Deren Akademisierung hat weder das Anwachsen funktionellen Analphabetentums noch von Gewalt in den Schulen verhindern können.

Barwich hatte die Aufhebung der Doktrin von der Unvermeidbarkeit von Kriegen auf dem XX. Parteitag der KPdSU im Februar 1956 und die damit einhergehende Neuformulierung der sowjetischen Koexistenz-Doktrin sehr wohl zur Kenntnis genommen. Für Manfred Görtemaker „hatte die Sowjetunion [damit, Ba.] einen wesentlichen Schritt getan, um ein System gegenseitiger Abschreckung zu errichten, das auf Furcht vor den Folgen eines Nuklearkrieges beruhte und deshalb zu einer begrenzten Zusammenarbeit führte". Allerdings seien die USA Anfang 1956 noch nicht bereit gewesen, „sich in dieses System einzufügen". Sie haben sich dem „Zwang zur Koexistenz in den fünfziger Jahren" gebeugt, „wenn auch widerstrebend". „Erst als sich die Dulles'sche Strategie der Befreiung, die bereits am 17. Juni 1953 versagt hatte, im ‚polnischen Oktober' und beim Ungarn-Aufstand 1956 erneut als Illusion erwies, begann man auch in Washington, die Regeln des politischen Verhaltens zwischen Ost und West zu überdenken."[12]

Barwich übersah keineswegs, dass ‚friedliche Koexistenz' ein Schlagwort ist, „das sowohl von verschiedenen kommunistischen als auch von einigen neutralen asiatischen Staaten jeweils unterschiedlich interpretiert wird. Nach den offiziellen Erklärungen versteht Moskau darunter die Ausschaltung des Krieges bei der Lösung politischer Konflikte zwischen Staaten des kapitalistischen und kommunistischen Blocks und die Überleitung des Machtkampfes auf die Ebene des ökonomischen Wettbewerbs, wobei allerdings begrenzte nationale Befreiungs- und Unabhängigkeitskriege als gerechte Kriege zuge-

---

[11] Barwich/Barwich, Rotes Atom, S. 188.
[12] Görtemaker, Manfred: Zwang zur Koexistenz in den fünfziger Jahren [https://www.bpb.de/shop/zeitschriften/izpb/internationale-beziehungen-i-245/10334/zwang-zur-koexistenz-in-den-fuenfziger-jahren/].

lassen sind und gegebenenfalls unterstützt werden sollen." Die „Koexistenzperiode" werde nach sowjetischer Auffassung „die ökonomische und kulturelle kommunistische Überlegenheit beweisen" und die kapitalistischen Völker werden sich „freiwillig für das kommunistische System entscheiden". Allerdings behalte sich der Staat „das Monopol der Ideologie für alle Zukunft vor" und dulde „keine Auseinandersetzung mit anderen Ideologien unter seinen Bürgern oder zwischen ihnen und Angehörigen von Staaten mit unterschiedlicher sozialer Ordnung". „Nur die Staatsfunktionäre können eventuell Korrekturen an der Ideologie anbringen, nach Bedarf neue Gedanken aufnehmen oder überholte fallen lassen." Es gebe „keine Freiheit des Andersdenkenden, wie sie noch von Rosa Luxemburg und anderen alten Marxisten gefordert wurde".[13]

Das Thema Friedensforschung erneut aufgreifend, formulierte er „einige bescheidene Vorschläge zur Verbesserung der Weltlage bei friedlicher Koexistenz, wie sie sich aus der politischen Linie des sozialistischen Lagers" ergäben. Denn „die moderne Waffentechnik einerseits und die ökonomischen Aspekte des Rüstungswettlaufs und der sehr komplexe Machtkampf andererseits lassen an der alten These ‚Nationale Sicherheit durch maximale Aufrüstung' zweifeln". Grundlagenforschung für den Frieden könnte sich mit der theoretischen und experimentellen Ausarbeitung von technischen Methoden der Inspektionen und Kontrolle von Versuchsexplosionen und anderen Vorgängen, die mit internationalen Fragen über Rüstungsbegrenzungen zusammenhängen, mit Inspektionen der Produktions- und Aufarbeitungsanlagen für Spaltmaterial einschließlich der Lagerstätten sowie mit der „Untersuchung der ökonomischen Probleme der Abrüstung" befassen.[14]

2. Kritik des „real existierenden Sozialismus"

Barwich befasst sich in seinen Betrachtungen zur friedlichen Koexistenz auch mit dem Kardinalproblem der in Artikel 2 der Verfassung der DDR festgeschriebenen ständigen Vervollkommnung des Sozialismus und stellt fest: „Die Schaffung des sozialistischen Menschen, der sich ohne äußeren Zwang, nur durch ‚Einsicht in die Notwendigkeit' leiten lässt, musste an dem Widerspruch zwischen der Lehre und der korrupten Praxis einer unmenschlichen Despotie scheitern".[15]

Auf sein Gastland bezogen bescheinigt er den Russen „(neben vielen schlechten) auch liebenswerte Eigenschaften" wie „Natürlichkeit, Geduld und

---

[13] Barwich/Barwich, Rotes Atom, S. 188f.
[14] Ebd., S. 191f.
[15] Ebd., S. 193.

Ausdauer, Interesse, auch des einfachsten Menschen, an allen technischen, wissenschaftlichen und kulturellen Fortschritten in der ganzen Welt, ‚rücksichtslose Gastfreundschaft', ehrliche Bereitschaft zur Zusammenarbeit und fast völliges Fehlen jeder Pedanterie". Er ist sich der Fragwürdigkeit der Übertragung seiner Charakterisierung ins Politische sehr wohl bewusst. „Wie weit man diese Qualitäten dem natürlichen Charakter der Menschen, die noch nicht durch Wohlstand und Komfort verdorben wurden, zurechnen kann, oder wieweit sie Ausfluss des ‚sozialistischen Bewusstseins' sind, das in der Propaganda eine so bedeutende Rolle spielt, ist natürlich die Frage."[16]

Auf eine weitere Frage, nämlich welches denn nun die Kriterien für die Vollendung des Aufbaus des Sozialismus seien, findet Barwich nur eine sarkastische Antwort: „Das Kriterium besteht in der Umwandlung des Systems der Ausbeutung des Menschen durch den Menschen in das System der Ausbeutung des Menschen durch den Staat." Da dieses jedoch eine fatale Neudefinition des Sozialismus bedeuten würde, „darf diese einfache Wahrheit nicht ausgesprochen werden". Denn eine so gute Sache wie der Sozialismus lässt sich „doch viel leichter erklären als in die Wirklichkeit umsetzen". „Nach dem ‚Glaubenssatz' des Sozialismus ist aber eine ernsthafte Verwirklichung von Freiheit, Gerechtigkeit und Frieden bei sozialer Ungleichheit nicht möglich. Freiheit setzt die Gleichheit aller voraus und fordert daher die Abschaffung des Privateigentums, die Beseitigung aller Privilegien, die dem Menschen bereits bei seiner Geburt unterschiedliche Chancen für seine Entwicklung mitgeben. Alle revolutionären sozialistischen Richtungen des 19. Jahrhunderts waren sich einig über das Ziel einer klassenlosen Gesellschaft."[17]

Zur Beurteilung des „heutigen sowjetischen Staats" bezieht sich Barwich auf die „vor rund 100 Jahren erschienenen Schriften Bakunins über die Marx-Engels'sche staatssozialistische Doktrin" und nimmt insbesondere die „revolutionäre Diktatur" in den Blick. In Michail Alexandrowitsch Bakunin,[18] so Barwich, „glaubt man, einen hervorragenden Kenner der Sowjetunion von heute vor sich zu haben". Dieser habe behauptet, dass zwischen revolutionärer Diktatur und dem Staatsprinzip keine Unterschiede bestehen, sondern beide ein und dasselbe seien: „die Beherrschung der Mehrheit durch die Minderheit wegen der angeblichen Dummheit der ersteren und der angeblichen überlegenen Intelligenz der letzteren". Nur eine Diktatur könne den Willen des Volkes verwirklichen, behaupte diese Minderheit, während Bakunin überzeugt sei, dass Freiheit nur durch Freiheit geschaffen werden könne, was heiße, „durch

---
16 Ebd., S. 192 f.
17 Ebd., S. 197.
18 Michail Alexandrowitsch Bakunin (1814–1876) gilt als Vater des Anarchismus. Zeit seines Lebens trat er für eine klassenlose Gesellschaft ein, in der weder Staat noch Religion den Menschen an seiner Selbstbestimmung hindern.

eine allgemeine Erhebung und freie Organisation der werktätigen Massen von unten auf". Der heutige sowjetische Staat entspreche auf geradezu wundersame Weise „der genialen Prognose eines alten Theoretikers der Revolution" und beruhe „tatsächlich nicht auf dem Versagen von Personen, auf Eigenschaften wie Machtgier und Grausamkeit einzelner Parteiführer".[19]

Mag die räumliche Nähe zu Leben und Sterben des Anarchisten Pjotr Alexejewitsch Kropotkin den Anstoß zur Beschäftigung mit den Fundamenten des politischen Denkens seines Vaters gegeben haben, so ist die Faszination, die insbesondere Bakunin auf Barwich ausübte, damit nicht zu erklären. Gerhard Göhler und Ansgar Klein weisen darauf hin, dass „die terroristische ‚Propaganda der Tat' auch in der anarchistischen Revolutionstheorie etwa eines Michael Bakunin oder eines Peter Kropotkin" zu finden sei. „Da Attentate und politisch motivierte Morde auch im Laufe der Entwicklung des Anarchismus als sozialer Bewegung – vor allem gegen Ende des 19. Jahrhunderts – zur Praxis einiger sich auf den Anarchismus beziehenden Gruppen gehören", bleibe „die Wahrnehmung des Anarchismus bis auf den heutigen Tag häufig auf die spektakulären Aspekte einer anarchistischen Militanz beschränkt".[20] Barwichs Wahrnehmung war eine andere. Er sah jedoch Parallelen. Kämpfte Bakunin während des Dresdner Maiaufstandes 1849 auf den Barrikaden, so Barwich 110 Jahre später am gleichen Ort gegen die Staatspartei.

Nach der Überwindung des Stalinismus gehöre es in der Sowjetunion „gerade heutzutage zum guten Ton zu versichern, dass erst Stalin mit der brutalen Unterdrückung jedes unabhängigen Gedankens, mit der Erstickung jeder Kritik begann, während unter Lenin noch eine freie demokratische Atmosphäre herrschte". Das entspreche jedoch nicht der historischen Wahrheit. Denn „Terror und Ausrottung wirklicher und vermeintlicher Gegner" wurden „bereits gleichzeitig mit der Zertrümmerung der alten Ordnung ausgeübt". Ein „Lieblingsausdruck" Lenins sei gewesen: „‚Freiheit ist ein Bourgeois-Vorurteil' und er fand, dass die Rede und Pressefreiheit ausgesprochen unnötig und schädlich sei." Von der revolutionären Machtergreifung an sei „die Durchsetzung der Ideologie mit allen Mitteln ein unlösbarer Bestandteil der kommunistischen Parteipolitik" gewesen.[21]

Nicht nur in der Phase, als es um die Festigung der gewaltsam ergriffenen Macht ging, „ist aber auch heute das Monopol der Ideologie zu einer Existenzfrage der herrschenden Klasse geworden". Barwich nennt neben den sowjetischen Beispielen auch Mao Tse-tung und Ulbricht, die gleichermaßen ihre

---

[19] Barwich/Barwich, Rotes Atom, S. 198 ff.
[20] Vgl. Göhler, Gerhard/Klein, Ansgar: Poltische Theorien des 19. Jahrhunderts, in: Lieber, Hans-Joachim (Hg.): Politische Theorien von der Antike bis zur Gegenwart, Bonn 1993, S. 578.
[21] Barwich/Barwich, Rotes Atom, S. 200.

Partei im Besitz der absoluten Wahrheit wähnten und sich als Führer dazu berufen fühlten, „den Aufbau einer neuen Gesellschaftsordnung mit Gewalt zu vollenden". Unter dem „Nimbus der angeblichen Wissenschaftlichkeit ihrer Staatsdoktrin" werde der Begriff des Sozialismus nach Belieben ‚dialektisch' verdreht und verfälscht. Die Gleichsetzung von Verstaatlichung mit Vergesellschaftung ermögliche es, die staatskapitalistische Form der Ausbeutung zu verschleiern. So könne sich die Partei als die „führende Kraft der Arbeiterklasse ausgeben" und es auch wagen, „ihre Diktatur als zentralistische Demokratie zu tarnen". „Das Monopol der Ideologie" ist für Barwich „unlösbar mit der Existenz der regierenden Klasse in den kommunistischen Staaten verbunden, und seine Beseitigung würde, über kurz oder lang, zu ihrem Untergang führen". Auch wenn „die russische Revolution politisch fehlschlug", weil sie den Arbeitern und Bauern die erhofften demokratischen Freiheiten nicht brachte, sondern eine reaktionäre Despotie errichtete, sei sie „auf ökonomischem und sozialem Gebiet sehr erfolgreich" gewesen.[22]

Barwich versuchte sich an einem Gedankenspiel. Was wäre, wenn „dem russischen Volk über Nacht das Recht auf Selbstbestimmung beschert würde"? Würde es das private Unternehmertum restaurieren oder den Staat einfach abschaffen? „Oder vielleicht nur die Vertreter der neuen Klasse verjagen, um sie durch eine zweite Garnitur zu ersetzen? Nach dem gesunden Menschenverstand zu urteilen, wohl nichts von alledem." Das Volk würde „als ersten und entscheidenden Akt der Selbstbestimmung den totalitären Charakter zerstören", postulierte er. Das bedeutete, es würde sich „vom Staatsmonopol der Ideologie und von der persönlichen Unterdrückung durch die Kommunistische Partei befreien und sie ihres absoluten Führungsanspruchs entledigen".[23]

Max Planck zitierend, der einmal gesagt habe, dass nicht nur die Wissenschaft sich von „größeren zu kleineren Irrtümern" entwickele, sondern auch die menschliche Gesellschaft, attestierte Barwich den Kommunisten zu versuchen, die nun einmal „unvermeidlich auftretenden Fehler durch ihren Unfehlbarkeitsanspruch totzuschweigen" und dadurch „das von ihnen so gern zitierte Rad der Geschichte anzuhalten".

Seine Überzeugung, dass „ideologische Koexistenz im positiven Sinne bedeutet, aus allen geistigen Kräften der Zeit für die eigene Sache Gewinn zu holen, die eigenen Ideen mit den Ideen anderer zu bereichern", schließe es aus, „andere Ideen und geistige Strömungen auf den Index zu setzen". Im Wettstreit der Systeme, so sein Fazit, „gehe es nicht mehr um die Frage, welches System sich als das bessere erweist und als Sieger aus dem Konkurrenz-

---

[22] Ebd., S. 201.
[23] Ebd., S. 203 f.

kampf hervorgeht. Es ist gar nicht notwendig, dass ein einziges Weltsystem als Endziel der friedlichen Koexistenz übrigbleiben muss, das alle anderen überwunden hat, sondern es könnten sich durchaus nicht nur zwei, sondern sogar mehrere Systeme in ihrem Zusammenwirken als günstig erweisen; wer kann das wissen?"[24]

---

[24] Ebd., S. 206.

Glossar

Anarchosyndikalismus

Der Begriff Anarchosyndikalismus bezeichnet die Organisierung von Lohnabhängigen, basierend auf den Prinzipien von Selbstbestimmung, Selbstorganisation und Solidarität. Ideengeschichtlich stellt der Anarchosyndikalismus eine Ergänzung des Anarchismus um den revolutionären Syndikalismus dar.

Elektronenvolt (Abkürzung eV)

Das Elektronvolt ist eine Einheit der Energie, die in der Atom-, Kern- und Teilchenphysik häufig benutzt wird. 1 eV ist diejenige kinetische Energie, die ein Teilchen mit der elektrischen Ladung eines Elektrons besitzt, wenn es im Vakuum durch eine Spannung von einem Volt beschleunigt wird.

Gehlenorganisation

Die *Organisation Gehlen* war ein Nachrichtendienst, der Anfang 1946 entstand und aus dem am 1. April 1956 der Bundesnachrichtendienst (BND) hervorging. Langjähriger Leiter war Generalmajor a.D. Reinhard Gehlen, ehemaliger Chef der Abteilung Fremde Heere Ost der Wehrmacht und erster Präsident des BND.

Genfer Konferenzen

ist der Name verschiedener internationaler Konferenzen. Dazu gehört auch die erste Genfer Atomkonferenz vom 8. bis zum 20. August 1955 unter Federführung der Vereinten Nationen. Folgekonferenzen fanden in unregelmäßigem Abstand statt, die zweite wurde vom 1. bis 13. September 1958, die dritte vom 31. August bis zum 9. September 1964 und die vierte vom 6. bis zum 16. September 1971 erneut in Genf abgehalten.

Hauptverwaltung Aufklärung (des Ministeriums für Staatssicherheit)

Die von Markus Wolf aufgebaute Auslandaufklärung der DDR gehörte zu einem der erfolgreichsten Spionagedienste der Welt, der seine Spione an zentralen Stellen der Bundesregierung und in Nato-Kreisen platzieren konnte. Im September 1951 gegründet, wurde sie vom Ministerium für Staatssicherheit sofort als Konkurrent wahrgenommen. Im September 1953 wurde die Auslandaufklärung als HA XV in das Staatssekretariat für Staatssicherheit eingegliedert. Sie wurde im MfS von 1956 bis zur Auflösung im Juni 1990 als HV A bezeichnet. Der Schwerpunkt nachrichtendienstlicher Tätigkeit lag in der Bundesrepublik und Westberlin.

Die **IAEO** (International Atomic Energy Agency, IAEA) soll laut Satzung „den Beitrag der Kernenergie zu Frieden, Gesundheit und Wohlstand weltweit beschleunigen und vergrößern". Sie sollte die Anwendung radioaktiver Stoffe und die internationale Zusammenarbeit hierbei fördern sowie die militärische Nutzung dieser Technologie verhindern.

Mark
- war der Name verschiedener gesetzlicher Zahlungsmittel der Sowjetischen Besatzungszone/DDR von 1948 bis 1990.
- Deutsche Mark der Deutschen Notenbank (DM) 24. Juli 1948 bis 31. Juli 1964,
- Mark der Deutschen Notenbank (MDN) 1. August 1964 bis 31. Dezember 1967,
- Mark (M) der Deutschen Demokratischen Republik (auch Mark der DDR) 1. Januar 1968 bis 30. Juni 1990.

Natururan-Konverterreaktor (Konverterreaktor)
Kernreaktor, der spaltbares Material erzeugt, jedoch weniger als er verbraucht. Der Begriff wird auch auf einen Reaktor angewandt, der ein spaltbares Material erzeugt, das sich von dem verbrannten Brennstoff unterscheidet. In beiden Bedeutungen heißt der Vorgang Konversion.

Pugwash Konferenz
Die Pugwash Conferences on Science and World Affairs sind eine Tagungsreihe in Pugwash, Nova Scotia, Kanada. Im Jahr 1957 organisierte und finanzierte Cyrus S. Eaton, angeregt vom Russell-Einstein-Manifest, die erste Pugwash Conference on Science and World Affairs. Seither kamen dort einflussreiche internationale Wissenschaftler zu Sitzungen und Workshops zusammen, um einen Beitrag zu Fragen der atomaren Bedrohung, von bewaffneten Konflikten und Problemen der globalen Sicherheit zu leisten.

Schneller Brutreaktor (SBR)
Kernreaktor, dessen Kettenreaktion durch schnelle Neutronen aufrechterhalten wird und der mehr spaltbares Material erzeugt als er verbraucht. Der Brutstoff U-238 wird unter Neutroneneinfang und zwei nachfolgende Betazerfälle

in den Spaltstoff Pu-239 umgewandelt. Die Kernspaltung erfolgt zur Erzielung eines hohen Bruteffekts praktisch ausschließlich mit schnellen Neutronen.

Travel Board

Das Allied Travel Office (ATO, auch Allied Travel Board) war eine Behörde der drei westlichen Besatzungsmächte USA, England und Frankreich, die für die Ausstellung befristeter Reisedokumente für Reisen von Bürgern der DDR in Staaten zuständig war, die die DDR nicht völkerrechtlich anerkannten. Die Politik der Nichtanerkennung der DDR (Hallstein-Doktrin) bezog sich auch auf die Anerkennung der Reisepässe der DDR. Deshalb brauchte bis 1970 jeder Bürger der DDR ein sogenanntes „Temporary Travel Document" (TTD), um ins westliche Ausland reisen zu können. Die Vergabe der TTDs folgte politischen Vorgaben und stellte ein äußerst wirksames Instrument zur Kontrolle der DDR-Auslandsaktivitäten dar. Über die Vergabe von TTDs an hohe Repräsentanten der DDR wurde im Politischen Rat der NATO abgestimmt.

Weltfriedensrat

Der Weltfriedensrat ist eine internationale Organisation, die im November 1950 auf dem 2. Weltfriedenskongress in Warschau zur Förderung der friedlichen Koexistenz und der nuklearen Abrüstung gegründet wurde.

Die Organisation wurde von kommunistischen Intellektuellen dominiert. Frédéric Joliot-Curie war der Gründungspräsident. Im Weltfriedensrat fanden sich aber auch Persönlichkeiten, die sich der kommunistischen Ideologie nicht verpflichtet fühlten, sondern sich dort engagierten, weil ihre Bemühungen für die Erhaltung des Friedens im Westen keinen Rückhalt fanden. Der Weltfriedensrat galt im Westen als von der UdSSR gesteuerte Tarnorganisation und diente auch dem KGB als Frontorganisation. Der Friedensrat der DDR war Mitglied des Weltfriedensrats.

Kurzbiografien

Alichanow, Abram Isaakowitsch

(1904–1970) Physiker

Maßgeblich an der Entwicklung von Kernreaktoren mit schwerem Wasser als Bremssubstanz beteiligt, Mitglied des Technischen Rates im sowjetischen Atombombenprogramm. 1945 Gründer und Direktor des Instituts für Theoretische und Experimentelle Physik in Moskau (1945–1968), Mitglied der Akademie der Wissenschaften der UdSSR (1943).

Apel, Erich

(1917–1965) SED-Funktionär

Ab 1958 Vorsitzender des Wirtschaftsausschusses sowie des Ausschusses für Wirtschafts- und Finanzfragen der Volkskammer, von 1963 bis 1965 Vorsitzender der Staatlichen Plankommission. Kurz vor der Unterzeichnung des Wirtschaftsabkommens mit der UdSSR nahm er sich 1965 mit seiner Dienstwaffe das Leben.

Ardenne, Manfred von

(1907–1997) Physiker

Mit 16 Jahren Beginn der Forschungen auf den Gebieten Rundfunk- und Fernsehtechnik, Elektronen- und Ionenphysik, biomedizinische Technik. 1930 erstmalige Realisierung des vollelektronischen Fernsehens. Erfindung und Entwicklung von: Elektronenrastermikroskop, Verfahren zur magnetischen Isotopentrennung, Elektronenstrahl-Mehrkammerofen, Plasmafeinstrahlbrenner, Sauerstoff-Mehrschritt-Therapie, Krebs-Mehrschritt-Therapie bis zum klinischen Einsatz. Von Mai 1945 bis März 1955 innerhalb des sowjetischen Projekts „Atomnaja Bomba" Leiter eines Forschungsinstituts in Sinop (bei Suchumi), 1955 Gründung seines privaten Forschungsinstituts in Dresden.

Arzimowitsch, Lew Andrejewitsch

(1909–1973) Physiker

Mitbegründer der Kernforschung in der UdSSR, ab 1944 im Projekt „Atomnaja Bomba". 1950 Leitung der Forschungen zur Kernfusion (Tokamak), 1966 Mitglied der Amerikanischen Akademie für Kunst und Wissenschaft.

Baade, Brunolf

(1904–1969) Ingenieur

Seit 1936 Leiter des Konstruktionsbüros bei Junkers in Dessau (Entwicklung der Ju 288), ab Herbst 1946 Chefkonstrukteur in Sawjolowo (bei Moskau). 1954 Leiter des Forschungszentrums und Generalkonstrukteur der Luftfahrtindustrie (Entwicklung der legendären 152). Nach Liquidierung der Luftfahrtindustrie 1961 erster Direktor des Instituts für Leichtbau und ökonomische Verwendung von Werkstoffen in Dresden.

Bakunin, Michail Alexandrowitsch

(1814–1876) Russischer Revolutionär

Der russische Artillerieoffizier und Mathematiklehrer entstammte einer alten russischen Adelsfamilie. Er gilt als einer der einflussreichsten Denker, Aktivisten und Organisatoren der anarchistischen Bewegung. Grundlage seiner Theorie war die uneingeschränkte Freiheit des Individuums, sein Ziel war die Errichtung einer klassenlosen, auf dem Individuum gegründeten Gesellschaft.

Berija, Lawrentij Pawlowitsch

(1899–1953) Politiker

1926 georgischer Chef des GPU-Vorgängers des NKWD/KGB, ab Oktober 1932 Vorsitzender der Kommunistischen Partei der Transkaukasischen Republik, ab 1938 Chef des NKWD. 1941 Mitglied des staatlichen Verteidigungskomitees, Leiter des Spezialkomitees im Projekt „Atomnaja Bomba", Kommandeur der sowjetischen Atomwaffen-Einheiten bis zu seiner Hinrichtung 1953.

Born, Max

(1882–1970) Physiker

1907 Promotion in Göttingen, Forscher und Wegbereiter der modernen theoretischen Physik. 1954 erhielt er gemeinsam mit Walther Bothe den Nobelpreis für Physik für seine Beiträge zur Kristallphysik und die Interpretation der Quantenmechanik. Mitunterzeichner der Göttinger Erklärung gegen eine atomare Bewaffnung der Bundeswehr (1957).

Chruschtschow, Nikita Sergejewitsch

(1894–1971) Politiker

Von 1953 bis 1964 Parteichef der KPdSU, Einleitung der Entstalinisierung der Partei. Propagierung der friedlichen Koexistenz mit dem Westen, aber gleichzeitig dessen schwieriger Konterpart. 1964 Sturz durch Leonid Breschnew, 1966 Ausschluss aus dem ZK der KPdSU.

Collatz, Siegwart

(*1936) Physiker

Studium der Physik in Berlin und Dresden, von 1960 bis 1991 als Abteilungsleiter Reaktortheorie und stellvertretender Institutsdirektor für Kernenergie im ZfK Rossendorf tätig (Habilitation und Ernennung zum Professor). Als Mitglied einschlägiger Gremien der DDR und des RGW erhielt er tiefe Einsichten in Strategie und Entwicklung der Kernenergie im Ostblock.

Einstein, Albert

(1879–1955) Physiker

Mit 26 Jahren Veröffentlichung der fünf der wichtigsten Werke zur Speziellen Relativitätstheorie, 1906 Promotion in Zürich, 1920 lebenslange Ehrenprofessur der Universität Leiden. 1933 Niederlegung der Ämter und Funktionen in Hitler-Deutschland, Emigration, Lehrtätigkeit in Princeton (New Jersey, USA), 1939 Einsatz für die rasche Entwicklung der amerikanischen Atombombe. 1921 Nobelpreis für Physik.

Faulstich, Helmuth

(1914–1991) Ingenieur

1934 Studium der Elektrotechnik an der TH Danzig, 1936 Eintritt in die NSDAP. Von 1946 bis 1956 als Spezialist für die Lenkung ballistischer Raketen in der UdSSR interniert. 1956 Bereichsleiter und von 1965 bis 1970 Direktor des ZfK Rossendorf. 1965 Mitglied des Vorstandes des Forschungsrates der DDR. 1970 Abberufung des parteilosen Direktors auf unwürdige Weise, anschließend stellvertretender Leiter einer Struktureinheit Forschungstechnologie sowie Aufbau einer zentralen Arbeitsgruppe Forschungstechnologie der AdW. Nach Auflösung dieser Arbeitsgruppe bis zum Ausscheiden aus dem Berufsleben im Jahr 1988 leitende Tätigkeiten auf den Gebieten Forschungstechnologie und -koordinierung.

Flach, Günter

(1932–2020) Physiker

Studium der Physik und Mathematik in Leningrad (St. Petersburg). Ab 1958 Mitarbeiter im ZfK Rossendorf. 1962 Promotion zum Dr.-Ing.; 1967 Bereichsleiter und 1970 Direktor. 1971 Ernennung zum Professor der AdW. 1978 Wahl zum korrespondierenden und 1989 zum ordentlichen Mitglied der

AdW. 1976 Vaterländischer Verdienstorden in Bronze und 1984 Ehrentitel „Held der Arbeit". Am 19. April 1990 gehörte er in Dresden zu den Mitbegründern der Kerntechnischen Gesellschaft der DDR e. V.

Fljorow (Flerow), Georgi Nikolajewitsch

(1913–1990) Physiker

Schüler und Mitarbeiter von Igor Wasiliewitsch Kurtschatow, ab 1943 Beteiligung an der Entwicklung der sowjetischen Atombombe, 1957 Gründer und ab 1960 Leiter des Laboratoriums für Kernreaktionen am Vereinigten Institut für Kernforschung in Dubna bei Moskau. Ab 1981 Mitglied der Leopoldina.

Frühauf, Hans

(1904–1991) Hochfrequenztechniker

1933 Eintritt in die NSDAP. 1938 Technischer Direktor der Ehrich & Graetz AG Berlin, von 1945 bis 1948 Chefingenieur und stellvertretender Direktor von Stern-Radio Rochlitz. Ab 1946 Mitglied der SED. Wissenschaftlicher Leiter und technischer Direktor der VVB RFT in Leipzig, von 1950 bis 1969 Professor an der TH Dresden, ab 1961/62 Staatssekretär für Forschung und Technik.

Fuchs, Klaus Emil Julius

(1911–1988) Physiker

1932 Eintritt in die KPD, im Juli 1933 Emigration nach England. Ab Mai 1941 Einbindung in das britische Nuklearprogramm, ab 1943 Arbeit am US-Atombomben-Programm in Los Alamos, ab 1946 Weitergabe der Erkenntnisse an den sowjetischen Geheimdienst. 1950 Verhaftung und Verurteilung, 1959 Entlassung in die DDR. Von 1959 bis 1974 stellvertretender Direktor im ZfK Rossendorf, ab 1967 Mitglied des ZK der SED.

Grotewohl, Otto Emil Franz

(1894–1964) Politiker

Von 1925 bis 1933 Vorsitzender des SPD-Landesverbandes Braunschweig, Mitglied des Reichstages. 1946 Befürworter des Zusammenschlusses von SPD und KPD zur SED, ab 1949 Mitglied von ZK und Politbüros der SED, von 1949 bis 1964 Vorsitzender des Ministerrates der DDR.

Groves, Leslie Richard

(1896–1970) US Army

Lieutenant General, militärischer Leiter der Entwicklung der ersten Atombombe im amerikanischen „Manhattan Project".

Hager, Kurt

(1912–1998) SED-Funktionär

Seit 1930 Mitglied der KPD, 1933 Inhaftierung, von 1937 bis 1939 Teilnahme am Spanischen Bürgerkrieg. 1949 Professor für Dialektik und historischen Materialismus in Berlin, 1954 Mitglied, ab 1955 Sekretär des ZK der SED, ab 1963 Mitglied des Politbüros des ZK der SED („Chefideologe"), 1990 Ausschluss aus der PDS/SED.

Hahn, Otto

(1879–1968) Chemiker

1901 Promotion, ab 1910 Professor am Kaiser-Wilhelm-Institut Berlin, 1912 Leitung der Abteilung für Radioaktivität im Kaiser-Wilhelm-Institut für Chemie, ab 1933 kommissarische Leitung des Kaiser-Wilhelm-Instituts für physikalische Chemie und Elektrochemie. Nachweis der Spaltung von Uran. Von 1946 bis 1960 Präsident der Max-Planck-Gesellschaft. Mitinitiator der „Mainauer Erklärung" und der „Göttinger Erklärung". 1944 Nobelpreis für Chemie, 1966 Fermi-Preis der Atomic Energy Commission of the US (als erster Nicht-Amerikaner).

Hartmann, Werner

(1912–1988) Physiker

Begründer der Mikroelektronik in der DDR. Studium der Physik an der TH Berlin-Charlottenburg; 1935 Diplomarbeit bei Gustav Hertz; anschließend in dem von Hertz gegründeten Forschungslabor II der Siemenswerke Berlin tätig; 1936 Promotion an der TH Berlin; ab 1936 unter Gustav Hertz Arbeiten über Bildwandler und Fotokathoden; von 1937 bis 1945 Anstellung bei der Fernseh-GmbH; von 1945 bis 1955 in Agudseri (SU) im Projekt „Atomnaja Bomba" Leitung einer Arbeitsgruppe; von 1955 bis 1962 Aufbau und Leitung des VEB Vakutronik in Dresden; 1956 nebenamtlicher Professor an der TH Dresden; 1961 Gründung der „Arbeitsstelle für Molekularelektronik" (AME) in Dresden; 1974 Entlassung und Hausverbot. 1959 und 1970 Nationalpreis.

Havemann, Robert

(1910–1982) Chemiker

Promotion 1935 in Chemie. 1943 Inhaftierung wegen Widerstands gegen den Nationalsozialismus (u. a. Kontakte zur „Roten Kapelle"). 1945 Leitung aller Kaiser-Wilhelm-Institute in Berlin, ab 1950 Berufsverbot in Berlin-West. SED-Mitglied seit 1951, von 1946 bis 1964 Zusammenarbeit mit dem KGB und der Staatssicherheit der DDR, 1964 Entzug des Lehrauftrages und Ausschluss aus der SED, 1975 Strafverfahren und Hausarrest, 1989 Rehabilitierung.

Heisenberg, Werner

(1901–1976) Physiker

Von 1923 bis 1927 Assistent bei Max Born in Göttingen, 1925 Entwicklung der Matrizenmechanik (Quantentheorie). Von 1927 bis 1942 Professor an der Universität Leipzig, von 1942 bis 1945 Leiter des Kaiser-Wilhelm-Instituts für Physik. Beteiligung am Uranprojekt des Heereswaffenamtes. Von 1945 bis 1946 Internierung in England. Von 1946 bis 1958 Direktor des Max-Planck-Instituts für Physik in Göttingen, von 1958 bis 1970 Direktor des Max-Planck-Instituts für Physik und Terrestrische Physik in München. 1932 Nobelpreis für Physik.

Hertz, Gustav

(1887–1975) Physiker

1911 Promotion an der Universität Berlin, ab 1926 Professor für Physik in Halle, ab 1927 Lehrstuhl an der TH Berlin. 1935 Industriephysiker bei Siemens (Entwicklung von Diffusions-Trennanlagen für leichte Isotope). Von 1945 bis 1954 Leitung eines Forschungslabors in Agudseri (UdSSR), ab 1955 Direktor des physikalischen Instituts an der Karl-Marx-Universität in Leipzig, Gründungsmitglied des Forschungsrates der DDR. 1925 Nobelpreis für Physik, 1951 Stalinpreis.

Houtermans, Friedrich

(1903–1966) Physiker

Von 1928 bis 1933 Assistent bei Gustav Hertz an der TH Berlin, 1933 Emigration nach England, ab 1935 am Ukrainischen Physikalisch-Technischen Institut in Charkow tätig. 1937 Verhaftung und Ausweisung aus der UdSSR, in Deutschland Inhaftierung. 1940 Tätigkeit bei von Ardenne sowie an der Physikalisch-Technischen Reichsanstalt in Berlin, von 1945 bis 1952 Anstellung an der Universität Göttingen, von 1952 bis 1966 Professur am Physikalischen Institut der Universität Bern.

Jemeljanow, Wasilij Semjonowitsch

(1901–1988) Wissenschaftler

Von 1921 bis 1928 Studium der Metallurgie in Moskau, Anfang der 1930er Jahre Studienaufenthalt in Deutschland, von 1946 bis 1953 für die 1. Hauptverwaltung beim Rat der Volkskommissare tätig. Professor und seit 1953 korrespondierendes Mitglied der sowjetischen Akademie der Wissenschaften. 1965 Wahl zum auswärtigen Mitglied der amerikanischen Akademie der Wissenschaft und Künste. 1942 und 1951 Stalinpreis, 1954 Lenin-Orden und „Held der sozialistischen Arbeit".

Joffe, Abram Fjodorowitsch

(1880–1960) Physiker

1905 Promotion bei Wilhelm Conrad Röntgen, 1913 Professur für Physik am Leningrader Polytechnikum, 1919 Dekan der Physikalisch-technischen Fakultät Leningrad. Von 1921 bis 1951 Direktor des Radium-Institutes der Akademie. Er gilt als einer der Begründer der modernen Physik in Russland. Ehrenmitglied verschiedener amerikanischer und britischer wissenschaftlicher Gesellschaften.

Kairies, Heinz

(1928–2006) Ministerium für Staatssicherheit

1943/44 Lehre als Autoschlosser, 1944/45 Reichsarbeitsdienst, Wehrmacht. 1945 sowjetische Gefangenschaft, von 1945 bis 1948 Fortsetzung der Lehre und Arbeit als Geselle; 1947 SED; 1948 Einstellung bei der Volkspolizei in Aue, Abteilung K 5 (politische Polizei). 1951 Lehrgang an der Juristischen Hochschule (JHS) des MfS in Potsdam-Eiche; 1957 AG „Anleitung und Kontrolle"; 1958/59 Bezirksparteischule; von 1961 bis 1967 Fernstudium an der JHS, Dipl.-Jurist; 1978 Offizier für Sonderaufgaben MfS Berlin.

Kapitza, Pjotr Leonidowitsch

(1894–1984) Physiker

1921 Assistent von Abram Fjodorowitsch Joffe in Großbritannien, Schüler von Ernest Rutherford. 1934 verweigert die UdSSR die Rückkehr nach England. 1935 Direktor des Instituts für Physikalische Probleme in Moskau, 1939 Professur an der Moskauer Universität, 1947 Entdeckung der „Supraflüssigkeit" von Helium II, 1949 Leiter der Entwicklung von Wasserstoffbomben. 1978 Nobelpreis für Physik.

Kikoin, Isaak Konstantinowitsch

(1908–1984) Physiker

1933 Entdeckung des photoelektromagnetischen Effekts, Tätigkeit am Leningrader Physikalisch-Technischen Institut und am Institut für Metallphysik in Swerdlowsk, 1943 Mitbegründer des Kurtschatow-Instituts. 1946 Entwicklung des ersten sowjetischen Atomreaktors. 1953 Mitglied der Akademie der Wissenschaften.

Kruglow, Sergej Nikiforitsch

(1907–1977) Politiker

Ab 1918 Mitglied der Kommunistischen Partei, enger Freund Stalins. 1939 Mitglied des ZK der KPdSU, ab 1941 stellvertretender Volkskommissar für innere Angelegenheiten. Von 1946 bis 1953 Innenminister, dann Minister für Staatssicherheit. 1956 Amtsenthebung und 1960 Ausschluss aus der KPdSU.

Kurtschatow, Igor Wasiliewitsch

(1903–1960) Physiker

1925 Mitarbeiter des Physikalisch-Technischen Instituts Leningrad, 1930 Lehrstuhl am Polytechnischen Institut in Baku, 1938 Leiter des Laboratoriums für Nuklearphysik am Physikalisch-Technischen Institut Leningrad, 1943 wissenschaftlicher Leiter des Atomforschungsprogramms der UdSSR, 1948 Eintritt in die KPdSU, 1956 Direktor des Atomenergie-Instituts der Akademie der Wissenschaften der UdSSR.

Laue, Max von

(1879–1960) Physiker

1912 Nachweis der Wellennatur von Röntgenstrahlen sowie der Gitterstruktur von Kristallen. Professuren in Zürich, Frankfurt, Berlin und Göttingen, Direktor des Instituts für Physikalische Chemie und Elektrochemie in Berlin-Dahlem. 1952 Mitglied des Ordens Pour le mérite für Wissenschaften und Künste. 1914 Nobelpreis für Physik.

Lehmann, Nikolaus Joachim

(1921–1998) Mathematiker

1953 Professor für angewandte Mathematik an der TH Dresden, 1956 Gründungsdirektor des Instituts für Maschinelle Rechentechnik, 1968 Leiter des Bereichs „Mathematische Kybernetik und Rechentechnik", von 1964 bis 1967 zugleich Direktor des Instituts für maschinelle Rechentechnik, 1962 Mitglied des Forschungsrates.

Leuschner, Bruno

(1910–1965) SED-Politiker

Ab 1931 Mitglied der KPD, 1937 Verurteilung zu sechs Jahren Zuchthaus, von 1942 bis 1944 Haft im KZ Sachsenhausen. Von 1948 bis 1949 Mitglied des Deutschen Volksrats, von 1949 bis 1950 Staatssekretär im Ministerium für Planung, von 1950 bis 1965 Mitglied des ZK der SED, Stellvertretender Vorsitzender des Ministerrats.

Liewers, Peter

*(*1933) Physiker*

Studium der Physik in Halle. 1957 bis 1990 ZfK Rossendorf (Abteilungsleiter auf den Gebieten Reaktorphysik und technische Diagnostik), Habilitation und Ernennung zum Professor. 1991 leitende Tätigkeit im VTKA Rossendorf e. V. bei der Vorbereitung der Stilllegung der Kernanlagen (Gefährdungsanalyse).

Macke, Wilhelm

(1920–1994) Physiker

Von 1943 bis 1947 Studium der Physik in Leipzig, 1949 Promotion bei Heisenberg in Göttingen, 1953 Habilitation. Von 1952 bis 1954 tätig am Institut für Theoretische Physik in São Paulo/Brasilien, von 1954 bis 1966 Direktor des Instituts für Theoretische Physik und Dekan der Fakultät Kerntechnik an der TH/TU Dresden, ab 1969 Professor an der Universität Linz.

Malyschew, Wjatscheslaw Aleksandrowitsch

(1902–1957) Politiker

Von 1939 bis 1940 Volkskommissar für Schwermaschinenbau, von 1940 bis 1944 Stellvertretender Vorsitzender des Rates der Volkskommissare, von 1945 bis 1947 Volkskommissar (Minister) für Transportmaschinenbau (Verkehrstechnik), ab 30.11.1945 Leiter der Sektion Nr. 2 (Diffusionsmethode der Urananreicherung) des Spezialkomitees. Von 1947 bis 1953 Stellvertretender Vorsitzender des Ministerrats der UdSSR, Mai 1955 Vorsitzender des Staatlichen Komitees des Ministerrats der UdSSR für neue Technologien.

Molotow, Wjatscheslaw Michailowitsch

(1890–1986) Politiker

1912 Redakteur der Parteiorgane „Prawda" und „Swesda", enger Kontakt mit dem im Ausland lebenden Lenin. 1915 Verbannung nach Sibirien, 1916 Flucht aus der Verbannung nach Petrograd. Mitglied des ZK der KPdSU und des

Politbüros der KPdSU. Von 1939 bis 1949 Außenminister, 1956 Minister für Staatskontrolle, 1957 Botschafter in Ulan-Bator und 1960/61 Vertreter der UdSSR bei der Internationalen Atomenergiekommission in Wien.

Mühlenpfordt, Justus

(1911–2000) Physiker

Studium der Physik an der TH Braunschweig, 1936 Promotion, Mitarbeiter im Labor Hertz der Siemens AG, nach Kriegsende gemeinsam mit Gustav Hertz Tätigkeit im sowjetischen Projekt „Atomnaja Bomba". 1956 Rückkehr nach Deutschland, Gründung des Instituts für physikalische Stofftrennung in Leipzig. 1970 Leiter des Forschungsbereiches „Kernwissenschaften" der AdW.

Pauli, Wolfgang

(1900–1958) Physiker

1918 Studium in München, Promotion 1921; bedeutende Beiträge zur Kernphysik: Pauli-Ausschlussprinzip, Elektronenspin, 1930 Voraussage der Existenz eines später Neutrino genannten Teilchens. 1945 Nobelpreis für Physik.

Perwuchin, Michail Grigoriewitsch

(1904–1978) Politiker

1919 Eintritt in die KPdSU, 1939 Volkskommissar für Kraftwerke und Elektroindustrie, von 1946 bis 1950 Volkskommissar für chemische Industrie. 1957 Minister für mittleren Maschinenbau, von 1958 bis 1962 sowjetischer Botschafter in Ost-Berlin, 1966 Abteilungsleiter in der Staatlichen Plankommission der UdSSR.

Pose, Heinz

(1905–1975) Physiker

1928 Promotion bei Gustav Hertz. 1933 Eintritt in die SA, 1937 Eintritt in die NSDAP. 1944 in Leipzig Mitarbeit an der Entwicklung eines Zyklotrons zur Isotopentrennung, von 1946 bis 1955 Leitung des Labors „V" in Obninsk (Konstruktion und Bau des ersten Atomkraftwerkes der Welt). 1959 Direktor des Instituts für Allgemeine Kerntechnik an der TH Dresden.

Rambusch, Karl

(1918–1999) Physiker

Mechaniker bei Carl Zeiss Jena, Maschinenbaustudium, Kriegsdienst. 1945 Eintritt in die KPD. Physikstudium an der Universität Jena. 1953 Leiter des Nautisch-Hydrographischen Instituts in Berlin, 1955 Ernennung zum Professor, Leiter des Amtes für Kernforschung und Kerntechnik der DDR, Direktor des VEB Atomkraftwerk Rheinsberg. Von 1966 bis 1969 Generaldirektor des Kombinates Kernenergetik, 1970 technischer Direktor des VEB Kombinat Kraftwerksanlagenbau. 1975 Korrespondierendes Mitglied der AdW.

Rexer, Ernst

(1902–1983) Physiker

Studium von Chemie und Physik in Freiburg im Breisgau, 1929 Promotion an der Humboldt-Universität Berlin. 1932 Eintritt in die NSDAP, 1936 Habilitation an der Universität Halle. Mitarbeit im deutschen Uranprojekt (Reaktorversuche in Gottow), 1944 Professur an der Universität Leipzig. Deportation in die SU (Mitwirkung im Projekt „Atomnaja Bomba"). 1956 außerordentlicher Professor an der TU Dresden und Direktor des Labors für Anwendung radioaktiver Isotope. Gründungsdirektor des Instituts für angewandte Physik der Reinststoffe (Zentralinstitut für Werkstoffforschung).

Riel, Nikolaus

(1901–1990) Physiker

Promotion bei Otto Hahn im Kaiser-Wilhelm-Institut Berlin, 1939 Direktor der Wissenschaftlichen Hauptstelle der Auer-Gesellschaft Berlin, 1945 erzwungene Mitarbeit an der sowjetischen Atombombe. 1957 Professur an der TH München, Direktor des Labors für technische Physik an der TU München.

Rompe, Robert

(1905–1993) Physiker

1930 wissenschaftlicher Mitarbeiter bei der OSRAM KG in Berlin. 1932 Eintritt in die KPD. Kontakte zu Widerstandsgruppen und zu sowjetischen Nachrichtendiensten. 1946 Professor für Experimentalphysik an der Universität in Berlin, Direktor des II. Physikalischen Instituts. Von 1958 bis 1989 Mitglied des ZK der SED, Schlüsselfigur für die Organisation der physikalischen Bildungs- und Forschungseinrichtungen in der Frühzeit der DDR.

Sacharow, Andrej Dmitrijewitsch

(1921–1989) Physiker

1939 Abbruch des Physikstudiums und freiwilliger Dienst in der Roten Armee. 1942 bis 1945 Ingenieur in einer Munitionsfabrik. 1964 Fortsetzung des Physikstudiums, 1947 Promotion in Kernphysik. 1948 bis 1968 Projekt „Atomnaja Bomba". Maßgebliche Beteiligung an der Entwicklung der ersten sowjetischen Wasserstoffbombe. 1955 Umdenken und Ausstieg aus der atomaren Rüstung, 1967 Erklärung der Baryonenasymmetrie des Weltalls, 1968 Memorandum für Abrüstung und Kernwaffen-Kontrolle. 1980 Verhaftung und Verbannung nach Gorki, 1986 Aufhebung der Verbannung durch Gorbatschow. 1975 Friedensnobelpreis.

Sawenjagin, Awraami Pawlowitsch

(1901–1956) Politiker

1917 Eintritt in die Kommunistische Partei, 1930 Dekan der metallurgischen Fakultät der Bergbauakademie in Moskau, 1933 Direktor eines metallurgischen Kombinats, von 1937 bis 1938 stellvertretender Minister für Schwerindustrie, 1938 Konstruktionsleiter eines Kombinats in Norilsk und Leiter der Norilsker Konzentrationslager. Von 1941 bis 1950 stellvertretender Innenminister, von 1953 bis 1954 stellvertretender Minister für mittleren Maschinenbau, 1955 stellvertretender Ministerpräsident.

Schintlmeister, Joseph

(1908–1971) Physiker

Von 1934 bis 1938 Mitarbeiter des österreichischen Patentamtes, 1938 Assistent an der Universität Wien. 1946 Tätigkeit im sowjetischen Kernwaffenprojekt, 1956 Professor für Experimentelle Kernphysik an der TH Dresden, 1958 Leiter des Bereichs „Kernphysik" im ZfK Rossendorf, 1971 Honorarprofessor an der TU Dresden. 1964 Nationalpreis.

Schwabe, Kurt

(1905–1983) Chemiker

Studium der Chemie in Dresden, 1929 Promotion und 1933 Habilitation an der TH Dresden, 1947 Gründung des privaten Forschungsinstituts für chemische Technologie in Meinsberg. 1949 Professur mit Lehrstuhl und Direktor des Instituts für Physikalische und Elektrochemie der TH Dresden. Von 1961 bis 1965 Gründungsrektor der TU Dresden, 1965 Gründung und Leiter (bis 1971) der Zentralstelle für Korrosionsschutz Dresden.

Selbmann, Fritz

(1899–1975) SED-Politiker

Von 1931 bis 1933 Leitung der KPD in Sachsen, Abgeordneter des Reichstags, Haft in Zuchthäusern und KZs. 1946 Eintritt in die SED, von 1946 bis 1948 Minister für Wirtschaft und Wirtschaftsplanung in Sachsen und Abgeordneter des Sächsischen Landtags, 1949 Minister für Industrie, für Schwerindustrie sowie für Hüttenwesen und Erzbergbau, 1958 Ausschluss aus dem ZK, 1959 Selbstkritik und Arbeit als Schriftsteller.

Stalin, Josef Wissarionowitsch

(1879–1953) Politiker

1918 Befehlshaber in der Roten Armee („Generalissimus"), 1922 Generalsekretär des ZK der KPdSU, 1941 Vorsitzender des Rates der Volkskommissare, 1946 Vorsitzender des Ministerrats der UdSSR.

Steenbeck, Max

(1904–1981) Physiker

1929 Promotion in Kiel, 1935 Konstruktion des ersten Betatrons. 1945 Mitarbeit am Atomprogramm der UdSSR im Institut Ardenne, 1947 Entwicklung der ersten Gaszentrifuge zur Uranisotopentrennung, 1956 Professor an der Universität Jena und Direktor des Instituts für magnetische Werkstoffe, Direktor des Instituts für Plasmaphysik in Jena und Vorsitzender des Forschungsrates der DDR. 1971 Nationalpreis.

Thiessen, Peter Adolf

(1899–1990) Chemiker

1923 Promotion in Göttingen, Mitglied der NSDAP, von 1935 bis 1945 Direktor des Instituts für Physikalische Chemie und Elektrochemie der Kaiser-Wilhelm-Gesellschaft, Abteilungsleiter im Reichsforschungsrat. Von 1945 bis 1956 Mitarbeiter von Ardenne in der UdSSR, 1964 Direktor des Instituts für Physikalische Chemie der Akademie der Wissenschaften, von 1960 bis 1963 Mitglied des Staatsrates der DDR, Lehrstuhl für Physikalische Chemie an der Humboldt-Universität Berlin. Auswärtiges Mitglied der AdW der UdSSR, 1958 Nationalpreis.

Ulbricht, Walter Ernst Paul

(1893–1973) SED-Politiker

Tischler, 1912 Eintritt in die SPD, 1919 Wechsel zur KPD, 1928 Mitglied des Reichstages. 1928 Aufnahme in die KPdSU, 1933 Emigration nach Paris, später nach Moskau. 1943 Mitbegründer des Nationalkomitees Freies Deutschland, 1950 bis 1953 Generalsekretär und von Juli 1953 bis Mai 1971 Erster Sekretär des ZK der SED, ab 1960 Staatsratsvorsitzender und Vorsitzender des Nationalen Verteidigungsrats, Entmachtung 1971.

Volmer, Max

(1885–1965) Chemiker

1910 Promotion, nach dem Kriegsdienst Forschung zu chemischen Kampfstoffen, 1922 Lehrstuhl am Physikalisch-Chemischen Institut an der TU Berlin. 1945 Mitwirkung im Projekt „Atomnaja Bomba" unter Gustav Hertz, 1955 Rückkehr in die DDR, Prof. für physikalische Chemie und Elektrochemie an der Humboldt-Universität Berlin, bis 1963 Präsident bzw. Vizepräsident der Akademie der Wissenschaften.

Wannikow, Boris Lwowitsch

(1897–1962) General und Funktionär

1918 Kämpfer der Roten Armee im Bürgerkrieg und Parteiarbeiter, Studium an der TH in Moskau, in den 1920er Jahren Direktor verschiedener Maschinenbaufabriken. 1937 Kommissar für Verteidigung und Rüstungsindustrie, nach Kriegsende Minister für Landmaschinenbau.

Weiz, Herbert

(1924–2023) SED-Funktionär

Kaufmännische Ausbildung. 1942 Eintritt in die NSDAP, 1945 Eintritt in die KPD. Von 1946 bis 1949 Studium an der Universität Jena, 1953 Werkleiter des VEB „Optima" Büromaschinenwerk Erfurt, 1962 Promotion und stellvertretender Werkleiter im VEB Carl Zeiss Jena. Von 1962 bis 1967 Staatssekretär für Forschung und Technik. 1967 stellvertretender Vorsitzender des Ministerrates, 1974 Minister für Wissenschaft und Technik.

Wittbrodt, Hans

(1910–1991) Physiker

Physikstudium an der TH Berlin, zwischen 1935 und 1945 außeruniversitäre Forschung bei Telefunken und der Reichspost. 1946 Promotion, bis 1948 Assistent bei Rompe. Von 1949 bis 1953 Hauptabteilungsleiter im Ministerium für Planung bzw. der SPK, von 1953 bis 1957 wissenschaftlicher Direktor der DAW, danach weitere leitende Positionen innerhalb der ADW, 1971 Ernennung zum Professor.

Wosnesenskij, Nikolaj Alexejewitsch

(1903-1950) Politiker

1935 Promotion zum Doktor der ökonomischen Wissenschaften, steile Parteikarriere. Von 1942 bis 1949 Vorsitzender der Staatlichen Plankommission der UdSSR, 1945 bis 1949 Mitglied des Spezialkomitees beim Rat der Volkskommissare sowie 1947 bis 1949 Mitglied des Politbüros der KPdSU. 1948 Stalinpreis. Am 27. Oktober 1949 Verhaftung, Todesurteil, Hinrichtung am 30. September 1950.

Ziller, Gerhart

(1912-1957) SED-Politiker

Elektroingenieur, 1930 Eintritt in die KPD, mehrfache Inhaftierung, zuletzt 1944/45 im KZ Sachsenhausen und im Gefängnis Leipzig. 1946 Eintritt in die SED, von 1953 bis 1954 Minister für Schwermaschinenbau der DDR, von 1953 bis 1957 Sekretär für Wirtschaft des ZK der SED, Dezember 1957 Suizid.

Quellen- und Literaturverzeichnis

I. Ungedruckte Quellen

1. Nachlässe

Nachlass Manfred Baron von Ardenne, Ordner Wichtige Briefe.

Nachlass Dr. Eckhard Hampe:

    Brief Barwichs an Rambusch, Leiter der Verwaltung Energiebedarf, vom 23.9.1955;

    Entwurf des Fragespiegels für die Untersuchungskommission, undatiert;

    Verein für Kernverfahrenstechnik und Analytik Rossendorf e. V.: 40 Jahre Rossendorfer Forschungsreaktor RFR 1957–1997, Rossendorf 1997, Tagungsmaterial;

    Wissenschaftspolitik im ZfK der 1950er Jahre.

Nachlass Prof. Werner Hartmann:

    Technische Sammlungen Dresden, 1945–1955, Teil F und 1961–1974, Teil H (AMD).

2. Archivalien

BStU, Archiv-Nr. 2753/67, Bd. A.

BStU, Archiv-Nr. 2753/67, Bd. P.

Bundesarchiv, MfS-AIM 2667-90.

Bundesarchiv, MfS AIM 2794/67.

Bundesarchiv, MfS-AIM 2794-67, Bd. 2.

Bundesarchiv, MfS-AIM 2753-67, A-Akte.

Bundesarchiv, MfS-AIM 2753-67, P-Akte.

Bundesarchiv, MfS-AIM 11279-84, Bd. 1.

Bundesarchiv, MfS-AIM 12386-67, Bd. 1.

Bundesarchiv, MfS-AIM 12386-67, Bd. 6.

Bundesarchiv, MfS-AIM 13523-84, Bd. 2.

Bundesarchiv, MfS-AIM 15363-69, Bd. 3.

Bundesarchiv, MfS-AOP 10660-67, Bd. 1.

Bundesarchiv, MfS-AOP 10660-67, Bd. 2.

Bundesarchiv, MfS-AOP 10660-67, Bd. 5.

Bundesarchiv, MfS-AOP-SAA 10660-67.

Bundesarchiv, MfS-AOP 10660-67, Bd. 11.

Bundesarchiv, MfS-SAA 10660-67.

Bundesarchiv, SAPMO DY 30, IV 2/6.07/26.

Hauptstaatsarchiv Dresden 11984, SED-GO Zentralinstitut für Kernforschung Rossendorf IV/7.084. Nr. 1, 3, 9 und 10.

Sächsisches Hauptstaatsarchiv Dresden, Bestand 13463 Zentralinstitut für Kernforschung Rossendorf, Nr. 18.

3. Zeitzeugen – Gespräche und Schriftwechsel 2023

Barwich, Beate: Tochter und Alleinerbin.

Collatz, Siegwart (Prof. Dr.): Reaktorphysiker im ZfK Rossendorf.

Richter, Hubertus (Prof. Dr.): Klassenkamerad von Beate Barwich in Dresden.

Schopplich, Sylvelie: Freundin von Beate Barwich seit den Kindertagen in Agudseri.

4. Internet

http://www.argus.bstu.bundesarchiv.de/BStU_MfS_JHS-Dissertationen.

https://de.wikipedia.org/wiki/Finite-Differenzen-Methode.

https://de.wikipedia.org/wiki/Franz_Barwich.

https://de.wikipedia.org/wiki/Max_Steenbeck.

https://de.wikipedia.org/wiki/Heinz_Pose.

Vorlesungsverzeichnisse der TU Dresden.

https://de.wikipedia.org/wiki/Deutsches_Elektronen-Synchrotron#Geschichte.

https://www.hzdr.de/db/Cms?pOid=33973&pNid=0&pLang=de.

https://www.gvoon.de/gesetzblatt-gbl-ddr-1952/seite-997-276259.html.

Objedinjonnyi institut jadernych issledowanii, jeschenedelnik, Elektronnaja Wersija Nomer 43–45, 2020.

https://nsarchive.gwu.edu/briefing-book/nuclear-vault/2018-04-06/cia-debriefed-soviet-h-bomb-eye-witness-1957.

Williams, Elena: „Republikflüchtlinge" und ihr Vermögen, [https://www.sparkassengeschichtsblog.de/republikfluechtlinge-und-ihr-vermoegen/].

https://www.spiegel.de/politik/droht-der-atomkrieg-weil-mao-die-bombe-nicht-versteht-a-0e50b3db-0002-0001-0000-000046273576.

Görtemaker, Manfred: Zwang zur Koexistenz in den fünfziger Jahren, [https://www.bpb.de/shop/zeitschriften/izpb/internationale-beziehungen-i-245/10334/zwang-zur-koexistenz-in-den-fuenfziger-jahren/].

II. Gedruckte Quellen

1. Monografien und Aufsätze in Sammelbänden

Aleksandrow, A. P.: Wospominanja ob Igorje Wasiljewitsche Kurtschatowje, Moskwa 1988.

Andrew, Christopher/Mitrochin, Wassili: Das Schwarzbuch des KGB. Moskaus Kampf gegen den Westen, München 1999.

Ardenne, Manfred von: Ein glückliches Leben für Technik und Forschung, Berlin 1972.

Atomnyi Projekt SSSR, Dokumenty i materialy, Tom II, Atomnaja bomba 1945–1954, Kniga 1, Moskau-Sarow 1999.

Atomnyi Projekt SSSR, Dokumenty i materialy, Tom II, Atomnaja bomba 1945–1954, Kniga 2, Moskau-Sarow 2000.

Atomnyi Projekt SSSR, Dokumenty i materialy, Tom II, Atomnaja bomba 1945–1954, Kniga 4, Moskau-Sarow 2003.

Atomnyi Projekt SSSR, Dokumenty i materialy, Tom II, Atomnaja bomba 1945–1954, Kniga 5, Moskau-Sarow 2005.

Atomnyi Projekt SSSR, Dokumenty i materialy, sprawotschnyj tom, imennoj ukasatel, Moskau-Sarow 2010.

Barkleit, Gerhard: Die Spezialisten und die Parteibürokratie. Der gescheiterte Versuch des Aufbaus einer Luftfahrtindustrie in der Deutschen Demokratischen Republik, in: Barkleit, Gerhard/Hartlepp, Heinz, Zur Geschichte der Luftfahrtindustrie der DDR 1952–1961, Hannah-Arendt-Institut, Berichte und Studien Nr. 1/1995, S. 5–28.

Barkleit, Gerhard: Manfred von Ardenne. Selbstverwirklichung im Jahrhundert der Diktaturen, Berlin 2006.

Barkleit, Gerhard: Werner Hartmann. Wegbereiter der Mikroelektronik in der DDR, Berlin 2022.

Barkleit, Gerhard/Dunsch, Anette: Anfällige Aufsteiger. Inoffizielle Mitarbeiter des MfS in Betrieben der Hochtechnologie, Dresden 1998.

Barwich, Heinz und Elfi: Das rote Atom. Als deutscher Forscher in der UdSSR, Frankfurt am Main und Hamburg 1970.

Birkjukow, W. A./Lebedenko, M. M./Ryshow, A. M.: Das Vereinigte Institut für Kernforschung in Dubna, Leipzig 1960.

Birjukow, W. u. a.: Meschdunarodnyi Zentr w Dubne, Fotoalbum, Moskwa 1975.

Bonitz, Manfred: Klaus Fuchs – ein hervorragender theoretischer Physiker in der englischen Emigration, in: Flach, Günter/Fuchs-Kittowski, Klaus: Ethik in der Wissenschaft – Die Verantwortung der Wissenschaftler, Berlin 2008, S. 23–29.

Buthmann, Reinhard: Versagtes Vertrauen. Wissenschaftler der DDR im Visier der Staatssicherheit, Göttingen 2020.

Collatz, Siegwart/Falkenberg, Dietrich/Liewers, Peter: Forschungs- und Entwicklungsarbeiten des ZfK Rossendorf zur Kernenergienutzung, in: Liewers, Peter/ Abele, Johannes/Barkleit, Gerhard: Zur Geschichte der Kernenergie in der DDR, Frankfurt am Main 2000, 474 S.

Flach, Günter: Klaus Fuchs nach seiner Heimkehr – Fortschritte in der Kernforschung – die friedliche Nutzung der Kernenergie und die Abrüstung, in: Flach, Günter/Fuchs-Kittowski, Klaus: Ethik in der Wissenschaft – Die Verantwortung der Wissenschaftler, Berlin 2008, S. 45–59.

Flach, Günter/Fuchs-Kittowski, Klaus (Hg.): Ethik in der Wissenschaft – Die Verantwortung der Wissenschaftler. Zum Gedenken an Klaus Fuchs, Berlin 2008.

Forschungsgemeinschaft der naturwissenschaftlichen, technischen und medizinischen Institute der Deutschen Akademie der Wissenschaften zu Berlin (Hg.): Wegweiser durch die Institute und anderen Einrichtungen der Forschungsgemeinschaft der naturwissenschaftlichen, technischen und medizinischen Institute der Deutschen Akademie der Wissenschaften zu Berlin, Berlin 1964.

Frenkel, Ja. I.: Abram Fedorowitsch Joffe, Leningrad 1968.

Fritze, Lothar: Täter und Gewissen. Philosophische Aufsätze zur Täterforschung I, Berlin 2023.

Fuchs-Kittowski, Klaus: Der humanistische Auftrag der Wissenschaft – Unabdingbar für Klaus Fuchs, in: Flach, Günter/Fuchs-Kittowski, Klaus: Ethik in der Wissenschaft – Die Verantwortung der Wissenschaftler. Zum Gedenken an Klaus Fuchs, Berlin 2008, S. 61–111.

Göhler, Gerhard/Klein, Ansgar: Poltische Theorien des 19. Jahrhunderts, in: Lieber, Hans-Joachim (Hg.): Politische Theorien von der Antike bis zur Gegenwart, Bonn 1993, S. 259–676.

Groß, Günther (Hg.): Wissenschaftlicher Kommunismus, anerkanntes Lehrbuch für die Ausbildung an den Universitäten, Hoch- und Fachschulen der DDR, Berlin 1978.

Groves, Leslie R.: Jetzt darf ich sprechen. Die Geschichte der ersten Atombombe, Köln/Berlin 1965.

Hampe, Eckhard: Zur Geschichte der Kerntechnik in der DDR von 1955 bis 1962. Die Politik der Staatspartei zur Nutzung der Kernenergie, Dresden 1996.

Hentschel, Günter: Kernkraftwerk Rheinsberg – Rückblick auf Errichtung, Betriebsergebnisse und Aufgaben, in: Liewers, Peter/Abele, Johannes/Barkleit, Gerhard: Zur Geschichte der Kernenergie in der DDR, Frankfurt am Main 2000, 474 S.

Herbst, Andreas/Ranke, Winfried/Winkler, Jürgen: So funktionierte die DDR, Reinbek bei Hamburg 1994.

Hoffmann, Dieter: Fuchs als Remigrant, in: Flach, Günter/Fuchs-Kittowski, Klaus: Ethik in der Wissenschaft – Die Verantwortung der Wissenschaftler. Zum Gedenken an Klaus Fuchs, Berlin 2008, S. 193–202.

Hogerton, John: Nuclear Reactors, Oak Ridge 1969.

Kaden, Heiner: Kurt Schwabe. Chemiker, Hochschullehrer, Rektor, Akademiepräsident, Unternehmer, Leipzig 2011.

Kistemaker, Jacob/Bigeleisen, Jacob/Nier, Alfred O. C.: Proceedings of the International Symposium on Isotope Separation held in Amsterdam, April 23–27, 1957, Amsterdam 1958.

Kusnezow, W. N.: Nemzy w sowjetskom atomnom projekte, Ros. akad. nauk, Ural. Otd-nije, In-t istorii i archeologii, Jekaterinburg 2014.

Lanius, Karl: Erinnerungen an den Beginn. Sitzungsberichte der Leibniz-Sozietät, 89 (2007), S. 11–18.

Leonhard, Wolfgang: Die Revolution entläßt ihre Kinder (1955), Leipzig 1990.

Lipsky, Florian/Lipsky, Stefan: Deutsche U-Boote. Hundert Jahre Technik und Entwicklung, Augsburg 2006.

Meyers Universallexikon, Leipzig 1981, Bd. 2.

Müller, Wolfgang D.: Geschichte der Kernenergie in der DDR. Kernforschung und Kerntechnik im Schatten des Sozialismus, Stuttgart 2001.

Müller-Enbergs, Helmut/Wielgohs, Jan/Hoffmann, Dieter/Herbst, Andreas/Kirschey-Feix, Ingrid (Hg.): Wer war wer in der DDR? Ein Lexikon ostdeutscher Biografien, Berlin 2010.

Nekrasow, Wladimir Filippowitsch: NKWD-MWD i Atom, Moskau 2007.

O.A.: Heinz Barwichs Schicksal und Bekenntnis, in: Physikalische Blätter, Jg. 22, Heft 6, Juni 1966, S. 267–272.

Panitz, Eberhard: Treffpunkt Banbury oder Wie die Atombombe zu den Russen kam. Klaus Fuchs, Ruth Werner und der größte Spionagefall der Geschichte, Berlin 2003.

Reichert, Mike: Kernenergiewirtschaft in der DDR: Entwicklungsbedingungen, konzeptioneller Anspruch und Realisierungsgrad (1955–1990), St. Katharinen 1999.

Riehl, Nikolaus: Zehn Jahre im goldenen Käfig. Erlebnisse beim Aufbau der sowjetischen Uran-Industrie, Stuttgart 1988.

Sacharow, Andrej: Mein Leben, München 1992, 939.

Sawenjagin, Awraamij Pawlowitsch: Stranizy schisni, PoliMEdija OAO Moschajskij poligr. Komb. 2002.

Sokolov, Boris: Berija. Sudba wsesilnowo narkoma, Moskau 2003.

Starowerow, Wasilij: Sekretnyi projekt „Nemezkaja Tanetschka", Moskau 2005.

Steenbeck, Max: Impulse und Wirkungen. Schritte auf meinem Lebensweg, Berlin 1977.

Torčinov, V. A./Leontjuk, A. M.: Vokrug Stalina. Istoriko-biografičeskij spravočnik, Sankt Petersburg 2000.

Verfassung der Deutschen Demokratischen Republik vom 6. April 1968, Berlin 1969.

Wodobschin, A. I.: 31 god, 2 Mesjaza i 3 dnja raboty c akademikom Ju. B. Charitonom, Sarow 2012.

Wolf, Markus: Spionagechef im geheimen Krieg. Erinnerungen, München 1997.

2. Aufsätze in Zeitschriften

Barkleit, Gerhard: Wie Stalin die Bombe erhielt. Zum Anteil deutscher Wissenschaftler an der sowjetischen Atomrüstung, Welttrends Nr. 130, August 2017, S. 58–62.

Barwich-Flucht. Verrat in acht Zeilen: Der Spiegel Nr. 39 vom 22.9.1964.

Faulstich, Helmuth: Zehn Jahre Zentralinstitut für Kernforschung Rossendorf, „Kernenergie" 8. Jahrgang, Heft 12/1965.

Flach, Günter: Der Forschungsreaktor Dresden, Energietechnik (1958) Heft 6, S. 242–247.

Jedes Blatt Papier war nummeriert: Der Spiegel Nr. 44 vom 26.10.1965.

Maddrell, John Paul: Der Wissenschaftler, der aus der Kälte kam. Heinz Barwichs Flucht aus der DDR, Intelligence and National Security, Vol. 20, Nr. 4 (2005), S. 608–630.

3. Beiträge in Tageszeitungen

Jungk, Robert: Er nahm niemals ein Blatt vor den Mund, in: Die Zeit, Nr. 38/1964, 18.9.1964.

Koch, Matthias: Bricht Putin in der Ukraine das nukleare Tabu?, in: Dresdner Neueste Nachrichten vom 12.6.2023.

Schulze, Martin: Heinz Barwichs Memoiren. Der Bericht eines deutschen Wissenschaftlers über den Beitrag Deutscher zur sowjetischen Bombe, Frankfurter Rundschau vom 2.11.1967.

Vacek, Egon: Forschen für Ulbricht? Bericht des geflohenen Atom-Wissenschaftlers Heinz Barwich, in: Die Zeit, Nr. 45/1965, 5.11.1965.

Personenregister

Ackermann, Gerhard 106, 186
Adam, Ernst 125, 133, 167
Alexander, Karl-Friedrich 79, 124, 160 f., 167, 194, 196 f., 199
Alichanow, Abram Isaakowitsch 31 f., 37, 46, 84, 141, 220
Apel, Erich 79, 157, 159, 166, 186, 193, 220
Ardenne, Manfred Baron von 5 ff., 31 ff., 38, 40 ff., 45 f., 49, 58, 61, 67, 78 f., 98 f., 104, 163, 194, 220, 225, 232, 253, 237
Arzimowitsch, Lew Andrejewitsch 37, 41, 220

Baade, Brunolf 5, 79, 221
Bagge, Erich 79, 103
Baier, Otto 79
Bakunin, Michail Alexandrowitsch 213 f., 221
Barkleit, Gabriele 9, 16
Baroni, Eugen 61
Barthel, Hans 78
Barwich, Beate 8, 15, 25, 34, 56, 68, 163, 190 f., 193, 236
Barwich, Edith 15, 34, 56, 67, 85, 87 f., 163, 168
Barwich, Elfriede (Elfi) 5 f., 13, 73, 87, 89, 92, 163, 165 f., 168, 172, 174, 177 ff., 187, 189, 192, 200, 202, 205, 207, 237
Barwich, Franz 22, 236
Barwich, Katja 15, 25, 56
Barwich, Peter 15, 25, 56, 163, 190 f., 193, 205
Barwich, Sonja 15, 25, 56
Barz, Hans-Ulrich 125

Bayerl, Viktor 35
Becker, Erwin Willy 79, 79, 102 f.
Becker, Kurt 97
Bergengrün, Alexander 78
Berija, Lawrentij Pawlowitsch 11, 30 f., 40 f., 55 f., 58, 62 f., 221, 239
Bernhard, Fritz 78 f., 101, 105
Bernstein, R. B. 102
Bethe, Hans 23
Bewilogua, Ludwig 35
Beyerl (Bayerl), Viktor 79, 81, 104 f.
Bigeleisen, J. 79, 102, 239
Birkjukow, W. A. 168 ff., 172, 237
Bitterlich, Heinz 94
Blackett, Patrick M. S. 79
Blochinzew, Dmitri Iwanowitsch 16, 61, 178, 208
Bogoljubow, Nikolaj Nikolajewitsch 171
Bohr, Niels 16, 79, 172 f.
Bonitz, Manfred 118 f., 237
Born, Hans-Joachim 61, 78 ff., 164, 204
Born, Max 23, 221, 225
Bredel, Viktor 176 f.
Bumm, Helmut 35, 78
Burghardt 78
Burkhardt, Gerd 183
Busch 79
Busse, Ernst 68
Buthmann, Reinhard 9, 75, 82, 194, 237

Chariton, Julij Borisowitsch 30, 45, 123, 239

Chruschtschow, Nikita Sergejewitsch 79, 116, 144 f., 179, 210, 221
Clusius, K. L. 79, 103
Cockcroft (Cockrofft), John 152
Cohen, K. P. (Cohne, C.) 79, 102 ff.
Collatz, Siegwart 94, 106, 125, 128, 130, 140, 143, 166 f., 197, 222, 236, 238
Curie, Pierre 181, 219

Dickel, G. 79, 103
Djakow, Sergej Petrowitsch 125
Döpel, Robert 31, 78 f.
Dostojewski, Fjodor Michailowitsch 209
Dshelepow, Wenedikt Petrowitsch 16, 171, 173

Eastland, James O. 202
Eaton, Cyrus S. 181, 218
Eckardt, Alfred 79, 143
Eckert, Dr. 76
Ehrenburg, Ilja Grigorjewitsch 181
Einstein, Albert 23, 222
Engels, Heinz 97
Erdmann, Bruno 116, 123
Esche, Paul 35
Ewald, Prof. 103

Falkenberg, Dietrich 105, 125, 128, 130, 140, 143, 166 f., 197, 238
Faulstich, Helmuth 70, 94, 106, 124, 133 ff., 160 f., 167, 184, 194, 196 f., 199, 222, 240
Feklisow, Alexander Semjonowitsch 123
Feldmann, J. 125, 186
Flach, Günter 76, 94, 97, 106, 118 f., 121 f., 222, 237 f., 240
Flerow (Fljorow), Georgij Nikolajewitsch 31, 41 f., 171, 223
Fomin 38
Franck, James 23
Frank, Ilja Michailowitsch 171

Franke, Heinz 40
Friebel, Max 97
Frisch, Max 45
Fritze, Lothar 6, 73, 238
Frühauf, Hans 159, 223
Fuchs, Klaus 12, 16, 52, 60, 73, 76, 78 ff., 117 ff., 134, 149, 161, 165 ff., 174 f., 185 ff., 201, 207, 223
Fuchs, Otto Emil 117
Füchsel, Hermann 40

Gass, Karl 108
Giese 79
Göhler, Gerhard 214, 238
Goigon 79
Gontscharow, German Arsenjewitsch 125
Gorelik, Gennady 118
Görtemaker, Manfred 211, 236
Gregor, Kurt 191
Grosse, Hermann 79, 159, 166, 186
Grotewohl, Otto 15, 98, 107, 223
Groth, W. 79, 102 ff.
Groves, Leslie 118, 224, 238
Grundmann, Ulrich 9, 132 f.

Haape, Egon 97
Hager, Kurt 78, 224
Hahn, Otto 224, 230
Hampe, Eckhard 9, 16, 21, 96, 115, 125, 128, 137 f., 140, 145, 157 f., 166, 197, 208, 235, 238
Harteck, Paul 102
Hartmann (Oberleutnant, MfS) 198
Hartmann, Werner 5 ff., 15, 34 f., 37, 48, 48, 61, 68, 79 f., 82, 145, 164, 193 f., 205, 224, 235
Hauser 124 f.
Havemann, Robert 193, 208, 225
Haxel, Otto 79, 103
Heidenreich, Walter 9
Heisenberg, Werner 23, 79, 225, 228
Helfer, Helmut 79

Helitzer 79, 81
Hentschel, Günter 150, 238
Herrmann 75, 112
Hertz, Gustav 6, 14f., 23 ff., 31 ff., 37, 39, 41, 44, 46f., 49f., 53 ff., 61 ff., 66 ff., 76, 78 ff., 86, 111, 113, 125, 146, 159, 166, 174, 184, 186, 194, 196, 224f., 229, 233
Hesa 79
Hessel, Hans 116
Hilbert, Fritz 81
Hoenow, Gerhard 35
Hoffmann, Alfred 75, 79, 109 ff., 115, 186
Hoffmann, Hans-Jürgen 7
Hohmuth, Karl 94
Hotman, Ernst 35
Houtermans, Fritz 38, 79, 103 ff., 225

Ickert, Boris 61
Iser, Friedrich 97
Israelewski 54

Jaeckel (Jäckel), Rudolf 78f.
Jäger, Gerhard 40
Jahn, Günther 75 f., 86 f., 109, 111 ff., 117, 148 f., 175, 158 f., 161 f., 164
Jantsch, Karl 124
Jemeljanow, Wassili Semjonowitsch 84, 131, 141, 148 f., 151 f., 154 f., 191, 226
Joffe, Abram Fjodorowitsch 30, 32, 37, 41, 226
Joliot-Curie, Frédéric 181, 219
Jungclausen (Jungclaussen), Hardwin 79
Jungk, Robert 16, 178, 198, 207 f., 240

Kaden, Heiner 157, 164, 238
Kairies, Heinz 17, 73 ff., 84, 86, 100, 103, 105, 109, 163, 226
Kang-ch'ang, Wang 169
Kapiza, Pjotr Leonidowitsch 30

Karschawin, Wsewolod Aleeandrowitsch 54, 56
Kasakow, N. S. 32
Katsch, Alexander 61
Keim, C. P. 102
Keldysch, Mystislaw Wsewolodowitsch 123
Kennedy, John Fitzgerald 181
Keppel, Hans 78
Kersten, Martin 79
Kikoin, Isaak Konstantinowitsch 30, 41, 52, 55, 227
Klare, Hermann 184
Klein, Ansgar 214, 238
Klemm, Alfred 79, 103, 105
Knoll, Walter 133
Koch, Matthias 7, 240
Kockel, Bernhard 79
Koczik, Benjamin 91
Kohlstadt 79, 103 ff.
Kotschlawaschwili, Alexander Iwanowitsch 41, 56, 63
Kremer 35
Krommreih 79, 104
Kronberger, H. 79, 103 f.
Kropotkin, Pjotr Alexejewitsch 93, 175 f., 185, 214
Krüger, Hans 61
Krutikow, A. 48
Krutkow, Juri Alexandrowitsch 51, 58
Kühn, Achim 16, 136
Kühn, Dr. 79
Külz, Elena 78
Kurtschatow, Igor Wasiljewitsch 30, 37, 47, 122, 223, 227, 237
Kusnezow, W. N. 62 f., 239
Kutscherow, R. 102, 120

Laffitte, Jean 181
Lambrecht, Hans 97
Lanius, Karl 95, 239
Lässig, Werner 115 f., 120 f., 124, 156, 161

Laue, Max von 23, 78, 227
Lebedenko, M. M. 169, 237
Lehmann, Nikolaus Joachim 82, 227
Leibnitz, Eberhard 78 f., 184
Lenard, Philipp 23
Lenin, Wladimir Iljitsch 16, 42, 176, 179 f., 185, 209, 214, 226, 228
Leuschner, Bruno 143, 191, 228
Liewers, Peter 70, 106, 125, 128, 130, 138 ff., 143, 150, 166 f., 197, 228, 238
Lipsky, Florian 25, 239
Lipsky, Stefan 25, 239
Livingston, R. S. 102
Lohmann, Karl 79

Machnjow, Wasilij Alexejewitsch 30
Macke, Wilhelm 72, 78, 95, 138, 183, 228
Maddrell, John Paul 190, 203, 240
Malenkow, Georgij Maksimiljanowitsch 30
Malyschew, Wjatscheslaw Alexandrowitsch 52, 228
Martin, J. A. 103
Matern, Hermann 113, 148
Matschke, Joachim 97
Mattauch, Josef 79, 103
Maye, Johannes 76, 87, 89, 92, 158 f., 165, 182 ff., 190 f., 193
Meitner, Lise 23
Menke, Wilhelm 61
Menzel, Siegfried 130
Mie, Kurt 79, 81, 105
Mielke, Erich 192
Mittag, Rudolf 79
Mittig, Rudi 92
Molotow, Wjatscheslaw Michailowitsch 59, 228
Morrison 79, 81
Mothes, Kurt 79
Mott, Nevill 118
Mühlenpfordt, Justus 35, 76, 78 f., 101, 104, 111, 229

Münze, Rudolf 94, 124
Musiol, Gerhard 91, 93

Naumann, Dieter 78, 128
Nekrasow, Wladimir Filippowitsch 26, 123, 239
Nier, A. O. C. 79, 102, 239
Nietzschmann, Hertha 22
Nuschke, Otto 85

Ortmann, Heinrich 78

Panitz, Eberhard 122, 239
Paul, W. 79, 103
Pauling, Linus 211
Perwuchin, Michail Georgijewitsch 30, 79, 166, 229
Planck, Max 23, 215, 224 f.
Pose, Heinz 58, 61, 69 f., 72, 78 f., 117, 176, 182 f., 204 f., 229, 236
Praeger, Frederick A. 202

Quasdorf, Hans-Thilo 186

Rambusch, Karl 12, 78 ff., 84, 96, 100, 111, 113, 116, 125, 146 ff., 156 ff., 186, 194, 196, 230, 235
Rau, Alfred 186
Reibedanz, Herbert 40
Reichmann, Reinhold 35, 64 f.
Renne, S. W. 106
Rexer, Ernst 61, 78, 143, 145, 230
Ribbecke, Horst 176, 185, 187, 193
Richter, Gustav 35, 39, 78 f., 111
Richter, Hubertus 236
Richter, Martin 97
Riehl, Nikolaus 31 f., 45, 57 f., 61, 68, 78 f., 239
Rienäcker, Günther 182
Rompe, Robert 78 f., 95, 134, 157 ff., 184, 186, 191, 230, 234
Röntgen, Wilhelm Conrad 37, 226
Rost, Johannes 79
Russell, Bertrand 165, 182, 218

Ryshow, A. M. 169, 237

Sacharow, Andrej 118, 231, 239
Sawenjagin, Awraamij Pawlowitsch 14, 30, 32, 34 f., 39 ff., 45, 48 f., 63 f., 67, 231, 239
Schdanow 43 f., 48 f.
Schiemor, Alfred 78
Schilling, Ingrid 78, 79
Schintlmeister, Alexandra Nikolajewna 95 f.
Schintlmeister, Josef 61, 78 ff., 95 f., 100, 105, 117, 124, 184, 199, 231
Schmidt, Fritz 61
Schopplich, Sylvelie 17, 42, 68, 85, 163, 236
Schrödinger, Erwin 23
Schuette, Oswald F. 203 f.
Schulze, Günter 97
Schulze, Martin 6, 240
Schumann, Günter 186, 194, 196
Schütze, Werner 35, 39, 56 f., 61
Schwabe, Kurt 79, 124, 133, 157 f., 164, 167, 184, 231, 238
Schwarz, Karl 128, 167
Segel, Max 35
Selbmann, Friedrich (Fritz) 78, 79 f., 107, 109, 111 f., 196, 232
Siewert, Gerhardt 61
Simon, Florian 9
Simundt, Nicolaos 163
Smyth, H. D. 50
Sobolew, Sergej Lwowitsch 41, 52 f.
Stalin, Josif Wissarionowitsch 7, 8, 11, 26, 30 ff., 42, 45, 47, 69, 97, 116, 123, 145, 179, 214, 227, 232, 240
Stark, Johannes 23
Staudenmeyer, Alfons 35
Steenbeck, Max 38, 61 ff., 66, 78 ff., 87, 100, 111 f., 125, 131, 143, 149, 155, 157, 161, 183, 194, 196, 207, 232, 236, 239
Steinkopff, Horst 125, 167
Stoljarow, G. A. 106

Streisand, Christine 92
Swerew, Boris Petrowitsch 47 f.
Switala, Eduard 74, 109, 111, 164

Taylor, T. I. 102
Thälmann, Ernst 116
Thieme, Herbert 57, 61, 66
Thiessen, Peter Adolf 38, 40, 49 f., 54 ff., 61, 65 ff., 78 f., 112, 186, 232
Thümmler, Fritz 124, 128, 145
Treff, Gerd 40
Tresselt 79
Tschulius, Werner 61
Tse-tung, Mao 210, 214

Ulbricht, Walter 71, 79, 97, 108, 113, 137 f., 140, 144 f., 148, 157, 166, 174, 178, 199, 214, 233, 240
Uralez, A. K. 61
Urey, Harold C. 79, 102 ff.

Volmer, Max 31, 34 f., 41, 61, 63, 78, 233
Vormum, Günter 143

Wandel, Paul 64, 79
Wang Kang-ch'ang, 169
Wannikow, Boris Lwowitsch 30, 55, 233
Weissberg 38
Weisskopf, Viktor 23
Weiz, Herbert 191, 233
Weksler, Wladimir Iosifowitsch 171
Welichow, Jewgenij Pawlowitsch 123
Wenzel, Gudrun 9
Werner, Lothar 124
Westphal, Wilhelm 37
Wiedemann, Brigitte 78
Wigner, Eugene 23
Winde, Bertram 101, 138, 143, 159, 176, 186
Winogradow, Alexander Pawlowitsch 84
Wirtz, Günter 57, 61, 66

Wittbrodt, Hans 78 f., 86, 233
Wittstadt, Werner 40
Wolf, Markus 192, 217, 239
Woskoboinik, David Israiljewitsch 57
Wosnesenskij, Nikolai Aleksejewitsch 30, 234

Zeiler, Friedrich 79, 95, 158
Ziller, Gerhart 78 f., 234
Zingler, Annett 9
Zizeika, Sch. 16, 178
Zöllner, Walter 79, 91
Zühlke, Karl-Franz 35, 92